T0219731

Grundlagen der Roboter-Manipulatoren – Band 2

Jörg Mareczek

Grundlagen der Roboter-Manipulatoren – Band 2

Pfad- und Bahnplanung,
Antriebsauslegung, Regelung

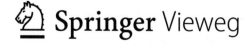 Springer Vieweg

Jörg Mareczek
Fakultät für Elektrotechnik und Wirtschaftsinge-
nieurwesen
Hochschule Landshut
Landshut, Deutschland

ISBN 978-3-662-59560-2   ISBN 978-3-662-59561-9 (eBook)
https://doi.org/10.1007/978-3-662-59561-9

Die Deutsche Nationalbibliothek verzeichnet diese Publikation in der Deutschen Nationalbibliografie; detaillierte bibliografische Daten sind im Internet über http://dnb.d-nb.de abrufbar.

Springer Vieweg
© Springer-Verlag GmbH Deutschland, ein Teil von Springer Nature 2020

Springer Vieweg ist ein Imprint der eingetragenen Gesellschaft Springer-Verlag GmbH, DE und ist ein Teil von
Springer Nature.
Die Anschrift der Gesellschaft ist: Heidelberger Platz 3, 14197 Berlin, Germany

Für Petra, Felix, Lucas und Patrick.

Vorwort

Thema Roboter-Manipulatoren Ein Großteil des vorliegenden, zweibändigen Werks entstand aus meinen Vorlesungen zur Robotik an der Fakultät für Elektrotechnik und Wirtschaftsingenieurwesen der Hochschule Landshut. Innerhalb des riesigen Themengebiets Robotik wird dabei die Entwicklung von Roboter-Armen (synonym zu Roboter-Manipulatoren bzw. kurz: Manipulatoren) behandelt. Diese gelten als typische Vertreter mechatronischer Systeme. Daher gestaltet sich ihre Entwicklung aus einer eng verwobenen und kompromissreichen Zusammenarbeit der drei Fachbereiche Elektrotechnik, Maschinenbau und Informatik. Eine strikte Einsortierung des Grundlagenwissens in obige drei Fachbereiche ist also nicht sinnvoll. Vielmehr setzt das vorliegende Lehrbuch einen Schwerpunkt auf Themen des Fachbereichs Elektrotechnik und ist durch eine fachbereichsübergreifende Darstellung geprägt.

Ziel des zweibandigen Werks ist die Vermittlung eines fundierten und breit angelegten Grundlagenwissens zur Entwicklung von Roboter-Manipulatoren: Grundlegende Entwicklungswerkzeuge bestehen dabei in mathematischen Modellen, zum Beispiel von Kinematik („Bewegungsmodell") und Dynamik oder von Antriebskomponenten wie Motoren und Getrieben. Sie liefern das zur Auslegung von Roboter-Komponenten notwendige Systemverständnis. Aus diesem Grund liegt ein Hauptaugenmerk auf einer mathematisch fundierten Herleitung der Modelle sowie einer Erläuterung der zugehörigen Physik. Dabei wurde darauf geachtet, den mathematischen Formalismus minimal zu halten und Erklärungen in ausreichend kleinen Schritten zu detaillieren.

Viele der so behandelten mathematischen Methoden lassen sich an der Mechanik des Manipulators veranschaulichen. Als willkommener Nebeneffekt können somit Aspekte der Ingenieurmathematik am Experiment anschaulich begriffen werden. Plakativ könnte man sagen:

„Robotik ist Mathematik zum Anfassen."

Neben dem reinen Erkenntnisgewinn und daraus entwickelten Theorien steht in Ingenieursdisziplinen deren Anwendung im Fokus. Daher findet sich im Anschluss an jede Herleitung stets eine Zusammenfassung in anwendungsorientierter Darstellung, zum Beispiel als Struktogramm oder rezeptartige Vorgehensanweisung.

Die Lehrbücher richten sich an Studierende aus einem Bachelor- oder Master-Inge-
nieurstudiengang der Fachbereiche Elektrotechnik, Maschinenbau und Informatik. Dabei
werden Grundkenntnisse im Wesentlichen aus den Bereichen Ingenieurmathematik (Stoffumfang ca. zwei Semester Grundlagen-Vorlesung zu je 8 Semester-Wochenstunden) sowie technische Mechanik (Stoffumfang ca. eine Grundlagen-Vorlesung mit 4 Semester-
Wochenstunden) vorausgesetzt. Vorwissen im Bereich elektrischer Antriebssysteme erleichtert das Verständnis, ist jedoch nicht unbedingt notwendig.

Darüber hinaus ist das Werk auch für Entwicklungsingenieure mit Berufserfahrung
zum selbständigen Lernen gedacht.

Organisation / Lesekompass Für den Fachbereich Elektro- und Informationstechnik
lässt sich die Entwicklungsarbeit eines Manipulators grob in zwei Tätigkeitsbereiche auf-
teilen: Modellbildung und Auslegung. Dies motiviert die Strukturierung des vorliegenden
Werks in zwei Bände:

Band 1 führt mit einem einleitenden Kap. 1 in die Robotik sowie die hier betrachtete Ro-
boterart der Manipulatoren ein. Des Weiteren wird hier ein Überblick der behandelten
Themen gegeben. Dies erleichtert beim Studieren der nachfolgenden Kapitel das Einbet-
ten des jeweiligen Themas in die Gesamtmaterie.
Die folgenden Kap. 2 bis **??** behandeln die Modellbildung der Kinematik, aufgegliedert
in die Bereiche direkte Kinematik, inverse Kinematik und differenzielle Kinematik. Die
zugehörigen Kapitel bauen aufeinander auf; ein Überspringen von Abschnitten ist nicht
zu empfehlen. Eine Ausnahme stellen Beweise und weiterführende Betrachtungen dar,
die in allen Kapiteln durch einen kleineren Textsatz gekennzeichnet sind.
Kap. 5 beschließt Band 1 und stellt eine Methode zur Modellbildung der Dynamik vor.

Band 2 behandelt in Kap. 6 Grundlagen der Pfad- und Bahnplanung. Kap. 7 widmet sich
der systematischen Auslegung von Gelenkantriebssystemen, Kap. 8 geht auf die Grundlagen der Regelung von Manipulatorgelenken ein.
Dabei sind Kap. 6 und 7 jeweils weitgehend unabhängig von den anderen Kapiteln lesbar.
Das letzte Kap. 8 baut hingegen auf einigen Resultaten der Dynamik aus Kap. 5 auf.

Vorlesungsbegleitung Im Rahmen einer Grundlagenvorlesung zur Robotik (zum Beispiel im Hauptstudium eines Bachelor-Studiengangs der Elektro- und Informationstechnik) behandle ich in 3 Semester-Wochenstunden folgenden Stoffumfang:

- Kap. 1 bis **??** vollständig
- Grundlagen der Dynamik: Aus Kap. 5 Abschn. 5.1.1, 5.5.1-5.5.3 und 5.5.5
- Grundlagen der Pfad- und Bahnplanung: Abschn. 6.1 und 6.3.2

In einer fortgeschrittenen Robotik-Vorlesung (zum Beispiel im Master-Studiengang Elektro- und Informationstechnik) kann in 3 Semester-Wochenstunden der nahezu restliche Stoff gelehrt werden. Die hierfür notwendigen Robotik-Grundlagen können in wenigen Semester-Wochenstunden behandelt werden, so dass die Grundlagenvorlesung nicht vorausgesetzt werden muss.

Alleinstellungsmerkmale Robotik stellt eine junge Ingenieursdisziplin dar: Der erste Industrieroboter, *Unimate 1900*, kam erst im Jahr 1961 zum Einsatz. Daher existieren vergleichsweise wenige Standard-Lehrbücher der Robotik. Meistens werden darin Schwerpunkte gesetzt in den Themen *Modellbildung Mechanik*, *Regelung* sowie *maschinelle Bildverarbeitung*. Das vorliegende Buch setzt andere Schwerpunkte:

Bildverarbeitung ist mittlerweile zu einer eigenständigen Ingenieursdisziplin herangewachsen, mit einer Vielzahl spezialisierter Lehrbücher. Außerdem ist Bildverarbeitung thematisch nahezu unabhängig von Robotik. Aus diesem Grund wurde hier darauf verzichtet.

Regelung stellt ein intensiv beforschtes Themengebiet dar, mit einer klaffenden Lücke zwischen aktuellem Stand von Forschung und Industrie. Um mit der heute existierenden Vielzahl unterschiedlicher Regelungsmethoden zurechtzukommen, ist ein fundiertes Grundlagenwissen im Bereich der roboterspezifischen Regelungstechnik notwendig. Im Unterschied zu den meisten anderen Lehrbüchern der Robotik, werden daher keine komplexeren Regelungsverfahren behandelt. Vielmehr konzentriert sich das Buch im Bereich der Regelungstechnik auf die ausführliche Vermittlung von Grundlagenwissen. Darauf aufbauend wird ein vergleichsweise einfaches, aber in einer Vielzahl industriell eingesetzter Manipulatoren implementiertes Regelungsverfahren behandelt (dezentrale, antriebsseitige PD-Regelung). Komplexere Regelungsverfahren bauen auf einer Standard-Darstellung der Regelstrecke auf. Damit kann auf Fachbücher der Regelungstechnik verwiesen werden.

In der Entwicklung von Manipulatoren ist ein andauernder Trend hin zu Energieeffizienz und Leichtbau zu verzeichnen. Da die Masse eines Manipulators maßgeblich durch seine *Antriebssysteme* (bestehend aus Motor-Controller, Motor, Getriebe, Achse mit Lagerung, Sensorik) bestimmt wird, gewinnt deren *systematische Auslegung* besondere Bedeutung. Daher wurde diesem Thema ein eigenes Kapitel gewidmet.

Zusatzmaterial *Musterlösungen* zu den Aufgaben am Ende jedes Kapitels sowie ein *Errata* finden sich unter www.springer.com auf der Seite des vorliegenden Werks.

Danksagungen Ich möchte meinen Robotik-Studenten für viele fachliche und stilistische Hinweise danken. Des Weiteren danke ich meinem Kollegen Martin Förg, der sich als Mechanik-Spezialist viel Zeit für angeregte Diskussionen und Probelesen nahm, und damit zum Gelingen des Kapitels *Dynamik* beitrug. Gleiches gilt für meinen Kollegen Alexander Kleimaier (elektrische Antriebstechnik), durch den ich einige persönliche Irrtümer im Bereich permanenterregter Synchronmaschinen und deren Umrichtung im Kapitel *Antriebsauslegung* aufdecken konnte. Mein Dank gilt auch meinen Kollegen Christian Faber (Physik) für wichtige Hinweise zu Kapitel *Differenzielle Kinematik*. Außerdem danke ich meinem Vater und meiner Ehefrau für das Probelesen und viele stilistische Verbesserungshinweise. Nicht zuletzt gilt mein Dank auch den Labor-Ingenieuren, die mir oft im Robotik-Labor den „Rücken freigehalten" haben.

Ein ganz besonderer Dank gilt natürlich meiner Ehefrau und meinen drei Kindern, die in den vergangenen drei Jahren meiner schriftstellerischen Tätigkeit an so vielen Abenden, Wochenenden und Urlaubstagen auf ihren Ehemann und Vater verzichten mussten.

Vilsbiburg,
im Mai 2019   *Jörg Mareczek*

Vorwort zu Band 2

Das Vorwort zu Band 1 ist ebenso für Band 2 gültig. Die folgenden Anmerkungen zu Band 2 verstehen sich als Ergänzung.

In Band 1 geht es schwerpunktmäßig um die Modellbildung von Manipulatoren. Bei deren Entwicklung stellen diese Modelle wichtige Grundlagen für diverse Auslegungsarbeiten dar. Davon werden im vorliegenden Band 2 diejenigen Themen behandelt, die tendenziell dem Fachbereich Elektro- und Informationstechnik zugeschrieben werden, und dabei vorwiegend Entwurfs- und Auslegungstätigkeiten darstellen:

- Pfad- und Bahnplanung (Kap. 6)
- Antriebsauslegung (Kap. 7)
- Regelung (Kap. 8)

Hierfür werden nur wenige Grundkenntnisse aus Band 1 benötigt. Für das Kapitel „Pfad- und Bahnplanung" sind dies folgende Inhalte:

- Grundsätzliche Aufgabenstellungen und interessante Probleme zur Pfad- und Bahnplanung aus dem gleichnamigen Absatz von Abschn. 1.4.2.
- Zur Pfadplanung wird das Konzept von Arbeits- und Gelenkraum benötigt. Dies erfordert aus den Bereichen der direkten und inversen Kinematik ein grundsätzliches Verständnis der jeweiligen Aufgabenstellung. Außerdem werden diverse Fachbegriffe verwendet. Hierfür wird das Studium der Absätze „Direkte und inverse Kinematik" sowie „Singularitäten" aus Abschn. 1.4.2 empfohlen.
- Als durchgehendes Beispiel für Pfad- und Bahnplanung wird der planare 2-DoF Ellenbogen-Manipulator herangezogen. Daher ist das Studium der zugehörigen inversen Kinematik (als Basiskinematik 2 bezeichnet) in Abschn. 3.3 sowie in Aufgabe 3.1 hilfreich.

Für das Kapitel „Antriebsauslegung" wird aus Band 1 nur die einleitende Übersicht aus Abschn. 1.4.5 zur Vorablektüre empfohlen.

Für das letzte Kapitel „Regelung" wird der zugehörige Abschn. 1.4.6 nahegelegt. Darüberhinaus sind folgende Mechanik-Grundkenntnisse aus Band 1 für das Verständnis der unterschiedlichen Darstellungsformen der Regelstrecke als Signalflussplan sowie für Robustheitsbetrachtungen notwendig:

- Grundkenntnisse zur Darstellung der Mechanik eines sequentiellen Manipulators in vektorieller Standardform / vektorielle Bewegungsgleichung. Außerdem sind Kenntnisse über die Eigenschaften der Bestandteile der vektoriellen Bewegungsgleichung wie zum Beispiel Massenmatrix, Kreiselkräftematrix etc. notwendig. Dies findet sich in Teilen von Abschn. 5.5.
- Ein typisches Reibungsmodell für das Gelenk eines Manipulators findet sich in Abschn. 5.4.2.
- Unterschiedliche Darstellungsformen der Bewegungsgleichung im Signalflussplan werden in Abschn. 5.5.5 behandelt.

An dieser Stelle sei nochmals darauf hingewiesen, dass sich Musterlösungen zu den Aufgaben am Ende jedes Kapitels sowie ein *Errata* unter www.springer.com auf der Seite des vorliegenden Werks finden.

Vilsbiburg,
im Mai 2019   *Jörg Mareczek*

Inhaltsverzeichnis

Über den Autor

Prof. Dr.-Ing. Jörg Mareczek studierte an der TU-München Elektro- und Informationstechnik mit Schwerpunkten Regelungstechnik und Robotik. Für seine anschließende Forschung im Bereich nichtlinearer Regelung am Lehrstuhl für Steuerungs- und Regelungstechnik erhielt er 2002 den Doktor-Ingenieursgrad. Es folgten 12 Jahre Industrietätigkeit in der Forschung, Entwicklung und Serienreifmachung mobiler Entschärfungsroboter, Manipulatoren und Master-Slave-Systeme. Während dieser Zeit konnte er als Leiter unterschiedlicher Fachbereiche sowie durch diverse Aufgaben im Projektmanagement auch interdisziplinäre Erfahrungen aufbauen.

2014 folgte Dr. Mareczek dem Ruf der Hochschule Landshut und übernahm dort das Lehrgebiet Robotik im Fachbereich Elektrotechnik und Wirtschaftsingenieurwesen. Seine Lehrtätigkeit umfasst neben der Robotik auch Ingenieurmathematik und Projektmanagement. Seine Forschungsinteressen liegen im Bereich von Master-Slave-Systemen, Regelung von Leichtbau-Manipulatoren, Pfad- und Bahnplanung unter dem Einfluss von Singularitäten, Dynamik sowie künstlicher Intelligenz.

Pfad- und Bahnplanung

6

Zusammenfassung Eine Grundaufgabe der Manipulation besteht darin, den Endeffektor (zum Beispiel Greifer oder Werkzeug) von einem Start- in einen Zielpunkt zu überführen; Punkt bedeutet dabei Lage (synonym zu Position und Orientierung). Den Weg, auf dem sich der Endeffektor dabei bewegt, bezeichnet man als Pfad. Versieht man die Punkte entlang des Pfads mit Zeitpunkten, so erhält man eine Bahn.

Bei der Pfadplanung gibt es zwei unterschiedliche Sichtweisen: Zur Unterscheidung definiert man die Menge aller möglichen Gelenkpositionen als Gelenk- bzw. Konfigurationsraum, die Menge aller möglichen Endeffektorlagen als Arbeitsraum. Die Umrechnung erfolgt dabei mit Hilfe der inversen Kinematik. Da ein Manipulator durch seine Gelenke angetrieben wird, ist grundsätzlich ein Pfad im Gelenkraum notwendig. Ein im Arbeitsraum geplanter Pfad muss damit also in den Gelenkraum umgerechnet werden. Alternativ kann aber auch Start- und Zielpunkt des Pfads vom Arbeitsraum in den Gelenkraum umgerechnet werden. Der Pfad kann damit im Gelenkraum geplant werden.

Eine weitere Herausforderung bei der Pfadplanung besteht darin, Hindernisse im Arbeitsraum zu vermeiden. Außerdem müssen Beschränkungen im Gelenkraum eingehalten werden. Diese sind zur Vermeidung von Eigenkollisionen notwendig oder ergeben sich zum Beispiel aus mechanischen Anschlägen der Gelenke.

Die einfachste Methode der Pfadplanung besteht darin, im Arbeitsraum zwischen Start- und Zielpunkt eine Gerade zu legen. Diese Methode bezeichnet man als Linear- bzw. TCP-Pfad; Hindernisse können nicht berücksichtigt werden.

Eine erweiterte Methode der Pfadplanung, die Hindernisse berücksichtigen kann, stellt die Potentialfeld-Methode dar. Sie stützt sich auf die Eigenschaft elektrischer Feldlinien, sich nur in Gleichgewichtspunkten zu schneiden und ansonsten geschlossene Pfade zwischen unterschiedlich geladenen elektrischen Teilchen zu bilden. Hierzu wird dem Start- und Zielpunkt jeweils eine virtuelle elektrische Ladung unterschiedlicher Polarität zugewiesen. Hindernisse können berücksichtigt werden, indem sie mit Ladungen der Polarität des Startpunkts überzogen werden.

© Springer-Verlag GmbH Deutschland, ein Teil von Springer Nature 2020
J. Mareczek, *Grundlagen der Roboter-Manipulatoren – Band 2*,
https://doi.org/10.1007/978-3-662-59561-9_1

Eine weitere Methode zur Pfadplanung stellt die zufallsorientierte Wegenetz-Methode dar: Im ersten Schritt wird eine bestimmte Anzahl an Punkten zufällig verteilt. Punkte, die innerhalb einer Beschränkung zu liegen kommen, werden dabei verworfen. Die verbleibenden, zulässigen Punkte werden durch Geraden miteinander verbunden, falls dadurch keine Beschränkungen verletzt werden. Somit entstehen Inseln miteinander verbundener Punkte. Obige Schritte werden so oft wiederholt, bis die Inseln so weit verschwunden sind, dass ein zusammenhängender Pfad zwischen Start- und Zielpunkt entlang der Punktverbinder auftritt. Dabei finden Methoden der Graphentheorie Anwendung.

Eine einfache Methode zum Verfahren eines Endeffektors stellt die Point-to-Point-Bahn (PtP) dar: Für jedes Gelenk wird, nach bestimmten Verfahren (zum Beispiel trapezförmiger Geschwindigkeitsverlauf), ein Bahnverlauf generiert. Der dabei auftretende Pfad kann also nicht geplant werden; vielmehr ergibt er sich automatisch aus der Bahnplanung.

Ein gängiges Verfahren zur Bahnplanung besteht darin, Punkte auf einem Pfad durch ein Polynom mit der Zeit als unabhängiger Variable zu interpolieren. Für n Punkte auf dem Pfad ist damit ein Polynom der Ordnung $n-1$ notwendig. Zur Bestimmung der Koeffizienten des Polynoms werden die Pfad-Punkte eingesetzt. Dies mündet in ein quadratisches lineares Gleichungssystem der Ordnung n. Randbedingungen, wie zum Beispiel an Geschwindigkeiten, erhöhen diese Ordnung entsprechend. Neben vergleichsweise hohen Rechenkosten zum Lösen linearer Gleichungssysteme hoher Ordnung stellt auch eine wachsende Neigung zur Welligkeit einen entscheidenden Nachteil von Interpolationspolynomen höherer Ordnung dar. Abhilfe schafft hier Spline-Interpolation, auf Kosten nicht vollständig glatter Spline-Übergänge.

Die wohl einfachste Bahnplanung bezeichnet man als Bahnplanung mit trapezförmigem Geschwindigkeitsverlauf. Dabei wird nur der Start- und Zielpunkt vorgegeben. Die Bahnplanung berücksichtigt eine Begrenzung der Geschwindigkeit sowie der Beschleunigung, und führt zu einem symmetrischen, trapezförmigen Geschwindigkeitsverlauf. Nachteilig dabei ist, dass Knicke im Geschwindigkeitsverlauf und Sprünge im Beschleunigungsverlauf die Mechanik zum Schwingen anregen.

6.1 Begriffe und Definitionen

In Kap. 2 wurde die *Lage* eines Körpers durch seine Position und Orientierung definiert. Anstelle des Begriffs *Lage* benutzt man im Kontext der Bahnplanung häufig den Begriff *Punkt*. Die Grundaufgabe der Manipulation besteht darin, einen Körper von einem gegebenen Startpunkt aus in einen gegebenen Zielpunkt zu überführen. Die Menge aller Punkte, die zwischen Start- und Zielpunkt durchlaufen werden, bezeichnet man in der Bahnplanung als *Pfad*. Im alltäglichen Sprachgebrauch benutzt man dafür auch den Begriff *Weg*.

Ein Pfad liefert keine Aussagen über Geschwindigkeit und Beschleunigung. Weist man jedem Punkt des Pfads einen Zeitpunkt[1] zu, so spricht man von einer *Trajektorie* (Betonung auf dem o)[2] bzw. von einer *Bahn*. Sie stellt Position und Orientierung des Körpers als Funktion der Zeit dar, siehe Abschn. 6.3 für eine eingehendere Betrachtung.

Bei Manipulatoren werden in der Regel Pfad und Bahn des Endeffektors vorgegeben. Dies wird in der Automatisierung beispielsweise benötigt, um entlang einer gewünschten Kontur eine Klebeschicht oder Schweißnaht aufzubringen.

Grundsätzlich gibt es zwei unterschiedliche Herangehensweisen, um den Pfad eines Endeffektors zu beschreiben. Da jeder Punkt q der Gelenkvariablen mit einer Endeffektorlage η korrespondiert, kann ein Pfad entweder durch Vorgabe einer Menge von Werten der Gelenkvariablen q oder der Endeffektorvariablen η bestimmt werden.

Die Gesamtheit aller für den Endeffektor erreichbaren Positionen bzw. Orientierungen wird als *Positions-* bzw. *Orientierungs-Arbeitsraum* bezeichnet. Zusammen spricht man vom *Arbeitsraum*. Die Gesamtheit aller mit dem Arbeitsraum verbundenen Gelenkvariablenwerte bezeichnet man hingegen als *Konfigurationsraum* oder auch als *Gelenkraum*. Dabei bildet die direkte Kinematik den Gelenkraum in den Arbeitsraum ab und die inverse Kinematik den Arbeitsraum in den Gelenkraum.

Der Unterschied zwischen Konfigurations- und Arbeitsraum soll am planaren 2-DoF Ellenbogen-Manipulator im folgenden Beispiel 6.1 veranschaulicht werden:

Beispiel 6.1. Nach Beispiel 5.8 beträgt Endeffektorposition x_2 des planaren 2-DoF Ellenbogen-Manipulators in Weltkoordinaten

$$
\begin{aligned}
x_2^0 &= l_1 c_1 + l_2 c_{12} \\
y_2^0 &= l_1 s_1 + l_2 s_{12} \\
z_2^0 &= 0 \, .
\end{aligned}
\tag{6.1}
$$

Mit vorgegebenen Wertebereichen beider Gelenkwinkel folgt daraus der Positionsarbeitsraum durch die Gesamtheit aller resultierender Endeffektorpositionen x_2.

Der Orientierungsarbeitsraum kann zum Beispiel durch Euler-Winkel einer ZYZ Euler-Drehung des Endeffektorkoordinatensystems beschrieben werden, gemäß

$$
\alpha = \theta_1 + \theta_2 \, , \quad \beta = \gamma = 0 \, .
\tag{6.2}
$$

Beim planaren 2-DoF Ellenbogen-Manipulator können nur zwei Endeffektorfreiheitsgrade unabhängig voneinander eingestellt werden. Im vorliegenden Fall sollen dies die

---

[1] Entlang des Pfads vom Start- zum Zielpunkt müssen die den Pfad-Punkten zugewiesenen Zeitwerte natürlich streng monoton zunehmen.

[2] Herkunft von *Trajektorie* aus dem Lateinischen *traiectio*: Überfahrt, Übergang.

kartesischen Koordinaten x_2 und y_2 sein. Die Orientierung als dritter Endeffektorfreiheitsgrad stellt sich in der x_0-y_0-Bewegungsebene dann abhängig von dieser kartesischen Position ein. Üblicherweise wird in solchen Fällen nur der unabhängig einstellbare Teil des Arbeitsraums untersucht und beschrieben.

Die Abbildungsvorschrift von Gelenk- zu Arbeitsraum durch die direkte Kinematik ist in der Regel stark nichtlinear, wie man am Beispiel des planaren 2-DoF Ellenbogen-Manipulators aus (6.1) erkennt. Aus diesem Grund unterscheidet sich die geometrische Form eines Pfads im Gelenkraum stark von der des korrespondierenden Pfads im Arbeitsraum. Insbesondere bilden sich Geraden nicht wieder in Geraden ab. Für Armlängen $l_1 = l_2 = 0.3$ soll dies am Beispiel des planaren 2-Dof Ellenbogen-Manipulators mit drei unterschiedlich vorgegebenen Pfaden veranschaulicht werden. Jeder Fall wird in Abb. 6.1

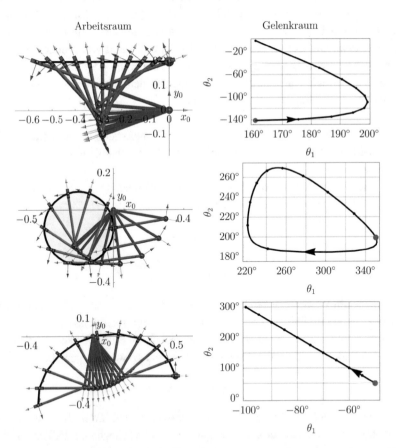

Abb. 6.1 *Oben links*: geradenförmiger Pfad im Arbeitsraum vorgegeben; *oben rechts*: resultierende Gelenkwinkel im Konfigurationsraum; *mitte links*: kreisförmiger Pfad im Arbeitsraum vorgegeben; *mitte rechts*: resultierende Gelenkwinkel im Konfigurationsraum; *unten links*: resultierender Pfad im Arbeitsraum; *unten rechts*: geradenförmiger Pfad im Konfigurationsraum vorgegeben

in einer Zeile dargestellt. Im jeweils linken Teilbild ist ein Pfad im Arbeitsraum eingetragen, im rechten Teilbild der zugehörige Pfad im Konfigurationsraum. Die Pfade sind durch dicke, durchgezogene Linien gekennzeichnet. Der dicke rote Punkt stellt den Startpunkt dar. In den linken Teilbildern sind zur weiteren Veranschaulichung an einigen Positionen des Pfads die zugehörigen Stellungen beider Manipulatorsegmente mit aufgenommen. Das untere Manipulatorsegment ist dabei blau, das obere Manipulatorsegment braun gekennzeichnet. Es sind folgende drei Fälle dargestellt:

1. Vorgabe eines geradenförmigen Pfads im Arbeitsraum von Startpunkt $x_{2,s} = \left(\begin{smallmatrix} 0 \\ 0.2 \end{smallmatrix}\right)$ zu Endpunkt $x_{2,e} = \left(\begin{smallmatrix} -0.6 \\ 0.2 \end{smallmatrix}\right)$, dargestellt durch eine schwarze, fette Linie im linken oberen Teilbild von Abb. 6.1. Der resultierende Pfad im Konfigurationsraum besitzt die Form einer deformierten, nach links geöffneten Parabel, siehe rechtes oberes Teilbild von Abb. 6.1.
2. Vorgabe eines kreisförmigen Pfads im Arbeitsraum mit Kreismittelpunkt $\left(\begin{smallmatrix} -0.2 \\ -0.1 \end{smallmatrix}\right)$ und Radius 0.2 im linken mittleren Teilbild von Abb. 6.1. Analyse des resultierenden Pfads im Konfigurationsraum im rechten mittleren Teilbild von Abb. 6.1.
3. Vorgabe eines geradenförmigen Pfads im Konfigurationsraum von Startpunkt $\theta_s = \left(\begin{smallmatrix} -50° \\ 50° \end{smallmatrix}\right)$ zu Endpunkt $\theta_e = \left(\begin{smallmatrix} -100° \\ 300° \end{smallmatrix}\right)$, dargestellt durch eine schwarze Linie im rechten unteren Teilbild von Abb. 6.1. Die Analyse des resultierenden Pfads im Arbeitsraum zeigt das linke untere Teilbild von Abb. 6.1.   ◁

6.2 Pfadplanung

Aufgabenstellung der Pfadplanung ist es, einen durchgehenden Pfad zwischen einem Start- und einem Zielpunkt zu finden. Folgende Randbedingungen müssen dabei eingehalten werden:

- Keine Kollision mit externen Körpern (das sind Körper, die nicht zum Manipulator gehören).
- Keine Kollision mit eigenen Manipulatorsegmenten (sogenannte *Eigenkollisionen*).
- Einhaltung von kinematikbedingten Beschränkungen des Arbeitsraums (zum Beispiel eingeschränkte Reichweite des Endeffektors).
- Einhaltung der Beschränkungen der Gelenkvariablen: Bei Linearachsen sind dies beschränkte Teleskoplängen, bei Drehgelenken beschränkte Winkelbereiche. Solche Beschränkungen sind in der Regel konstruktiv bedingt, zum Beispiel zur Vermeidung von Eigenkollisionen. Falls Kabelbäume durch Hohlachsen von Drehgelenken geführt werden, führt eine beschränkte Torsionsfähigkeit der Kabelbäume ebenfalls zu einer Beschränkung der Gelenkwinkelbereiche.

Pfadplanung kann im Gelenk- oder Arbeitsraum erfolgen. Randbedingungen resultieren in Beschränkungen des jeweilig betrachteten Raums. Dabei wird in der Regel der

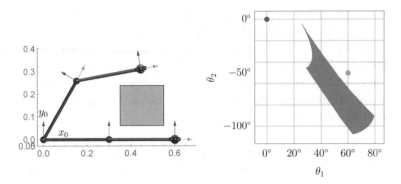

Abb. 6.2 Rechteckiger Bereich im Arbeitsraum (*links*) und korrespondierender Bereich im Gelenkraum (*rechts*) bezogen auf den Endeffektor und für Konfiguration „Ellenbogen oben". Die inverse Kinematik führt zu einer stark deformierten Hinderniskontur im Gelenkraum, siehe auch Abb. 1.14

Arbeitsraum gewählt, da die meisten Hindernisse im Arbeitsraum durch die Konturen externer Körper bereits vorliegen. Die Umrechnung dieser Konturen in den Gelenkraum ist aufgrund der stark nichtlinearen Eigenschaften der inversen Kinematik aufwendig. In Abb. 6.2 soll ein planarer 2-DoF Manipulator vom Startpunkt (roter Punkt) zum Zielpunkt (grüner Punkt) überführt werden. Im linken Teilbild ist ein rechteckiges Hindernis im Arbeitsraum dargestellt (grau ausgefüllt). Mittels inverser Kinematik ergibt sich daraus im Gelenkraum die im rechten Teilbild dargestellte (grau ausgefüllt), stark deformierte Fläche. Dabei liegt die Endeffektorposition zugrunde, das heißt für Gelenkwinkelkombinationen innerhalb des grauen Bereichs (rechtes Teilbild) kommt der Endeffektor innerhalb des Rechtecks im Arbeitsraum (linkes Teilbild) zu liegen.

Anmerkung 6.1. Um nicht nur Kollisionen des Hindernisses mit dem Endeffektor, sondern mit dem gesamten Manipulator zu vermeiden, muss für jeden Punkt der Berandungsflächen aller Manipulatorsegmente ein gesperrter Bereich des Gelenkraums berechnet werden. Des Weiteren müssen Eigenkollisionen verhindert werden.   □

Demgegenüber gestaltet sich die Umrechnung von Gelenkvariablenbeschränkungen in den Arbeitsraum vergleichsweise einfach – insbesondere, wenn nur der Positions-Arbeitsraum betrachtet wird. Beispielsweise bildet sich im Falle des planaren 2-DoF Ellenbogen-Manipulators der beschränkte Gelenkraum $|\theta_1| \leq 120° \wedge |\theta_2| \leq 170°$ in den Arbeitsraum gemäß Abb. 6.3 ab.

Pfadplanung ist ein aktuelles Forschungsthema und schwerpunktmäßig im Fachbereich Informatik angesiedelt. In der Praxis werden numerische Optimierungsverfahren eingesetzt. Derzeitige Algorithmen weisen jedoch eine Berechnungskomplexität auf, die *exponentiell anwächst* mit der Zahl der Manipulator-Freiheitsgrade, [6, S. 163].

Abb. 6.3 Gelenkwinkelbeschränkungen im Arbeitsraum beim planaren 2-DoF Ellenbogen-Manipulator mit $l_1 = l_2 = 0.3$: $|\theta_1| \leq 120° \wedge |\theta_2| \leq 170°$

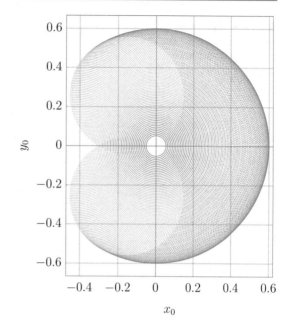

Eine ausführliche Behandlung der Pfadplanung würde den Rahmen dieses Buches sprengen. Daher kann im Folgenden nur für einige interessante Methoden ein grober Überblick gegeben werden.

6.2.1 Potentialfeld-Methode

Die *Potentialfeld-Methode* nutzt das physikalische Wirkprinzip eines elektrischen Feldes auf elektrische Ladungen aus. Das elektrische Feld kann durch Feldlinien visualisiert werden. Sie verlaufen von positiven zu negativen Ladungen und schneiden sich nur in Gleichgewichtslagen des Felds.

Weist man im Arbeitsraum dem Ursprung des Endeffektorkoordinatensystems S_{EE} eine virtuelle positive Ladung und dem Zielpunkt eine virtuelle negative Ladung zu, so liefert das entstehende virtuelle elektrische Feld im Arbeitsraum Pfade vom Start- zum Zielpunkt.

Eventuell vorliegende Beschränkungen bzw. verbotene Bereiche des Arbeitsraums werden um Beschränkungen ergänzt, die im Gelenkraum vorgegeben sind. Hierzu werden letztere in den Arbeitsraum transformiert. Entlang der Konturen dieser Beschränkungen werden ebenfalls virtuelle positive Ladungen platziert. Da sich positive Ladungen gegenseitig abstoßen, schneiden so die Feldlinien nicht die Konturen der Arbeitsraumbeschränkungen. Die aus den Feldlinien gewonnenen Pfade halten so die Arbeitsraum-Beschränkungen ein.

Abb. 6.4 Erzeugung
von Pfaden mit Hilfe der
Potentialfeld-Methode

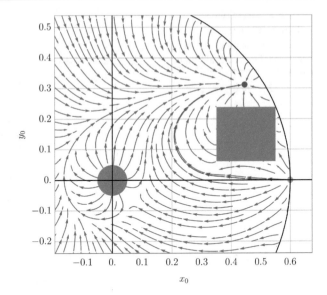

Für die in Abb. 6.2 (links) dargestellte Situation des planaren 2-DoF Ellenbogen-Manipulators mit rechteckigem Hindernis ergibt sich beispielsweise ein Feldlinienbild, wie in Abb. 6.4 gezeigt. Die kreisförmige Hinderniskontur (Radius $\approx$ 0.05) um den Ursprung herum resultiert aus Gelenkraum-Beschränkung $|\theta_2| \leq 170°$, vergleiche auch Abb. 6.3. Außerdem ist die Beschränkung des Arbeitsraums bei ausgestrecktem Arm (Kreisform mit Radius 0.6) ebenfalls berücksichtigt. Die Konturen aller drei Beschränkungen sowie der Startpunkt sind mit virtuellen positiven Ladungen belegt. Nur der Zielpunkt ist mit einer virtuellen negativen Ladung belegt. Die Feldlinie, die durch den Startpunkt verläuft (grün gekennzeichnet), hält alle Arbeitsraum-Beschränkungen ein und führt auf einer durchgehenden Linie zum Zielpunkt (rot gekennzeichnet). Damit erfüllt diese Feldlinie alle Anforderungen an den gesuchten Pfad.

Die Potentialfeld-Methode kann neben einer reinen Pfaderzeugung auch zur Steuerung der Gelenkantriebe eingesetzt werden. Hierbei wird die physikalische Wirkung eines elektrischen Felds auf ein darin enthaltenes, elektrisch geladenes Teilchen genutzt: Das Feld übt eine Kraft auf das Teilchen in Richtung der berührenden Feldlinie aus. Im virtuellen Feld erfährt damit die virtuelle positive Ladung im Ursprung S_{EE} eine virtuelle Kraft $\boldsymbol{F}_{\text{virt}}$. Die transponierte Jacobi-Matrix $\tilde{\boldsymbol{J}}_v^{\ T}$ bildet diese Kraft in jeder Gelenkposition $\boldsymbol{q}$ in virtuelle Gelenkmomente und -kräfte ab. Aus (**??**) folgt damit

$$\boldsymbol{\tau}_{\text{virt}}(\boldsymbol{q}) = \tilde{\boldsymbol{J}}_v^{\ T}(\boldsymbol{q})\, \boldsymbol{F}_{\text{virt}}(\boldsymbol{q})\,.$$

Prägt man die so berechneten Momente und Kräfte $\boldsymbol{\tau}_{\text{virt}}(\boldsymbol{q})$ in den Antrieben der Gelenke ein, so bewegt sich der Endeffektor entlang des Pfads in den Zielpunkt.

So einfach die Idee der Potentialfeld-Methode auf den ersten Blick erscheint, so schwierig gestaltet sich jedoch deren Umsetzung in der Praxis. Dies liegt unter anderem an folgenden Aspekten:

- Mehrere virtuelle Ladungen gleicher Polarität erzeugen stets Gleichgewichtspunkte im virtuellen elektrischen Feld. Feldlinien, die in solchen Gleichgewichtspunkten enden, stellen keine sinnvollen Pfade dar. Eine solche Gleichgewichtslage liegt beispielsweise in Abb. 6.4 bei Position $(x_0, y_0) \approx (0.06, -0.05)$. Bei automatisch erzeugten virtuellen Feldern muss sichergestellt werden, dass der gewählte Pfad nicht in einem solchen Gleichgewichtspunkt endet.
- Die Amplitude der virtuellen Kraft $\boldsymbol{F}_{\mathrm{virt}}$ sollte insbesondere bei langen Pfaden möglichst konstant bleiben. Dies erfordert eine spezielle Wahl des virtuellen elektrischen Potentials.
- Neben dem Endeffektor müssen auch alle anderen Manipulatorsegmente kollisionsfrei verlaufen. Ein Lösungsansatz dafür besteht darin, in jedem Manipulatorsegment den Punkt mit dem geringsten Abstand zu allen Hindernissen zu ermitteln. Dies ist mit relativ hohen Rechenkosten verbunden.
  Diesen Punkten wird dann ebenfalls eine virtuelle positive Ladung zugewiesen. Damit üben Hindernisse im virtuellen Feld Abstoßungskräfte auf diese Punkte aus. Mittels transponierter Jacobi-Matrix werden diese Kräfte in virtuelle Gelenkmomente und -kräfte umgerechnet. Die Überlagerung aller dieser virtuellen Gelenkmomente und -kräfte liefert die Steuergrößen für die Gelenkantriebe. Dabei müssen Verklemmungssituationen vermieden werden, in denen sich der Manipulator nicht mehr bewegt, obwohl er noch nicht am Zielpunkt angekommen ist.
- Die Form der virtuellen Feldlinien hängt stark von der Größe der einzelnen virtuellen Ladungen ab. Je größer die virtuelle Ladung eines Hindernisses, desto großräumiger wird es umfahren. Dies geht natürlich auf Kosten eines geringeren Abstands zu benachbarten Hindernissen. Daher ist eine ausgewogene Verteilung der Ladungen auf die Hindernisse erforderlich.

6.2.2 Zufallsorientierte Wegenetz-Methode

Die *zufallsorientierte Wegenetz-Methode* (Englisch: probabilistic roadmap, kurz: PRM) wird anhand vom Beispiel aus Abb. 6.5 erläutert: Es wird der planare 2-DoF Ellenbogen-Manipulator betrachtet. Der Startpunkt des Endeffektors ist grün markiert, der Endpunkt rot. Vom Arbeitsraum ausgeschlossene Bereiche sind grau eingefärbt. Ursachen für die Begrenzungen sind:

- Arbeitsraumbeschränkung durch eine begrenzte Reichweite des ausgestreckten Arms (großes Kreissegment)
- Beschränkung des zweiten Gelenkwinkels (kleiner Ursprungs-Kreis)
- Zwei rechteckige Hindernisse im Arbeitsraum

Kollisionen mit den beiden rechteckförmigen Hindernissen können dabei nicht nur mit dem Endeffektor auftreten, sondern auch mit allen Berandungspunkten beider Manipulatorsegmente (hier vereinfacht als Linien modelliert). Die daraus erwachsenden Beschränkungen lassen sich am Besten im Gelenkraum berücksichtigen, siehe zum Beispiel Abb. 1.15 für die resultierende Gelenkraumbeschränkung eines einzelnen rechteckförmigen Hindernisses im Arbeitsraum. Zu Gunsten einer vereinfachten Darstellung wird im Folgenden jedoch nur für den Endeffektor ein kollisionsfreier Pfad gesucht. Damit können die Betrachtungen im Arbeitsraum erfolgen.

Ziel der zufallsorientierten Wegenetz-Methode ist die Erzeugung eines Pfads vom Start- zum Zielpunkt aus geradlinigen Verbindungen von Punkten. Verbindungen und Hindernisse dürfen nicht mit Hinderniskonturen *kollidieren*. Unter einer *Kollision* wird hier verstanden, dass ein Punkt des Pfads innerhalb einer Hinderniskontur liegt oder eine Verbindung eine Hinderniskontur schneidet. Das Berühren einer Hinderniskontur wird nicht als Kollision angesehen. Punkte und Verbindungen ohne Kollision werden jeweils als *zulässig* bezeichnet.

Man interpretiert Punkte als *Knoten* und Verbindungen als *Kanten* eines *Graphen*. Damit lässt sich das Problem mit Hilfe der Graphentheorie beschreiben und lösen. In den folgenden Schritten 1 bis 5 wird durch zufällig verteilte zulässige Punkte im Arbeitsraum eine als *kreisfreier Baum* bekannte spezielle Verbindungsstruktur aufgebaut. Innerhalb eines solchen Baums existiert zwischen zwei beliebigen Punkten stets ein eindeutiger Pfad. Dieser wird im abschließenden Schritt 6 ermittelt. Beschreibung der einzelnen Schritte:

Schritt 1 Abb. 6.5 (oben links): Der Arbeitsraum wird zufällig mit einer Menge $\mathcal{P}_1$ an Punkten überzogen. Die größte Teilmenge von $\mathcal{P}_1$ an zulässigen Punkten wird mit $\mathcal{P}_2$ bezeichnet. Im vorliegenden Beispiel kollidieren von 15 zufällig generierten Punkten aus $\mathcal{P}_1$ vier Punkte mit Hindernissen. Zulässige Punkte sind nummeriert. Sie werden im Folgenden durch ihre Nummer referenziert.

Schritt 2 Abb. 6.5 (oben links): Für jeden Punkt P_i aus $\mathcal{P}_2$ wird ein Partnerpunkt P_j aus $\mathcal{P}_2$ mit kürzestem Abstand gesucht, wobei natürlich $i \neq j$ gelten muss. Außerdem muss P_j die Bedingung erfüllen, dass die Verbindung zwischen P_i und P_j zulässig ist. Dabei kann auch der Fall auftreten, dass es keinen geeigneten Partnerpunkt P_j gibt. In diesem Fall bleibt P_i unverbunden und wird als *isolierter Punkt* bezeichnet.

Verbindet man alle so ermittelten Punkte-Paare, so entstehen einzelne, sogenannte *maximal zusammenhängende, kreisfreie Pfade* bzw. *Teilgraphen*. Diese werden um die unverbundenen Punkte ergänzt. In der Graphentheorie bezeichnet man maximal zusammenhängende Teilgraphen als *Zusammenhangs-Komponenten* bzw. einfach als *Komponenten* des Graphen.

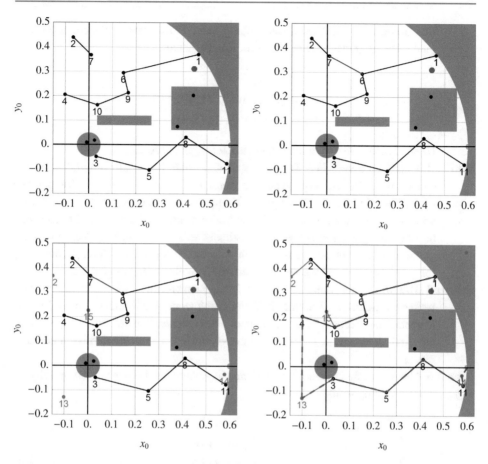

Abb. 6.5 Erzeugung eines Pfads für den planaren 2-DoF Ellenbogen-Manipulator mit Hilfe der zufallsorientierten Wegenetzmethode und Pfadsuch-Algorithmen aus der Graphentheorie. Als Abstand wird die bekannte Euklidische Norm verwendet. Grau gefärbte Bereiche stellen Arbeitsraumbeschränkungen dar. Die einzelnen Teilbilder visualisieren die Zwischenergebnisse der einzelnen Schritte. Gesamtlänge des Pfads: 1.9634

Ein Graph bzw. ein Teilgraph besteht aus einer Menge an Punkten bzw. Knoten und einer zugehörigen Menge an Kanten bzw. Verbindungen zwischen den Punkten. Kanten werden durch Indizes-Paare $(i; j)$ der zugehörigen Punkte P_i und P_j dargestellt. Eine Menge an Kanten beschreibt damit eindeutig die zugehörige Menge an Punkten. Daher wird hier ein Graph nur durch seine Kantenmenge $\{(i; j), \cdots, (m; n), \cdots\}$ beschrieben; die explizite Angabe der zugehörigen Punkte entfällt. Der Sonderfall eines aus einem isolierten Punkt P_k bestehenden Teilgraphen soll durch $\{(k)\}$ repräsentiert werden.

Im vorliegenden Beispiel findet zufällig jeder Punkt mindestens einen Partnerpunkt. Daraus entstehen folgende drei Komponenten:

$$\mathcal{K}_1 = \{(2;7)\}$$
$$\mathcal{K}_2 = \{(1;6), (6;9), (9;10), (10;4)\}$$
$$\mathcal{K}_3 = \{(11;8), (8;5), (5;3)\}$$

Diese sind in Abb. 6.5 durch schwarze Linien gekennzeichnet.

Schritt 3 Abb. 6.5 (oben rechts): Die Komponenten sollen nun – falls möglich – miteinander auf kürzestem Weg verbunden werden. Hierzu wird von der Komponente
mit größter Kantenzahl (kurz: größte Komponente) gestartet. Analog zu Schritt 2
wird für jeden Punkt innerhalb dieser Komponente ein Partnerpunkt mit kürzester Entfernung aus der Menge aller restlichen Punkte (der anderen Komponenten)
gesucht. Im vorliegenden Fall können so lediglich $\mathcal{K}_1$ und $\mathcal{K}_2$ durch Kante $(6;7)$
(blau gekennzeichnet) verbunden werden. $\mathcal{K}_3$ bleibt weiterhin getrennt.

Schritt 4 Abb. 6.5 (unten links): Falls alle Komponenten miteinander verbunden sind,
weiter mit Schritt 6. Andernfalls Generierung weiterer zufälliger Punkte. Im vorliegenden Beispiel sind diese neu hinzu gekommenen Punkte braun gekennzeichnet. Analog zu Schritt 1 werden Punkte verworfen, die mit Hindernissen kollidieren.

Schritt 5 Abb. 6.5 (unten rechts): Die neu hinzugekommenen Punkte werden jeweils als
einzelne Komponente

$$\mathcal{K}_4 = \{(12)\}$$
$$\mathcal{K}_5 = \{(13)\}$$
$$\mathcal{K}_6 = \{(14)\}$$
$$\mathcal{K}_7 = \{(15)\}$$

der bestehenden Liste der Komponenten hinzugefügt.

Damit wird Schritt 3 wiederholt, um möglichst viele Komponenten auf jeweils
kürzestem Weg zu verbinden. Im vorliegenden Beispiel werden so mit Kanten
(braun gekennzeichnet) $(2;12)$, $(10;15)$, $(4;13)$ und $(11;14)$ alle Komponenten
miteinander verbunden. Zwischen zwei beliebigen Punkten findet man daher stets
einen *Pfad* (Sequenz zusammenhängender Kanten). Dies bezeichnet man in der
Graphentheorie als *Baum*. Der nach obigen Schritten aufgebaute Baum besitzt
die zusätzliche Eigenschaft, dass er kreisfrei ist. Damit ist der Pfad zwischen beliebigen Punkten eindeutig und kann mit Suchalgorithmen der Graphentheorie[3]
ermittelt werden. Eine, in Graphen oftmals übliche Suche nach dem kürzesten
Pfad zwischen zwei Punkten, ist nicht notwendig.

---

[3] *Breitensuche*, auf Englisch breads-first search BFS oder *Tiefensuche*, auf Englisch depth-first
search DFS

Abb. 6.6 Darstellung der
Baumstruktur mit hervorge-
hobenem Pfad zwischen Start
und Ende

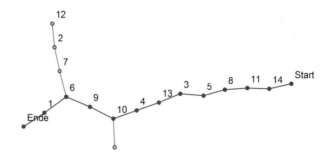

Schritt 6 Abb. 6.5 (unten rechts): Anbindung von Start- und Endpunkt des Endeffektors
an den Baum auf kürzestem Wege. Dies liefert die Kante vom Startpunkt zu P_{14}
sowie vom Endpunkt zu P_1. Innerhalb dieses Baums findet sich zwischen Start-
und Endpunkt des Endeffektors stets ein Pfad. Im vorliegenden Beispiel ist dieser
Pfad durch eine rot gestrichelte Linien gekennzeichnet. Abb. 6.6 zeigt in übersicht-
licher Weise die Baumstruktur sowie rot gekennzeichnet den Pfad zwischen Start-
und Zielpunkt.

Anmerkung 6.2. Erweiterungen:

- Anstelle geradliniger Verbinder können durch *Interpolationspolynome* auch glatte Pfade erzeugt werden.
- Mit der dargestellten Methode wird nur für einen Punkt (hier der Endeffektor) ein kollisionsfreier Pfad erzeugt. Damit kann nicht sichergestellt werden, dass andere Punkte
des Manipulators mit Hindernissen kollidieren. Aus diesem Grund erfolgt die Pfadplanung mit der zufallsorientierten Wegenetz-Methode in der Regel im Gelenkraum.
Im vorliegenden Beispiel müsste so der Bereich zwischen den beiden rechteckigen
Hindernissen ebenfalls ausgeschlossen werden, da hier Kollisionen der Manipulatorsegmente mit den Hindernissen auftreten würden.
- Tendenziell gilt: Je mehr Punkte generiert werden, desto kürzere Pfade werden gefunden.
Als Abstand zwischen zwei Punkten wurde hier die bekannte Euklidische Norm
$\|\boldsymbol{x}\|_2 = \sqrt{\sum_{i=1}^{n} x_i^2}$ verwendet. Diese Norm ist der Spezialfall der sogenannten
P-Norm

$$\|\boldsymbol{x}\|_p = \left(\sum_{i=1}^{n} x_i^{\,p} \right)^{\frac{1}{p}}$$

für $p = 2$. Im 2D (also für $n = 2$) zeigt Abb. 6.7 den Graphen der P-Norm. Die
Euklidische Norm ergibt den Einheitskreis. Wächst p an, so nähert sich der zugehörige
Graph dem Quadrat mit Kantenlänge 1 an. Für $p \to \infty$ spricht man von der *Unendlich-
Norm* und es gilt $\|\boldsymbol{x}\|_\infty = \max_{(i=1,\cdots,n)} |x_i|$.

Abb. 6.7 Darstellung des
Graphen der P-Norm im $\mathbb{R}^2$ für
$p \in \{2, 3, 5\}$ (von Innen nach
Außen) und $p \to \infty$ (Quadrat)

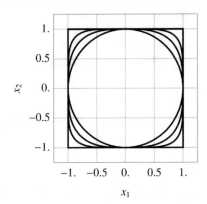

Abb. 6.8 zeigt die Pfadplanung mit zugrunde liegender Unendlich-Norm; ansonsten sind alle Randbedingungen gleich wie bei der Pfadplanung mit Euklidischer Norm. Im Vergleich mit Abb. 6.5 (unten links) erkennt man als einzigen Unterschied Verbinder $(10; 6)$ und $(9; 1)$. Die Gesamtlänge des Pfads bei Unendlich-Norm beträgt 2.54975, bei Euklidischer Norm 1.9634. Darin zeigt sich der Vorteil der Euklidischen Norm gegenüber der Unendlich-Norm: Mit Euklidischer Norm ergeben sich kürzere Pfade. Demgegenüber weist die Unendlich-Norm geringere Rechenkosten auf.

- Tendenziell gilt: Je mehr Punkte verwendet werden, desto kürzer werden die Pfade. Beim Pfad aus Abb. 6.9 liegen in den oberen Teilplots 200 Punkte, in den unteren Teilplots 400 Punkte vor. Tab. 6.1 zeigt eine Gegenüberstellung der Pfadlängen mit zugehörigen Rechenzeiten.

Abb. 6.8 Baum-Struktur
und Pfad bei Verwendung der
Unendlich-Norm. Gesamtlänge
des Pfads: 2.54975

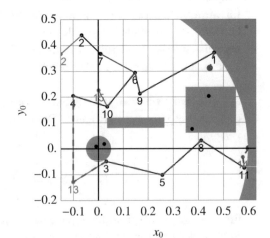

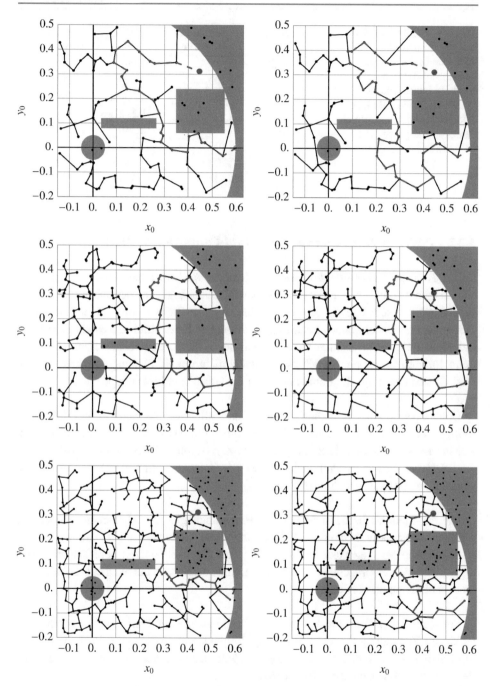

Abb. 6.9 Baum-Struktur und Pfad bei Verwendung vieler Punkte. *Linke Spalte*: Euklidische Norm, *rechte Spalte*: Unendlich-Norm; *obere Zeile*: 100 Punkte, *mittlere Zeile*: 200 Punkte , *untere Zeile*: 400 Punkte; siehe Tab. 6.1 für zugehörige Pfadlängen und Rechenzeiten

Tab. 6.1 Vergleich Pfadlängen und Rechenzeiten für
unterschiedliche Normen
und Anzahl Punkten. Dabei
wurde auf einem Intel(R)
Core(TM) i7.3740QM CPU
2.70Ghz gerechnet und durch
Parallelisierung eine hohe
CPU-Auslastung erzielt

Norm	Anzahl Punkte in Schritt 1	Pfadlänge	Rechenzeit in s
Euklidisch	15	1.9634	≈ 0
	100	1.34959	116
	200	1.05483	253
	400	0.822706	1897
Unendlich	15	2.54975	≈ 0
	100	2.36068	115
	200	1.38952	212
	400	1.2074	1730

6.2.3 Point-to-Point-Methode und Tool-Center-Point-Pfad

Bei der *Point-to-Point-Methode* (kurz: PtP-Methode) wird von einem Pfad lediglich Start-
und Zielpunkt vorgegeben. Für jedes Gelenk wird, unabhängig von den anderen Gelenken,
ein Bahnverlauf so festgelegt, dass das Gelenk an seiner Zielposition in einer bestimmten
Zeit ankommt. Dabei können noch Randbedingungen hinsichtlich Geschwindigkeit und
Beschleunigung berücksichtigt werden. Man nennt die so entstehende Bahn eine *PtP-
Bahn*. Streng genommen, handelt es sich dabei nicht um ein Planungsverfahren für den
Pfad, da sich dieser aus der Bahnplanung für die Gelenke indirekt ergibt.

Üblicherweise wird zusätzlich gefordert, dass alle Gelenke gleichzeitig an ihrer jeweiligen Zielposition ankommen sollen. Hierzu muss das Gelenk identifiziert werden,
welches für seine geforderte Bahn die längste Zeit benötigt. Diese Zeit spezifiziert dann
die Fahrdauer für alle anderen Gelenke. Da alle Gelenke zeitlich synchron ankommen,
spricht man von einer *Synchron-PtP-Bahn*.

Die PtP-Methode berücksichtigt keine Beschränkungen im Arbeitsraum. Es werden
lediglich konstruktiv bedingte Beschränkungen im Gelenkraum (beschränkte Bewe-
gungsbereiche der Gelenke zur Vermeidung von Eigenkollisionen) berücksichtigt. Um
Kollisionen mit der Umgebung zu vermeiden, sind ausreichend kurze Distanzen zwischen
Start- und Zielpunkt notwendig.

Ein *Tool-Center-Point-Pfad* (kurz: TCP-Pfad) bzw. *Linear-Pfad* besteht aus einer ge-
radlinigen Verbindung zwischen Start- und Zielpunkt des Endeffektors im Arbeitsraum.
Ein Beispiel zeigt Abb. 6.1 in der obersten Zeile. Dabei gelten dieselben Hinweise zu
Beschränkungen wie bei der PtP-Methode.

6.3 Bahnplanung

Die Pfadplanung liefert im Arbeits- oder Gelenkraum einen Pfad, auf dem der Endeffektor vom Start- zum Zielpunkt geführt werden kann. Punkte auf diesem Pfad (ohne Start- und Zielpunkt) werden als *Durchgangs-* bzw. *Viapunkte* bezeichnet. Ein Beispiel für einen Pfad zeigt Abb. 6.10. Der Startpunkt ist grün markiert, der Zielpunkt rot und Viapunkte blau.

Ein Pfad wird analytisch im Allgemeinen in Parameterform dargestellt. Als Parameter wird dabei üblicherweise Kurven- bzw. Bogenlänge s oder Zeit t gewählt. Mit letzterem Parameter, Anfangszeit t_0 und Endzeit t_e, ergibt sich die analytische Darstellung des Pfads im Gelenkraum durch Abbildung

$$t \mapsto \boldsymbol{q} \, , \quad t_0 \leq t \leq t_e \, .$$

Damit wird aber nicht nur der Pfad selbst, sondern gleichzeitig auch das *zeitliche Verhalten entlang des Pfads* definiert. Hierfür wurde in Abschn. 6.1 der Begriff *Trajektorie* bzw. *Bahn* eingeführt.

Mit Ausnahme der PtP-Methode liefern die Methoden der Pfadplanung lediglich eine Sequenz hintereinander abzufahrender Punkte. Die Aufgabenstellung der Bahnplanung ist es, für diesen Pfad eine Parameterdarstellung mit der Zeit als Parameter zu finden.

Prinzipiell kann eine Bahn im Arbeitsraum berechnet bzw. geplant werden. Dabei müssen jedoch Beschränkungen durch Gelenkantriebe hinsichtlich Geschwindigkeit und Beschleunigung berücksichtigt werden. Daher empfiehlt sich eine Bahnplanung im Gelenkraum. Mit inverser Kinematik kann hierzu ein eventuell im Arbeitsraum vorliegender Pfad in den Gelenkraum umgerechnet werden. Damit wird das Problem der Bahnplanung des Endeffektors im Arbeitsraum auf eine Bahnplanung der einzelnen Gelenke zurückgeführt.

Abb. 6.10 Pfad (nur Position, keine Orientierung) in Weltkoordinaten mit Via-Punkten sowie Start- und Zielpunkt; beispielhaft ist ein Tangentialvektor eingetragen (*braun*)

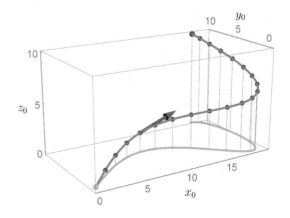

Ein Bahnpunkt wird in oder entgegen der Richtung des Tangentialvektors

$$\frac{\mathrm{d}}{\mathrm{dt}}\boldsymbol{q}(t) = \dot{\boldsymbol{q}}(t) = \begin{pmatrix} \dot{q}_1(t) \\ \dot{q}_2(t) \\ \vdots \\ \dot{q}_n(t) \end{pmatrix}$$

durchlaufen. In Abb. 6.10 ist ein solcher Tangentialvektor im Arbeitsraum beispielhaft beim vierten Viapunkt braun gekennzeichnet. Die Richtung des Bahngeschwindigkeitsvektors ist durch den Pfad vorgegeben, nicht jedoch der Betrag $v = \|\dot{\boldsymbol{q}}\|$ des Bahngeschwindigkeitsvektors. Letzterer wird hier vereinfacht als *Bahngeschwindigkeit* bezeichnet. Die Richtung des Bahngeschwindigkeitsvektors in Form des normierten Tangentialvektors wird als *Bahnrichtung* bezeichnet.

Im Folgenden werden zwei unterschiedliche Verfahren zur Bahnplanung vorgestellt. Das erste Verfahren aus Abschn. 6.3.1 besteht darin, die Bahn durch ein Interpolationspolynom anzunähern. Dabei wird sichergestellt, dass die Bahn durch alle vorgegebenen Bahnpunkte verläuft. Zusätzlich können für einzelne / diskrete Bahnpunkte auch Bahngeschwindigkeiten vorgegeben werden. Mit dem dargestellten Verfahren ist es aber nicht möglich, zeitkontinuierlich die Bahngeschwindigkeit entlang der Bahn vorzugeben.

Im Unterschied dazu liegt der Fokus beim zweiten Verfahren aus Abschn. 6.3.2 auf der Vorgabe der Bahngeschwindigkeit entlang der Bahn. Mit Ausnahme einer Beschleunigungs- und Verzögerungsphase an den Bahnenden wird damit eine konstante Bahngeschwindigkeit realisiert. Charakteristisch für dieses Verfahren ist der dabei auftretende, trapezförmige Geschwindigkeitsverlauf.

6.3.1 Bahnplanung mit Interpolationspolynom und Spline-Interpolation

Eine Möglichkeit der Bahnplanung besteht in der Näherung der Bahn durch ein Interpolationspolynom, siehe auch [5–8]. Dies wird im Folgenden für ein Gelenk Nr. i hergeleitet. Um Doppelindizes zu vermeiden und so die Formeln einfacher lesbar zu halten, wird Gelenkindex i im Folgenden weggelassen.

Mit Start- und Zielpunkt sowie Viapunkten seien für die Bahn des betrachteten Gelenks insgesamt K Punkte $(q_k; t_k)$, $k \in \{0, 1, \cdots, K-1\}$ vorgegeben, wobei $t_0 < t_1 < \cdots < t_{K-1}$. Außerdem seien Start- und Zielgeschwindigkeit $\dot{q}_0$ und $\dot{q}_{K-1}$ vorgegeben. Zusammen liegen damit $K + 2$ Bedingungen an das Polynom vor, so dass ein Polynom $K + 1$. Ordnung erforderlich ist:

$$q(t) = a_0 + a_1 t + a_2 t^2 + \cdots + a_{K+1} t^{K+1}$$

Setzt man die gegebenen Punkte ein, so ergibt sich für die $K + 2$ unbekannten Polynom-koeffizienten a_k ein Gleichungssystem mit K Gleichungen gemäß

$$a_0 + a_1 t_0 + \cdots + a_{K+1} t_0{}^{K+1} = q(t_0)$$
$$a_0 + a_1 t_1 + \cdots + a_{K+1} t_1{}^{K+1} = q(t_1)$$
$$\vdots \qquad\qquad\qquad\qquad (6.3a)$$
$$a_0 + a_1 t_{n-1} + \cdots + a_{K+1} t_{K-1}{}^{K+1} = q(t_{K-1}).$$

Zeitliche Ableitung

$$\dot{q}(t) = a_1 + 2 a_2 t + 3 a_3 t^2 + \cdots + (K + 1) a_{K+1} t^K$$

führt mit den gegebenen Geschwindigkeits-Randbedingungen zu zwei weiteren linearen Gleichungen

$$a_1 + 2 a_2 t_0 + 3 a_3 t_0{}^2 + \cdots + (K + 1) a_{K+1} t_0{}^K = \dot{q}_0$$
$$a_1 + 2 a_2 t_{K-1} + 3 a_3 t_{K-1}{}^2 + \cdots + (K + 1) a_{K+1} t_{K-1}{}^K = \dot{q}_{K-1}. \qquad (6.3b)$$

Beide Gleichungssysteme (6.3a) und (6.3b) liefern zusammen ein quadratisches lineares Gleichungssystem mit $K + 2$ Gleichungen für die $K + 2$ unbekannten Polynomkoeffizi-enten a_k:

$$
\begin{bmatrix}
1 & t_0 & t_0{}^2 & \cdots & t_0{}^{K+1} \\
1 & t_1 & t_1{}^2 & \cdots & t_1{}^{n+1} \\
\vdots & \vdots & \vdots & \ddots & \vdots \\
1 & t_{K-1} & t_{K-1}{}^2 & \cdots & t_{K-1}{}^{K+1} \\
0 & 1 & 2 t_0 & \cdots & (K+1) t_0{}^K \\
0 & 1 & 2 t_{K-1} & \cdots & (K+1) t_{K-1}{}^K
\end{bmatrix}
\begin{pmatrix}
a_0 \\ a_1 \\ a_2 \\ \vdots \\ a_{K+1}
\end{pmatrix}
=
\begin{pmatrix}
q(t_0) \\ q(t_1) \\ \vdots \\ q(t_{K-1}) \\ \dot{q}(t_0) \\ \dot{q}(t_{K-1})
\end{pmatrix}
\qquad (6.4)
$$

Anmerkung 6.3.

- Die Anzahl der Rechenschritte und damit die Rechenkosten zur Lösung von (6.4) wachsen kubisch mit Zahl K der Punkte an, siehe zum Beispiel [2, S. 12]:

Anzahl an Divisionen:	$\dfrac{1}{2} K (K + 1)$
Anzahl an Multiplikationen:	$\dfrac{1}{6} K (2 K^2 + 3 K - 5)$
Anzahl an Subtraktionen:	gleich der Anzahl an Multiplikationen

- Ein Polynom K. Ordnung kann bis zu $K - 1$ Extrema aufweisen. Diese können zu einer ungewünschten Welligkeit des Pfads führen, und stellen daher einen weiteren Nachteil von Interpolationspolynomen höherer Ordnung dar.

- Nach obigem Verfahren kann man nur Start- und Zielpunkt eine Bahngeschwindigkeit zuweisen. Liegen die Via-Punkte äquidistant und ist der Pfad nicht stark gekrümmt, so ist der Betrag der Bahngeschwindigkeit näherungsweise konstant.
  Falls dies nicht ausreicht, kann man den Viapunkten ebenfalls Bahngeschwindigkeiten zuweisen. Jede solche Geschwindigkeitszuweisung liefert eine weitere Gleichung, analog zu den Geschwindigkeitsrandbedingungen (6.3b). Damit erhöht sich der notwendige Grad des Polynoms entsprechend.
- Neben Position und Geschwindigkeit können auch weitere Randbedingungen in Form höherer zeitlicher Ableitungen, wie zum Beispiel Beschleunigung und *Ruck* (zeitliche Ableitung der Beschleunigung), berücksichtigt werden. Dies erhöht den notwendigen Grad des Polynoms ebenfalls.
- Nähert man einen langen Pfad mit vielen Via-Punkten durch ein einziges Interpolationspolynom an, so sind die damit verbundenen Nachteile durch hohe Rechenkosten und Welligkeit oft nicht akzeptabel. Siehe zum Beispiel die Welligkeit der Bahn in der Musterlösung von Aufgabe 6.4.
  Eine Lösungsmöglichkeit dieser Problematiken besteht in *Spline-Interpolation*. Ein Spline entsteht, in dem man den Bahnverlauf aus mehreren Polynomen niedriger Ordnung zusammengesetzt. Eine alternative Bezeichnung für Spline ist daher *Polynomzug*. Um einen möglichst glatten Bahnverlauf zu erzielen, werden an den Übergangsstellen (Knoten) der einzelnen Polynome entsprechende Bedingungen an Stetigkeit und Differenzierbarkeit aufgestellt, siehe weiter unten folgende Betrachtungen zu kubischen Splines.
  Bei Spline-Interpolation steigen die Rechenkosten deutlich geringer mit der Zahl der Via-Punkte an, als bei der Interpolation mit nur einem Polynom höherer Ordnung. Diesen Vorteil erkauft man sich mit dem Nachteil nicht vollständig glatter Übergänge zwischen den einzelnen Bahnsegmenten.

- Sprünge in Ableitungen der Bahn regen den Manipulator zum Schwingen an. Dabei gilt: Je niedriger der Grad der zeitlichen Ableitung in der der Sprung auftritt, desto stärker die Anregung. Tritt in der m. zeitlichen Ableitung der Bahn ein Sprung auf, so reduziert sich das Amplitudenspektrum (bei periodischer Fortsetzung) mit $1/p^{m+1}$, wobei p das Vielfache der Grundfrequenz darstellt, siehe zum Beispiel *Sprungstellenverfahren* bei Fourier-Reihen [1]. □

Kubische Spline-Interpolation: Grundlegende Betrachtungen Häufig anzutreffen sind *kubische Splines*, siehe zum Beispiel [8], [3, Abschn. 3.2.7], [4, Abschn. 3.3.1] oder [7, Abschn. 4.4.4]. Dabei werden jeweils zwei aufeinanderfolgende Punkte durch ein kubisches Polynom, das heißt ein Polynom dritter Ordnung interpoliert. Für K Punkte sind damit $K - 1$ dieser kubischen Polynome notwendig. Sie bilden eine abschnittsweise definierte Funktion $q(t)$, die einen kubischen Spline darstellt, wenn

1. jeder gegebene Punkt $(q_k; t_k)$ auf dem Spline zu liegen kommt und

2. der Spline auf dem Intervall $]t_0; t_{K-1}[$ stetig und zweimal differenzierbar ist (sogenannte *Stoßfreiheit* bzw. gleiche Steigung und Krümmung an den Übergangsstellen).

Die folgenden Rechenterme verkürzen sich durch Einführung von Schrittweite $h_k = t_{k+1} - t_k$. Mit kubischen Polynomen der Form

$$s_k(t) = q_k + b_k\,(t - t_k) + c_k\,(t - t_k)^2 + d_k\,(t - t_k)^3 \,, \quad k \in \{0, 1, \cdots, K - 1\}$$

werde der kubische Spline abschnittsweise definiert durch

$$q(t) = \begin{cases} s_0(t) & \text{für } t_0 \le t < t_1 \\ s_1(t) & \text{für } t_1 \le t < t_2 \\ \quad\vdots \\ s_{K-2}(t) & \text{für } t_{K-2} \le t \le t_{K-1} \,. \end{cases}$$

Wegen $q(t_k) = s_k(t_k) = q_k$ ist – mit Ausnahme des letzten Punkts – obige erste Forderung inhärent erfüllt. Damit auch der letzte Punkt auf dem Spline liegt, muss zusätzlich

$$q(t_{K-1}) = s_{K-2}(t_{K-1}) = q_{K-1}$$
$$\implies q_{K-2} + b_{K-2}\,h_{K-2} + c_{K-2}\,h_{K-2}{}^2 + d_{K-2}\,h_{K-2}{}^3 = q_{K-1} \tag{6.5a}$$

gelten.

Für die $K - 1$ Polynome werden im Folgenden durch Auswertung obiger zweiter Forderung sowie weiterer Randbedingungen die insgesamt $3\,(K - 1)$ Polynomkoeffizienten
bestimmt: Die K Punkte werden durch $K-1$ Polynome mit $K-2$ Übergängen interpoliert.
Die Forderung nach Stetigkeit an diesen Übergängen ergibt

$$s_k(t_{k+1}) \overset{!}{=} s_{k+1}(t_{k+1}) = q_{k+1}, \quad k \in \{0, 1, \cdots, K - 3\}$$
$$\implies q_k + b_k\,h_k + c_k\,h_k{}^2 + d_k\,h_k{}^3 = q_{k+1} \,. \tag{6.5b}$$

Mit zeitlichen Ableitungen

$$\dot{s}_k(t) = b_k + 2\,c_k\,(t - t_k) + 3\,d_k\,(t - t_k)^2$$
$$\ddot{s}_k(t) = 2\,c_k + 6\,d_k\,(t - t_k)$$

liefert die Forderung nach gleicher Steigung

$$\dot{s}_k(t_{k+1}) = \dot{s}_{k+1}(t_{k+1}), \quad k \in \{0, 1, \cdots, K - 3\}$$
$$\implies b_k + 2\,c_k\,h_k + 3\,d_k\,h_k{}^2 = b_{k+1} \,, \tag{6.5c}$$

sowie die Forderung nach gleicher Krümmung

$$\ddot{s}_k(t_{k+1}) = \ddot{s}_{k+1}(t_{k+1}), \quad k \in \{0, 1, \cdots, K - 3\}$$

$$\implies 2 c_k + 6 d_k h_k = 2 c_{k+1} \iff d_k = \frac{c_{k+1} - c_k}{3 h_k}. \tag{6.5d}$$

Aus (6.5b) bis (6.5d) ergeben sich jeweils $K - 2$ Gleichungen. Zusammen mit (6.5a) liegen somit $3K - 5$ Gleichungen für die $3K - 3$ Unbekannten vor. Die fehlenden zwei Gleichungen führen zu einem Entwurfsfreiheitsgrad, zum Beispiel zur Realisierung von Randbedingungen an Geschwindigkeit und Beschleunigung. Hierfür gibt es folgende Standardfälle:

- *Natürlicher Spline*: Dabei wird gefordert, dass die Krümmung an den Randpunkten verschwinden soll, also:

$$\ddot{q}(t_0) = s_0(t_0) = c_0 \overset{!}{=} 0$$

$$\ddot{q}(t_{K-1}) = s_{K-2}(t_{K-1}) = 2 c_{K-2} + 6 d_{K-2} h_{K-2} \overset{!}{=} 0$$

- *Verallgemeinerter natürlicher Spline*: Hier wird mit $\ddot{q}(t_0) = \alpha$, $\ddot{q}(t_{K-1}) = \beta$ eine bestimmte, nicht notwendiger Weise verschwindende Krümmung gefordert.
- *Not-a-knot-Spline*: Das erste und letzte Polynom geht durch jeweils drei Punkte. Damit sind der zweite und vorletzte Punkt keine echten Knoten des Spline, woraus sich der Name motiviert.
  Die Zahl der Polynome reduziert sich dabei um zwei auf $K - 3$, so dass $3(K - 3)$ Unbekannte vorliegen. Die Zahl der Übergangsstellen, an denen obige zweite Forderung erfüllt werden muss, reduziert sich ebenfalls um zwei auf $K - 4$. Der zweite, vorletzte und letzte Punkt muss natürlicher ebenfalls auf dem Spline liegen, so dass sich dadurch drei weitere Gleichungen ergeben. Zusammen liegen damit $3(K - 4) + 3 = 3K - 9$ Gleichungen vor. Dies entspricht exakt der Zahl der Unbekannten, so dass keine weiteren Randbedingungen mehr berücksichtigt werden können.

In der Robotik kommen diese Standardfälle nur selten zum Einsatz, da man die beiden Entwurfsfreiheitsgrade für Forderungen an die Randgeschwindigkeiten und nicht an die Randbeschleunigungen nutzen möchte. Im Falle verschwindender Randgeschwindigkeiten folgt hierfür:

$$\dot{q}(t_0) = \dot{s}_0(t_0) = b_0 \overset{!}{=} 0 \tag{6.5e}$$

$$\dot{q}(t_{K-1}) = \dot{s}_{K-2}(t_{K-1})$$

$$= b_{K-2} - 2 c_{K-2} h_{K-2} + 3 d_{K-2} h_{K-2}{}^2 \overset{!}{=} 0 \tag{6.5f}$$

Gleichungen (6.5a) bis (6.5f) definieren damit ein lineares Gleichungssystem für die unbekannten Polynomkoeffizienten.

Beispiel 6.2. Es sollen $K = 4$ Punkte aus Tab. 6.2 durch einen kubischen Spline mit verschwindenden Randgeschwindigkeiten interpoliert werden. Damit sind $K-1 = 3$ Polynome zu bestimmen, mit Indizes $k \in \{0, 1, \cdots, 2\}$. Gleichungen (6.5a) bis (6.5f) führen wegen der konstanten Schrittweite $h_k = 1$ zu einem einfachen linearen Gleichungssystem:

$$b_0 + c_0 + d_0 + q_0 = q_1$$
$$b_1 + c_1 + d_1 + q_1 = q_2$$
$$b_2 + c_2 + d_2 + q_2 = q_3$$
$$b_0 + 2\,c_0 + 3\,d_0 = b_1$$
$$b_1 + 2\,c_1 + 3\,d_1 = b_2$$
$$d_0 = \frac{c_1 - c_0}{3}$$
$$d_1 = \frac{c_2 - c_1}{3}$$
$$b_2 + 2\,c_2 + 3\,d_2 = 0$$
$$b_0 = 0$$

$$\Longleftrightarrow \begin{bmatrix} 1 & 1 & 1 & 0 & 0 & 0 & 0 & 0 & 0 \\ 0 & 0 & 0 & 1 & 1 & 1 & 0 & 0 & 0 \\ 0 & 0 & 0 & 0 & 0 & 0 & 1 & 1 & 1 \\ 1 & 2 & 3 & -1 & 0 & 0 & 0 & 0 & 0 \\ 0 & 0 & 0 & 1 & 2 & 3 & -1 & 0 & 0 \\ 0 & 1/3 & 1 & 0 & -1/3 & 0 & 0 & 0 & 0 \\ 0 & 0 & 0 & 0 & 1/3 & 1 & 0 & -1/3 & 0 \\ 0 & 0 & 0 & 0 & 0 & 0 & 1 & 2 & 3 \\ 1 & 0 & 0 & 0 & 0 & 0 & 0 & 0 & 0 \end{bmatrix} \begin{pmatrix} b_0 \\ c_0 \\ d_0 \\ b_1 \\ c_1 \\ d_1 \\ b_2 \\ c_2 \\ d_2 \end{pmatrix} = \begin{pmatrix} q_1 - q_0 \\ q_2 - q_1 \\ q_3 - q_2 \\ 0 \\ 0 \\ 0 \\ 0 \\ 0 \\ 0 \end{pmatrix}$$

Mit den Werten aus Tab. 6.2 berechnet ein Computer die in Tab. 6.3 zusammengestellte Lösung.

Abb. 6.11 zeigt den resultierenden Verlauf des kubischen Splines, wobei die Polynome farbig unterschieden sind. Außerdem wurden die Polynome auch über ihre jeweiligen

Tab. 6.2 Punkte zu Beispiel 6.2

k	0	1	2	3
t_k	0	1	2	3
q_k	−1	2	3	0

Tab. 6.3 Lösung der Polynomkoeffizienten zu Beispiel 6.2

k	0	1	2
b_k	0	$18/5$	$-12/5$
c_k	$27/5$	$-9/5$	$-21/5$
d_k	$-12/5$	$-4/5$	$18/5$

Abb. 6.11 Kubischer Spline
aus Beispiel 6.2 für vier Punkte. Als Randbedingungen sind
verschwindende Geschwin-
digkeiten gefordert. Aus den
gestrichelt gekennzeichneten
Verläufen erkennt man, dass an
den Übergängen der Polynome Steigung und Krümmung
übereinstimmten

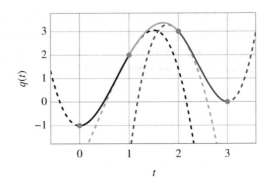

Definitionsgrenzen hinweg dargestellt (gestrichelte Verläufe). Daraus erkennt man den
stoßfreien Übergang zwischen den Polynomen.

Im Unterschied zur Interpolation mit einem einzigen Polynom, ist das zu lösende
Gleichungssystem beim kubischen Spline nur schwach besetzt.   ◁

6.3.2   Bahnplanung mit trapezförmigem Geschwindigkeitsverlauf

Bei diesem Verfahren werden keine Via-Punkte festgelegt. Die Bahn des betrachteten
Gelenks soll lediglich in einer bestimmten Zeit vom Start- zum Zielpunkt führen. Im
Folgenden wird zur Vereinfachung der Darstellung im Start- und Zielpunkt Stillstand ge-
fordert. Außerdem wird – analog zum vorangegangenen Abschnitt – der Gelenkindex zur
Vereinfachung weggelassen.

Die einfachste in Frage kommende Bahn liefert ein trapezförmiger, symmetrischer Geschwindigkeitsverlauf mit den drei Phasen aus Abb. 6.12:

Phase 1: Gleichförmige Beschleunigung mit $\ddot{q}_{max}$ von t_0 bis t_1.
Phase 2: Konstante Geschwindigkeit $\dot{q}_{max}$ von t_1 bis t_2 (in Abb. 6.12 grün markiert); hier
    verschwindet die Beschleunigung $\ddot{q}$.
Phase 3: Gleichförmige Verzögerung mit $-\ddot{q}_{max}$ von t_2 bis t_e.

Es werden folgende Bezeichnungen eingeführt:

- Start- und Endzeitpunkt: t_0 und t_e
- Fahrdauer: $\Delta t = t_e - t_0$
- Beschleunigungsdauer: $\Delta t_b = t_1 - t_0 = t_e - t_2$
- Dauer konstanter Geschwindigkeit: $\Delta t_{lin} = t_2 - t_1$
- Betrag von Beschleunigung und Verzögerung: $\ddot{q}_{max}$
- Maximaler Betrag der Geschwindigkeit: $\dot{q}_{max}$
- Gelenkvariablenänderung: $\Delta q = q_e - q_0$

Abb. 6.12 Bahn mit trapezförmigem Geschwindigkeitsverlauf

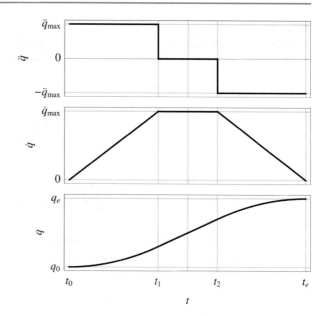

Im Folgenden wird der Gelenkvariablenindex i weggelassen, so dass anstelle von q_i einfach q geschrieben wird. Die gesuchte Bahn $t \mapsto q$ ergibt sich durch zweifache zeitliche Integration des vorgegebenen Beschleunigungsverlaufs. Mit Hilfsgröße $s = \text{sign}(\Delta q)$[4] ergibt sich dieser direkt aus Abb. 6.12 zu

$$\ddot{q}(t) = \begin{cases} s\,\ddot{q}_{\max} & \text{für } 0 \le t - t_0 < \Delta t_b \quad \text{(Phase 1)} \\ 0 & \text{für } 0 \le t - t_0 - \Delta t_b < \Delta t_{\text{lin}} \quad \text{(Phase 2)} \\ -s\,\ddot{q}_{\max} & \text{für } 0 \le t - t_0 - \Delta t_b - \Delta t_{\text{lin}} < t_e \quad \text{(Phase 3)} \end{cases}$$

Hilfsgröße s legt dabei das Vorzeichen der Gelenkwinkeländerung fest. Für positives s ist damit in Phase 1 eine positive Beschleunigung notwendig, für negatives s eine negative Beschleunigung.

Eine erneute zeitliche Integration führt zum charakteristisch trapezförmigen Geschwindigkeitsverlauf

$$\dot{q}(t) = \begin{cases} s\,\ddot{q}_{\max}\,(t - t_0) & \text{Phase 1} \\ s\,\ddot{q}_{\max}\,\Delta t_b \;(= \text{const}) & \text{Phase 2} \\ s\,\ddot{q}_{\max}\,(t_e - t) & \text{Phase 3} \end{cases}$$

---

[4] Konvention: $\text{sign}(0) = 0$

Abb. 6.13 Blockschaltplan
des trapezförmigen Bahngenerators

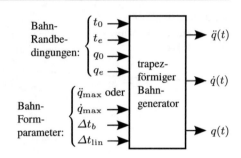

Der Betrag der in Phase 2 auftretenden konstanten Geschwindigkeit wird mit $\dot{q}_{max}$ bezeichnet.

Integriert man ein weiteres Mal, so erhält man nach einigen algebraischen Umformungen (siehe Aufgabe 6.2) den gesuchten Positionsverlauf bzw. die gesuchte Bahngleichung
zu

$$q(t) = \begin{cases} q_0 + \frac{1}{2}\, s\, \ddot{q}_{max}\, (t - t_0)^2 & \text{Phase 1} \\ q_0 - \frac{1}{2}\, s\, \ddot{q}_{max}\, \Delta t_b{}^2 + (t - t_0)\, s\, \ddot{q}_{max}\, \Delta t_b & \text{Phase 2} \\ q_0 + \frac{1}{2}\, s\, \ddot{q}_{max}\, \left(2\, \Delta t_b\, (\Delta t_b + \Delta t_{lin}) - (t_e - t)^2\right) & \text{Phase 3} \end{cases}$$

Bei dieser Herleitung wurde der Betrag der Beschleunigung $\ddot{q}_{max}$ als gegeben vorausgesetzt. Alternativ dazu kann auch der maximale Betrag der Geschwindigkeit $\dot{q}_{max}$ als
gegeben angesehen werden. In diesem Fall folgt der Geschwindigkeitsverlauf zu

$$\dot{q}(t) = \begin{cases} s\, \frac{\dot{q}_{max}}{\Delta t_b}\, (t - t_0) & \text{Phase 1} \\ s\, \dot{q}_{max}\ (= \text{const}) & \text{Phase 2} \\ s\, \frac{\dot{q}_{max}}{\Delta t_b}\, (t_e - t) & \text{Phase 3} \end{cases}$$

Durch Integration erhält man daraus den Positionsverlauf, durch Differenziation den Beschleunigungsverlauf. Setzt man darin $\dot{q}_{max} = \ddot{q}_{max}\, \Delta t_b$, so ergeben sich wieder obige
Verläufe $q(t)$ und $\ddot{q}(t)$.

Die Randbedingungen der Bahn sind damit Anfangs- und Endzeit t_0 und t_e sowie die
zugehörigen Geschwindigkeiten $\dot{q}_0$ und $\dot{q}_e$. Die Form der Bahn wird entweder durch $\ddot{q}_{max}$
oder $\dot{q}_{max}$ bestimmt. Zusammengefasst liefert dies die Ein-/Ausgangsschnittstelle für den
Bahnplanungsalgorithmus nach Abb. 6.13. In der Regel wird dabei als Formparameter
$\dot{q}_{max}$ und nicht $\ddot{q}_{max}$ spezifiziert.

6.3.2.1 Bahn-Existenzbedingungen

Die dargestellten Eingangsgrößen des Bahngenerators sind nicht gänzlich unabhängig
voneinander wählbar: Nur für bestimmte Wertekombinationen dieser Größen existiert
oben dargestellte Bahngleichung. So kann beispielsweise ein großer Weg Δq in der geforderten Zeit nicht zurückgelegt werden, wenn die Beschleunigung unzureichend klein ist.

Abb. 6.14 Flächen unter dem trapezförmigen Betrags-Geschwindigkeitsverlauf

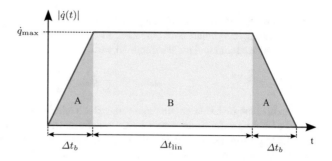

Dieser Zusammenhang kann durch eine geometrische Betrachtung quantifiziert werden: In Abb. 6.14 muss die gesamte Fläche unter dem Betrags-Geschwindigkeitsprofil stets dem Betrag des zurückgelegten Wegs $|\Delta q|$ entsprechen. Die mit A markierten dreieckförmigen Flächen, sind aus Gründen der Symmetrie identisch. Damit folgt

$$2 \cdot \underbrace{\frac{1}{2} \, \Delta t_b \, \dot{q}_{max}}_{\text{Fläche A}} + \underbrace{\Delta t_{lin} \, \dot{q}_{max}}_{\text{Fläche B}} = |\Delta q| \; .$$

Setzt man darin

$$\ddot{q}_{max} = \frac{\dot{q}_{max}}{\Delta t_b} \quad \Longrightarrow \quad \Delta t_b = \frac{\dot{q}_{max}}{\ddot{q}_{max}}$$

$$\text{und} \quad \Delta t_{lin} = \Delta t - 2 \, \Delta t_b = \Delta t - 2 \, \frac{\dot{q}_{max}}{\ddot{q}_{max}} \tag{6.6}$$

ein, so folgt nach elementaren Umformungen die in $\dot{q}_{max}$ quadratische Gleichung

$$\dot{q}_{max}{}^2 - \Delta t \, \ddot{q}_{max} \, \dot{q}_{max} + |\Delta q| \, \ddot{q}_{max} = 0 \, . \tag{6.7}$$

Existenzbedingung für den Fall: $\ddot{q}_{max}$ gegeben, $\dot{q}_{max}$ unbekannt.
Die einzig physikalisch sinnvolle Lösung (siehe unten folgende Begründung) der quadratischen Gleichung (6.7) ist

$$\dot{q}_{max} = \frac{\Delta t}{2} \, \ddot{q}_{max} - \frac{1}{2} \, \sqrt{\text{Diskr}} \tag{6.8}$$

mit Diskriminante

$$\text{Diskr} = (\Delta t \, \ddot{q}_{max})^2 - 4 \, |\Delta q| \, \ddot{q}_{max} \, .$$

Damit existiert nur dann eine Lösung für $\dot{q}_{max}$ (und damit eine Bahn), wenn

$$\text{Diskr} \geq 0 \quad \Longleftrightarrow \quad \ddot{q}_{max} \geq |\Delta q| \left(\frac{2}{\Delta t} \right)^2$$

erfüllt ist.

Begründung, warum (6.8) die einzig physikalisch sinnvolle Lösung darstellt: Die in $\dot{q}_{max}$ quadratische Gleichung (6.7) liefert noch eine zweite Lösung. Diese unterscheidet sich von (6.8), indem die Diskriminante addiert und nicht subtrahiert wird:

$$\dot{q}_{max,2} = \frac{\Delta t}{2} \ddot{q}_{max} + \frac{1}{2} \sqrt{\text{Diskr}} \,.$$

Die maximal mögliche Geschwindigkeit einer Bahn mit Zeitdauer Δt und $\Delta q > 0$ erhält man, wenn man die Hälfte der Zeitdauer beschleunigt, und die andere Hälfte verzögert. In diesem Fall degeneriert der trapezförmige Geschwindigkeitsverlauf zur Dreieckform. Die maximale Geschwindigkeit ergibt sich zum Zeitpunkt $\frac{\Delta t}{2}$ zu $\frac{\Delta t}{2} \ddot{q}_{max}$. Die mit addierter Diskriminante resultierende Geschwindigkeit $\dot{q}_{max,2}$ übersteigt also dieses Maximum und kann somit nicht auftreten.

Existenzbedingung für den Fall: $\dot{q}_{max}$ gegeben, $\ddot{q}_{max}$ unbekannt.

In diesem Fall ist die notwendige Beschleunigung unbekannt. Um sie zu berechnen, löst man (6.7) nach der Beschleunigung (anstelle wie bisher nach der Geschwindigkeit) auf:

$$\ddot{q}_{max} = \frac{\dot{q}_{max}^{\,2}}{\Delta t \, \dot{q}_{max} - |\Delta q|} \tag{6.9}$$

Da $\ddot{q}_{max}$ eine positive Konstante darstellt und Zähler $\dot{q}_{max}^{\,2}$ positiv ist, muss der Nenner ebenfalls positiv sein. Daraus folgt für $\dot{q}_{max}$ eine untere Grenze gemäß

$$\Delta t \, \dot{q}_{max} - |\Delta q| > 0 \quad \Longleftrightarrow \quad \dot{q}_{max} > \frac{|\Delta q|}{\Delta t} \,.$$

Man erhält eine obere Grenze, indem man $\ddot{q}_{max}$ aus (6.9) in (6.6) einsetzt. Nach elementaren Umstellungen folgt daraus

$$\Delta t_{lin} = 2 \frac{|\Delta q|}{\dot{q}_{max}} - \Delta t \,.$$

Wegen $\Delta t_{lin} \geq 0$ ergibt sich daraus eine zweite Existenzbedingung zu

$$2 \frac{|\Delta q|}{\dot{q}_{max}} \geq \Delta t \quad \Longrightarrow \quad \dot{q}_{max} \leq \frac{2 \, |\Delta q|}{\Delta t} \,.$$

Beide Existenzbedingungen lassen sich zusammenfassen zu

$$\frac{|\Delta q|}{\Delta t} < \dot{q}_{max} \leq 2 \frac{|\Delta q|}{\Delta t} \,. \tag{6.10}$$

Die darin enthaltenen Ungleichungsbedingungen für $\dot{q}_{max}$ lassen eine anschauliche Interpretation zu:

- Im Fall $\frac{|\Delta q|}{\Delta t} = \dot{q}_{max}$ (Grenzfall der linken Ungleichung) müsste der Beschleunigungsbetrag $\ddot{q}_{max}$ unendlich groß werden, da bei t_0 bereits $\dot{q}_{max}$ erreicht sein müsste, siehe Abb. 6.15 (links).

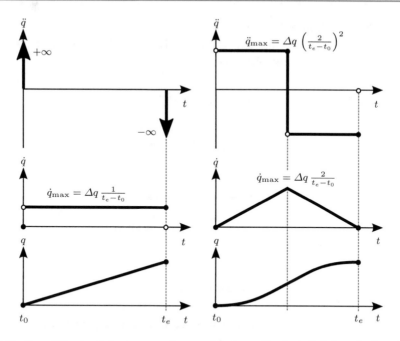

Abb. 6.15 Grenzfälle der Bahnplanung mit trapezförmigem Geschwindigkeitsverlauf. *Links*: unendlich hohe Beschleunigung mit konstantem Geschwindigkeitsverlauf; *rechts*: dreieckförmiger Geschwindigkeitsverlauf (zeitoptimale Bahn für gegebenes $\ddot{q}_{max}$)

- Im Fall $\dot{q}_{max} = 2 \frac{|\Delta q|}{\Delta t}$ (Grenzfall der rechten Ungleichung) oder

$$\ddot{q}_{max} = |\Delta q| \left(\frac{2}{\Delta t}\right)^2 \qquad (\Leftarrow \text{Diskr} = 0)$$

degeneriert der Geschwindigkeitsverlauf von Trapez- auf Dreieckform, siehe Abb. 6.15 (rechts). Es entfällt die gleichförmige Geschwindigkeitsphase (Phase 2). Man kann zeigen, dass diese Bahn für gegebenes $\ddot{q}_{max}$ *zeitoptimal* ist („Vollgas"–„Vollbremsung").

Anmerkung 6.4. Der maximal realisierbare Geschwindigkeitsbetrag ist gerade das Doppelte des Geschwindigkeitsbetrags bei gleichförmiger Bewegung (Beschleunigung Null).

Doppelungleichung (6.10) kann für Abschätzungen notwendiger Gelenkgeschwindigkeiten in frühen Phasen der Entwicklung verwendet werden. Zu diesen frühen Entwicklungszeitpunkten liegt in der Regel noch keine Bahnplanung vor. Lediglich Fahrzeit Δt und Fahrweg Δq stehen fest. $\qquad\Box$

6.3.2.2 Bahnplanungs-Algorithmus

Zusammengefasst ergibt sich der folgende Algorithmus zur Bahnplanung. Parameter Δt und Δq sollen dabei fest vorgegeben sein.

Fall 1: Bahnparameter $\ddot{q}_{max}$ gegeben ($\dot{q}_{max}$ unbekannt).

Falls

$$\ddot{q}_{max} \geq |\Delta q| \left(\frac{2}{\Delta t}\right)^2$$

erfüllt ist:

$$\mathrm{Diskr} = (\Delta t\, \ddot{q}_{max})^2 - 4\,|\Delta q|\,\ddot{q}_{max}$$

$$\dot{q}_{max} = \frac{\Delta t}{2}\,\ddot{q}_{max} - \frac{1}{2}\,\sqrt{\mathrm{Diskr}}$$

$$\Delta t_b = \frac{\dot{q}_{max}}{\ddot{q}_{max}}$$

$$\Delta t_{\mathrm{lin}} = \Delta t - 2\,\Delta t_b$$

Sonst: keine Lösung für die vorgegebenen Werte von Δt, Δq und $\ddot{q}_{max}$.

Fall 2: Bahnparameter $\dot{q}_{max}$ gegeben ($\ddot{q}_{max}$ unbekannt).

Falls

$$\frac{|\Delta q|}{\Delta t} < \dot{q}_{max} \leq 2\,\frac{|\Delta q|}{\Delta t}$$

erfüllt ist:

$$\ddot{q}_{max} = \frac{\dot{q}_{max}^{\,2}}{\Delta t\,\dot{q}_{max} - |\Delta q|}$$

$$\Delta t_b = \frac{\dot{q}_{max}}{\ddot{q}_{max}}$$

$$\Delta t_{\mathrm{lin}} = \Delta t - 2\,\Delta t_b$$

Sonst: keine Lösung für die vorgegebenen Werte von Δt, Δq und $\dot{q}_{max}$.

Fall 1 ist in der Praxis selten anzutreffen. Normalerweise findet Fall 2 Anwendung, da hier der Geschwindigkeitsbetrag während der gleichförmigen Bewegungsphase (Phase 2) vorgegeben werden kann.

Anmerkung 6.5. zu unterschiedlichen Darstellungen und zugehörigen physikalischen Einheiten von Drehgeschwindigkeit:
Drehgeschwindigkeit besteht aus dem Quotienten des zurückgelegten Winkels und der dafür benötigten Zeit. Der Winkel kann dabei im Gradmaß ° oder im Bogenmaß rad angegeben sein, so dass Einheiten °/s, rad/s folgen.

Gibt man stattdessen den Winkel als Vielfaches von 2π rad bzw. $360°$ an, so spricht man von *Drehzahl* (anstelle von *Drehgeschwindigkeit*). Im Maschinenbau wird hierfür oft Symbol n verwendet. Typischerweise wird Drehzahl in Einheit $1/\text{min}$ oder $1/\text{s}$ angegeben.

Eine weit verbreitete Einheit der Drehzahl kommt aus dem Englischen und lautet rpm. Das r in rpm bedeutet dabei nicht rad, sondern vielmehr revolution (Englisch: Umdrehung). Die Einheit spezifiziert damit *revolutions per minute*. Das Analogon im deutschen Sprachgebrauch ist die weit verbreitete Einheit U/min. Diese Darstellung ist jedoch nicht normgerecht, da Umdrehung U nicht genormt ist. Aufgrund der hohen Verbreitung in der Praxis enthalten Aufgaben und Beispiele im vorliegenden Buch aber auch diese nicht genormte Einheit. Da Drehzahl und Drehgeschwindigkeit unterschiedliche Einheiten darstellen, wird bei deren Umwandlung Zeichen $\hat{=}$ anstelle von $=$ verwendet.

Die Formeln im vorliegenden Buch beziehen sich durchwegs nur auf Drehgeschwindigkeiten und dabei nur auf Standardeinheit rad/s. Zur Umrechnung darauf benötigt man unter anderem die bekannten Zusammenhänge π rad $= 180°$, 1 min $= 60$ s und $1\,\text{U} \hat{=} 2\pi$ rad. Durch Einsetzen dieser Beziehungen kann man leicht zwischen den Einheiten wechseln, wie beispielsweise:

$$1\,U/\text{min} \hat{=} \frac{2\pi\,\text{rad}}{60\,\text{s}} = \frac{\pi}{30}\frac{\text{rad}}{\text{s}} \approx 0.1047198\,\frac{\text{rad}}{\text{s}}$$

$$1°/\text{s} = \frac{\frac{\pi}{180}\,\text{rad}}{\text{s}} \approx 0.01745329\,\frac{\text{rad}}{\text{s}}$$

Zur überschlägigen Rechnung ist folgende grobe Abschätzung in der Praxis hilfreich:

$$10\,U/\text{min} \stackrel{\wedge}{\approx} 1\,\text{rad/s}$$

Gelegentlich wird Drehzahl auch durch *Umlauffrequenz* in Einheit Hz spezifiziert. Dabei gilt

$$1\,\text{Hz} = 1\,U/\text{s} \hat{=} \frac{2\pi\,\text{rad}}{s} \approx 6.283185\,\frac{\text{rad}}{\text{s}}$$

$$1\,\text{Hz} = \frac{1\,\text{U}}{\frac{1}{60}\,\text{min}} = 60\,\frac{\text{U}}{\text{min}}. \qquad\qquad \square$$

Beispiel 6.3. Die maximale Beschleunigung eines Drehgelenks wird durch sein Antriebsmoment auf $\ddot{\theta}_{\text{max}} = 4°/\text{s}^2$ beschränkt. Das Gelenk soll um einen Winkel von $\Delta\theta = 60°$ in $\Delta t = 16$ s verfahren werden. Anfangs- und Endgeschwindigkeiten seien $0°/\text{s}$. Gesucht sind

- die Bahngleichungen sowie die
- minimal erzielbare Fahrdauer Δt_{min} (zeitoptimaler Fall) und die dann auftretende maximale Geschwindigkeit.

Lösung: Es liegt Fall 1 vor. Damit folgt die minimal notwendige Beschleunigung zu

$$\ddot{\theta}_{\min} = |\Delta\theta| \left(\frac{2}{\Delta t}\right)^2 = 60° \left(\frac{2}{16\,\mathrm{s}}\right)^2 = \frac{15}{16}\,°/\mathrm{s}^2 .$$

Wegen $\ddot{\theta}_{\min} < \ddot{\theta}_{\max}$ existiert eine Lösung:

$$\dot{\theta}_{\max} = \frac{\Delta t}{2}\ddot{\theta}_{\max} - \frac{1}{2}\sqrt{\left(\Delta t\,\ddot{\theta}_{\max}\right)^2 - 4\,\Delta\theta\,\ddot{\theta}_{\max}} = 4\,°/\mathrm{s}$$

$$\Delta t_{\mathrm{lin}} = \Delta t - 2\frac{\dot{\theta}_{\max}}{\ddot{\theta}_{\max}} = 14\,\mathrm{s}$$

$$\Delta t_b = \frac{\dot{\theta}_{\max}}{\ddot{\theta}_{\max}} = 1\,\mathrm{s}$$

Probe: $2\,\Delta t_b + \Delta t_{\mathrm{lin}} = 2\cdot 1\,\mathrm{s} + 14\,\mathrm{s} = 16\,\mathrm{s} \stackrel{\checkmark}{=} \Delta t$

In der folgenden Darstellung sind die physikalischen Einheiten weggelassen. Die Geschwindigkeiten sind auf $°/\mathrm{s}$ normiert, die Beschleunigung auf $°/\mathrm{s}^2$, die Positionen auf $°$, die Zeit auf s. Damit folgen die Bahngleichungen zu

$$\ddot{\theta}(t) = \begin{cases} 4 & 0 \le t < 1 \\ 0 & 0 \le t - 1 < 14 \\ -4 & 0 \le t - 15 < 1 \end{cases}$$

$$\dot{\theta}(t) = \begin{cases} 4t & 0 \le t < 1 \\ 4 & 0 \le t - 1 < 14 \\ 4\,(16 - t) & 0 \le t - 15 < 1 \end{cases}$$

$$\theta(t) = \begin{cases} 2t^2 & 0 \le t < 1 \\ 4t - 2 & 0 \le t - 1 < 14 \\ 2\,\left(30 - (16 - t)^2\right) & 0 \le t - 15 < 1 \end{cases}$$

In Abb. 6.16 (links) sind die zugehörigen Trajektorien dargestellt. Phase 2 der gleichförmigen Bewegung ist darin grün markiert.

Im zeitoptimalen Fall wird bis zur Hälfte der Fahrdauer beschleunigt und dann sofort verzögert. Die dabei auftretende minimale Fahrdauer berechnet sich aus

$$\ddot{\theta}_{\max} = \Delta\theta \left(\frac{2}{\Delta t_{\min}}\right)^2 \implies \Delta t_{\min} = \sqrt{\frac{4\,\Delta\theta}{\ddot{\theta}_{\max}}} = 7.75\,\mathrm{s} .$$

Abb. 6.16 Trajektorien von
Beschleunigung, Geschwin-
digkeit und Position (von *oben*
nach *unten*); *links*: Fahrdauer
von $\Delta t = 16$ s; *rechts*: zeitoptimaler Fall

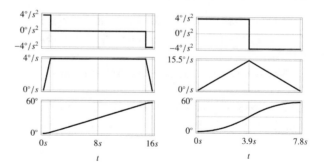

Der Geschwindigkeitsverlauf ist dreieckförmig mit maximaler Geschwindigkeit

$$\dot{\theta}_{\max} = \Delta\theta \, \frac{2}{\Delta t_{\min}} = 4\sqrt{15}\,°/s \approx 15.4919\,°/s,$$

siehe Abb. 6.16 (rechts). Gegenüber dem ersten Fall einer festen Fahrdauer von $\Delta t = 16$ s
wird im zeitoptimalen Fall etwa nur die Hälfte der Fahrdauer benötigt. Dafür erhöht sich
jedoch die maximale Geschwindigkeit auf das circa Vierfache.   ◁

Aufgaben

Musterlösungen finden sich unter www.springer.com auf der Seite des vorliegenden
Werks.

6.1 Bahnplanung mit trapezförmigem Geschwindigkeitsverlauf
In einer frühen Entwicklungsphase eines Manipulators soll das notwendige Drehmoment
für ein Gelenk ermittelt werden. Hierfür soll eine Bahn mit trapezförmigem Geschwindigkeitsverlauf berechnet werden. Gefordert ist dabei ein Fahrweg von $\Delta\theta = 60°$ und
eine Fahrdauer von 16 s. Die maximale Geschwindigkeit soll 6 °/s nicht überschreiten.

Berechnen Sie die Bahngleichungen mit allen notwendigen Parametern und skizzieren
Sie die Bahn in Position, Geschwindigkeit und Beschleunigung.

6.2 Herleitung Positionsverlauf
Bestätigen Sie Positionsverlauf $q(t)$ aus Abschn. 6.3.2, indem Sie den gegeben Geschwindigkeitsverlauf $\dot{q}(t)$ integrieren.

6.3 Gelenk- und Arbeitsraum
Betrachten Sie den Manipulator aus Aufgabe 2.17 mit einem translatorischen ersten Gelenk (Gelenkvariable σ_1) und einem rotativen zweiten Gelenk (Gelenkvariable θ_2). Die

Länge des zweiten Manipulatorsegments betrage $l = 0.5$. Für die Gelenke gelten Beschränkungen $-0.2 \leq \sigma_1 \leq 0.1$ und $-\frac{\pi}{4} \leq \theta_2 \leq \frac{\pi}{3}$.

Skizzieren Sie den Gelenk- und Arbeitsraum.

6.4 Bahnplanung mit einem Interpolationspolynom
Berechnen Sie eine Bahn $q(t)$ durch die drei Punkte

$$q(0) = 0$$
$$q(t_e/4) = {}^3\!/_4\, q_e$$
$$q(t_e) = q_e$$

mit $q_e = 1$ und $t_e = 2$. Als Randbedingungen sollen Geschwindigkeiten und Beschleunigungen verschwinden. Planen Sie die Bahn mit Hilfe eines Interpolationspolynoms.

Plotten Sie den Verlauf von $q(t)$ zusammen mit den geforderten drei Punkten in ein gemeinsames Diagramm.

Literatur

1. Eagle, A.: A Practical Treatise on Fourier's Theorem and Harmonic Analysis for Physicists and Engineers. Longmans, Green, and Co, New York (1925)
2. Farebrother, R.W.: Linear least squares computations. In: Statistics: textbooks and monographs, Bd. 91, Marcel Dekker, Inc, New York (1988)
3. Meyberg, K., Vachenauer, P.: Höhere Mathematik 1, 6. Aufl. Springer, Berlin (2003)
4. Schrüfer, E.: Signalverarbeitung – Numerische Verarbeitung digitaler Signale, 2. Aufl. Carl Hanser, München (1992)
5. Siciliano, B., Khatib, O.: Springer Handbook of Robotics, 2. Aufl. Springer, Berlin, Heidelberg (2016)
6. Spong, M.W., Hutchinson, S., Vidyasager, M.: Robot Modeling and Control. John Wiley & Sons, Inc, Hoboken (2006)
7. Weber, W.: Industrieroboter – Methoden der Steuerung und Regelung, 3. Aufl. Buchverlag Leipzig im Carl Hanser Verlag, München, Wien (2017)
8. Dahmen, W., Reusken, A.: Numerik für Ingenieure und Naturwissenschaftler, 2. Aufl. Springer, Berlin, Heidelberg (2008)

Antriebsauslegung

7

Zusammenfassung Die Auslegung von Antriebssystemen gehört zu den zentralen Aufgaben bei der Entwicklung von Manipulatoren. Insbesondere bei modernen energieeffizienten Manipulatoren, wie Leichtbau-Manipulatoren im Bereich der Mensch-Roboter-Kollaboration (MRK), stellen Motoren und Getriebe bestimmende Faktoren für die mechanische Konstruktion dar. Nicht zuletzt aus Gründen einer besseren Wartbarkeit, aber auch wegen einer größeren spezifischen Leistung (Leistung bezogen auf Gewicht), finden zunehmend elektrische Antriebe Anwendung. Unter derzeit industriell verfügbaren elektrischen Motoren verzeichnet die Klasse der permanenterregten Synchronmaschinen (PMSM bzw. PM-Maschine) die mit Abstand größte spezifische Leistung. Ein weiterer Vorteil ist, dass diese Motoren praktisch wartungsfrei sind.

Das Wirkprinzip der permanenterregten Synchronmaschine besteht grob gesagt darin, über drei jeweils um 120° gegeneinander verdreht angeordnete Elektromagnete (Phasen), ein räumlich drehendes Magnetfeld zu erzeugen, welches einen starken Dauermagneten im Rotor mitzieht. Für das magnetische Drehfeld muss aus einer Gleichspannungsquelle (Zwischenkreis) ein dreiphasiges Drehspannungssystem erzeugt werden. Außerdem ist zur Stabilisierung eines geforderten Motormoments ein Stromregler notwendig. Diese Umrichtung und Regelung wird von einem Motorcontroller durchgeführt, einer hochentwickelten Steuerungs- und Regelungseinheit. Die dabei erzielte Antriebscharakteristik ergibt sich aus einem komplexen Zusammenspiel von Umrichtung, Regelung und den Eigenschaften der Maschine.

Eine Bereitstellung entsprechender detaillierter Kenntnisse in allen davon betroffenen unterschiedlichen Ingenieurs-Disziplinen erscheint bei der Auslegung von Antrieben im Manipulator, schon aus wirtschaftlichen Gründen, unmöglich. Aus diesem Grund wird für die Umrichter-Motor-Einheit ein einfach handhabbares Ersatzmodell entwickelt. Es ist mit dem typischen Modell einer bürstenbehafteten Gleichstrommaschine vergleichbar. Eingangsgrößen sind Zwischenkreisspannung und -strom, Ausgangsgrößen die mechanischen Lastgrößen in Form von Motormoment und -drehzahl, sowie die dabei verursachte Verlustwärme.

© Springer-Verlag GmbH Deutschland, ein Teil von Springer Nature 2020
J. Mareczek, *Grundlagen der Roboter-Manipulatoren – Band 2*,
https://doi.org/10.1007/978-3-662-59561-9_2

Der Nennbereich eines Motors ist typischerweise so ausgelegt, dass darin drehzahlabhängige Verluste, wie zum Beispiel Eisenverluste, vernachlässigbar sind. Die Verluste werden dann in dominanter Weise von den Kupferverlusten bestimmt, die proportional vom Quadrat des Motormoments abhängen. Dabei bestimmt die Motorenmasse die Menge der Kupferverluste. Eine eigens durchgeführte Technologiestudie zeigt, dass hierbei ebenfalls ein quadratischer Zusammenhang besteht: Bei konstantem Motormoment ist die Verlustwärme in guter Näherung umgekehrt proportional zum Quadrat der Motorenmasse.

Getriebe reduzieren, durch das Prinzip der mechanischen Leistungswandlung, das Motormoment um den Faktor des Übersetzungsverhältnisses. Somit verringert sich die Verlustwärme im Motor. Im Gegenzug treten dabei aber Getriebeverluste durch mechanische Reibung auf. Durch Minimierung der Summe der Verlustwärme aus Motor und Getriebe erhält man ein optimales Übersetzungsverhältnis. Dabei wird auf ein einfaches Wirkungsgradmodell für Getriebe zurückgegriffen.

Der aus den drei Komponenten Motorcontroller, Motor und Getriebe bestehende Antriebsstrang wird durch viele Parameter bestimmt. Es ist in der Industrie immer noch gängige Praxis, alle möglichen Kombinationen dieser Parameter „durchzuprobieren", um zu einer tragfähigen Auslegung zu gelangen. Dieses Monte-Carlo-Vorgehen resultiert aber in einer Komplexität, die exponentiell mit der Zahl der Parameter anwächst. Um dies zu vermeiden, wird hier ein systematisches Auslegungsverfahren entwickelt. Hierzu wird die Zahl der Parameter durch zwei Konstanten reduziert: die im Kontext von Verlustwärme bekannte Motorkonstante sowie eine eigens entwickelte Induktivitätskonstante. Unter Ausnutzung von Modellwissen entsteht damit eine Prozessanweisung zur systematischen Antriebsstrang-Auslegung in sieben Schritten.

7.1   Einleitung

Aufbau des Kapitels / Lesekompass   Heute in Manipulatoren bevorzugt eingesetzte Motoren vom Typ *permanenterregte Synchronmaschine* benötigen zum Betrieb einen elektronischen Umrichter, den sogenannten *Motorcontroller*. Wichtige Kenngrößen des Antriebsstrangs, wie zum Beispiel Antriebsleistung, Verlustleistung, elektrische Eingangsleistung usw., ergeben sich damit aus einem äußerst komplexen Zusammenspiel zwischen Motor und Umrichter. Für Auslegungszwecke im Bereich der Robotik genügt dabei ein vergleichsweise einfaches Ersatzmodell, das in Abschn. 7.4 eingeführt wird.

Die beiden vorgelagerten Abschn. 7.2 und 7.3 beinhalten Grundwissen aus der Antriebstechnik zur permanenterregten Synchronmaschine und Umrichtung. Dieses Grundwissen ist zum Verständnis des Ersatzmodells notwendig. Die dabei verwendeten Formalismen wurden zu Gunsten einer möglichst einfachen Darstellung auf ein Minimum reduziert. Trotzdem stellen die beiden Abschnitte einen vergleichsweise hohen Lernaufwand dar, da damit ein weites technologisches Feld abgedeckt wird. Sie sind daher für besonders interessierte Leser gedacht, die zum Beispiel für kritische Anwendungen bzw.

Abb. 7.1 Beschreibung einer
typischen Manipulationsaufgabe durch eine Skizze

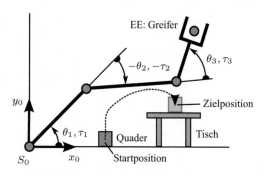

Auslegungsfälle die Grenzen des vorgestellten Ersatzmodells genau kennen müssen. Zur
reinen Anwendung des Ersatzmodells sind die beiden Abschnitte jedoch nicht notwendig
und können übersprungen werden.

In Abschn. 7.5 wird die sogenannte Motorkonstante eingeführt, mit deren Hilfe man
die dominierenden Verluste im Motor einfach berechnen kann. Dabei wird auch ein in
der Praxis zu beobachtender Zusammenhang zwischen Motorenmasse, Motormoment und
Verlustleistung dargestellt. Dieser Zusammenhang ist für die Auslegung besonders wichtig, da Wärme (als Folge von Verlustleistung) bei Manipulatoren einen kritischen Faktor
darstellt.

Zur Reduzierung dieser Wärmeverluste verwendet man Getriebe. Eine Übersicht typischer Bauformen und ein einfaches Wirkungsgradmodell wird in Abschn. 7.6 dargestellt.

Die Modelle von Getriebe und Motor-Umrichter-Kombination ermöglichen schließlich
in Abschn. 7.7 ein systematisches Auslegungsverfahren für deren Parameter.

Antriebstechnik im Kontext der Entwicklung von Manipulatoren Um das vorliegende Kapitel thematisch in den Zusammenhang der vorangegangenen Kapitel einzubetten,
wird zunächst die Hauptaufgabe der Manipulation rekapituliert: Demnach soll der Endeffektor (zum Beispiel in Form eines Greifers oder eines Werkzeugs) in einer definierten
Zeitdauer entlang eines vorgegebenen Pfads von einer Start- in eine Ziellage überführt
werden. Der Begriff *Lage* steht dabei für Position und Orientierung.

Eine solche Manipulationsaufgabe wird zu Beginn des Entwicklungsprozesses eines
Manipulators beschrieben. Dies erfolgt in der Regel nicht mit mathematischen Methoden,
sondern in Form einer textuellen Beschreibung mit Skizzen. Abb. 7.1 zeigt eine solche
beschreibende Skizze für eine typische Manipulationsaufgabe: Ein Quader soll von einer
Startposition auf dem Boden entlang des gestrichelten Pfads zur Zielposition auf dem
Tisch überführt werden.

In den vorangegangenen Kapiteln wurde dargestellt, wie man für eine solche Manipulationsaufgabe eine Trajektorie der Gelenkvariablegeschwindigkeiten $\dot{q}(t)$ sowie der
Gelenkantriebsmomente und -kräfte $\tau(t)$ berechnet. Welche Methoden dabei zum Einsatz kommen, hängt im Wesentlichen davon ab, ob die Bahnplanung im Arbeits- oder

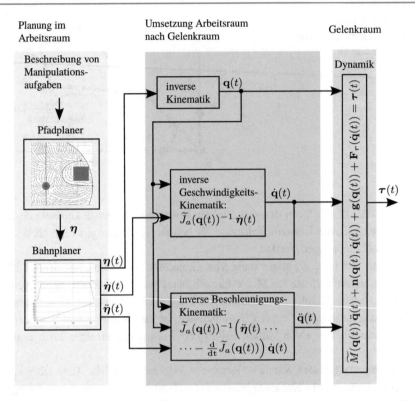

Signalflussplan 7.1 Berechnung von $\dot{q}(t)$ und $\tau(t)$ zur Bahnplanung im Gelenkraum. Der Bereich des Arbeitsraums ist *gelb* unterlegt, der des Gelenkraums *blau*. *Orange* kennzeichnet die Umsetzung von Arbeitsraum nach Gelenkraum. Es wird angenommen, dass Pfad- und Bahnplanung vollständig im Arbeitsraum erfolgen. Außerdem soll der Pfad frei von Singularitäten sein. Zur Umrechnung in den Gelenkraum sind die inverse Kinematik, inverse Geschwindigkeitskinematik sowie inverse Beschleunigungskinematik notwendig

im Gelenkraum durchgeführt wird. Die benötigten Methoden und deren Zusammenhang werden für den ersten Fall in Signalflussplan 7.1 dargestellt. Dabei wird die Bahn mit $\eta(t)$, $\dot{\eta}(t)$, $\ddot{\eta}(t)$ vollständig im Arbeitsraum geplant bzw. berechnet. Zur Umrechnung in den Gelenkraum sind die inverse Kinematik, inverse Geschwindigkeitskinematik sowie inverse Beschleunigungskinematik notwendig. Dabei ist zu beachten, dass für die inverse Beschleunigungskinematik nicht die geometrische, sondern vielmehr die algebraische Jacobi-Matrix $\tilde{J}_a$ verwendet werden muss. Die Orientierungskoordinaten in η müssen daher aus Orientierungswinkeln (wie zum Beispiel Euler-Winkeln) bestehen. Zur Vereinheitlichung wurde bei der inversen Geschwindigkeitskinematik in Signalflussplan 7.1 ebenfalls $\tilde{J}_a$ verwendet. Bei der Darstellung wird vereinfachend davon ausgegangen, dass entlang des Pfads keine Singularitäten auftreten.

Mit so berechneten Trajektorien $q(t)$, $\dot{q}(t)$ und $\ddot{q}(t)$ liefert die (vektorielle) Bewegungsgleichung schließlich Trajektorie $\tau(t)$ der Gelenkantriebsmomente und -kräfte. Für

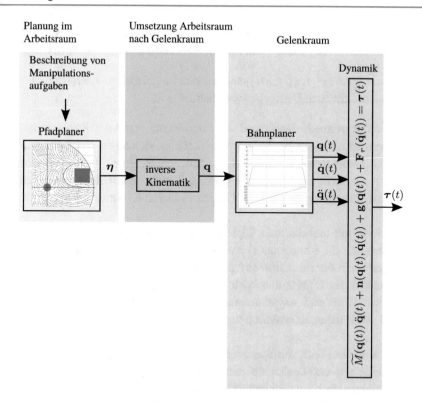

Signalflussplan 7.2 Berechnung von $\dot{q}(t)$ und $\tau(t)$ zur Bahnplanung im Gelenkraum. Analog zu Signalflussplan 7.1 ist der Bereich des Arbeitsraums *gelb* unterlegt, der des Gelenkraums *blau*. *Orange* kennzeichnet die Umsetzung von Arbeitsraum nach Gelenkraum. Es wird angenommen, dass die Pfadplanung im Arbeitsraum erfolgt. Die Punkte des Pfads werden mittels inverser Kinematik in den Gelenkraum umgerechnet, in dem dann die Bahnplanung durchgeführt wird. Gegenüber Signalflussplan 7.1 entfällt die Notwendigkeit einer inversen Geschwindigkeits- und Beschleunigungskinematik

jedes Gelenk kann daraus ein Trajektorien-Paar $\{\dot{q}_i(t), \tau_i(t)\}$ zusammengestellt werden, welches man in der Antriebstechnik als *Lastfall-Kollektiv* bezeichnet. Es stellt eine wesentliche Grundlage für die Auslegung der Antriebsstränge in den einzelnen Gelenken des Manipulators dar.

Im Unterschied zu Signalflussplan 7.1 skizziert Signalflussplan 7.2 den Fall, dass die Bahnplanung im Gelenkraum durchgeführt wird. Hierzu wird wieder ein singularitätsfreier Pfad vom Arbeitsraum mittels inverser Kinematik in den Gelenkraum umgerechnet. Der anschließende Bahnplaner liefert daraus eine Bahn im Gelenkraum. Im Vergleich zu Signalflussplan 7.1 entfällt hier die inverse Geschwindigkeits- sowie Beschleunigungskinematik. Dieser Vorteil wird durch den Umstand erkauft, dass die Bahngeschwindigkeit und -beschleunigung jeweils im (wenig anschaulichen) Gelenkraum geplant werden müssen.

Im vorliegenden Kapitel werden folgende beiden Annahmen getroffen, die zu einer vereinfachten Darstellung führen, inhaltlich jedoch keine Einschränkungen darstellen:

- Entlang der Bahn $(\eta(t), \dot{\eta}(t), \ddot{\eta}(t))$ sollen keine Singularitäten auftreten und
- es sollen ausschließlich Drehgelenke vorhanden sein.

Betrachtete Motorentechnologie und -leistungsklasse Als Antriebsmotoren werden in Manipulatoren heute vorwiegend elektromagnetische Maschinen eingesetzt, siehe auch Abschn. 1.4.5. Dabei stehen heute drei unterschiedliche Arten elektromagnetischer Motoren am Markt zur Verfügung: *Bürstenbehaftete Gleichstrommaschinen*, *permanenterregte Synchronmaschinen* (kurz *PMSM* bzw. *PM-Maschine*) und *Asynchronmaschinen*.

Ein Nachteil bürstenbehafteter Gleichstrommaschinen besteht darin, dass auf den *Stromwender* (Bürsten, Kommutator) etwa $1/3$ des Motorvolumens und -gewichts entfällt. Außerdem erfordert der mechanische Verschleiß der Bürsten regelmäßige Wartung. Aus diesem Grund ist der Einsatz dieser Motorentechnologie bei Manipulatoren rückläufig. Sowohl Synchron- als auch Asynchronmaschinen benötigen keinen mechanischen Stromwender und gelten daher als praktisch wartungsfrei.

Die Vor- und Nachteile von Synchron- und Asynchronmaschine hängen unter anderem vom Leistungs- und Drehzahlbereich ab. Innerhalb eines Manipulators können die Antriebsleistungen stark unterschiedlich verteilt sein: Vordere[1] Antriebsachsen, deren Bewegungsachsen außerdem vorwiegend senkrecht zum Gravitationsfeld stehen (sogenannte Neigegelenke), müssen oft deutlich höhere Leistungen liefern als hintere Antriebsachsen.

Beispiel 7.1. Abschätzung der maximal benötigten Antriebsleistung am Beispiel eines mittelschweren Manipulators der industriellen Automatisierungstechnik: Es wird der in Abb. 7.2 dargestellte Robotertyp KR 20 R1810 der KUKA AG betrachtet.

Die am höchsten mechanisch belastete Drehachse stellt dabei die Oberarm-Neigen Achse in waagerechter Position (das heißt in senkrechter Ausrichtung zum Gravitationsfeld) dar. Es werden folgende Parameter zugrunde gelegt:

- Abstand der Bewegungsachse zur Nutzlast in ausgestreckter Position (Hebelarm für Bewegungsachse): $L = 1.653$ m, siehe Abb. 7.2.
- Als Nutzlast wird die Nennnutzlast von $m_{\mathrm{nutz}} = 20$ kg gemäß Datenblatt angenommen. Dabei wird vereinfachend von einer punktförmigen Nutzlast ausgegangen.
- Die Masse des vom Gelenk gegen die Schwerkraft zu haltenden Manipulators werde abgeschätzt zur Hälfte der Gesamtmasse (nach Datenblatt) mit $m_{\mathrm{MPL}} = 125$ kg, der zugehörige Schwerpunkt liege im Abstand von $L/4$ zur Bewegungsachse.

---

[1] „Vorne" ist hier bezüglich der Position des Sockels definiert: Der vorderste und damit erste Motor stützt sich über den Sockel gegen die Welt ab. Der hinterste und damit letzte Motor verbindet hingegen das vorletzte Manipulatorsegment mit dem Endeffektor.

Abb. 7.2 Arbeitsraum und Abmessungen eines typischen mittelgroßen Manipulators der industriellen Automatisierung am Beispiel des mittelschweren Manipulators KR 20 R1810; mit freundlicher Genehmigung der KUKA AG

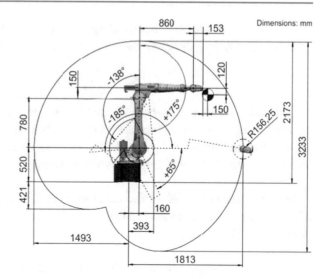

- Zur Abschätzung des Massenträgheitsmoments wird als Form der Manipulatorsegmente ein Vollzylinder mit Radius $r_{\text{MPL}} = 0.07\,$m angenommen.
- Die maximale Drehgeschwindigkeit für das betrachtete Gelenk beträgt nach Datenblatt $\omega = 175\,°/\text{s}$. Als maximale Drehbeschleunigung wird $\alpha = \omega/1\,\text{s}$ angenommen.

Damit berechnet sich das Massenträgheitsmoment zu

$$
I_{\text{OA}} = L^2\, m_{\text{nutz}} + \underbrace{m_{\text{MPL}} \left(\frac{r_{\text{MPL}}^2}{4} + \frac{L^2}{12} \right)}_{\substack{\text{Massenträgheitsmoment eines} \\ \text{Vollzylinders im Schwerpunkt}}} + \underbrace{m_{\text{MPL}} \left(\frac{L}{4} \right)^2}_{\text{Steiner-Anteil}} \approx 105\,\text{kg m}^2
$$

und die Schwerpunktposition (gemessen von der Bewegungsachse) der entsprechenden Manipulatorsegmente mit Nutzlast zu

$$
x_{\text{SP}} = \frac{m_{\text{nutz}}\, L + m_{\text{MPL}}\, L/4}{m_{\text{nutz}} + m_{\text{MPL}}} \approx 0.584\,\text{m}\,.
$$

Mit oben abgeschätzter Beschleunigung α folgen daraus die abtriebsseitigen Momentenanteile zu

$$
\tau_{\text{Gewicht}} = x_{\text{SP}}\, (m_{\text{nutz}} + m_{\text{MPL}})\, 9.81\,\text{m/s}^2 \approx 831\,\text{Nm}
$$

$$
\tau_{\text{Beschleunigung}} = I_{\text{OA}}\, \alpha \approx 320\,\text{Nm}\,.
$$

Damit lässt sich die maximale abtriebsseitige Leistung (siehe Abschn. 7.6 für eine Erläuterung der Begriffe „An"- und „Abtriebsseite") abschätzen zu

$$
P_{\text{ab}} = \omega \left(831\,\text{Nm} + 320\,\text{Nm} \right) \approx 3.5\,\text{kW}\,.
$$

Mit einem geschätzten Getriebewirkungsgrad von $\eta_g = 75\,\%$ ergibt sich schließlich die gesuchte Abschätzung der maximalen antriebsseitigen Leistung zu

$$P_{an} = \frac{P_{ab}}{0.75} \approx 4.7\,kW\,. \qquad \lhd$$

Im Bereich der Manipulatortechnik erstreckt sich der Drehzahlbereich der Motoren bis ca. 8000 U/min. Dabei beschränkende Faktoren stellen unter anderem maximal zulässige Drehzahlen von Wellen-Lagerungen bei Lebensdauer-Fettschmierung dar sowie die Höhe der verfügbaren elektrischen Zwischenkreisspannung.

Im vorliegenden Kapitel werden daher Motoren betrachtet mit einer maximalen Antriebsleistung in einer Größenordnung von 6 kW und einer maximalen antriebsseitigen Drehzahl von 8000 U/min.

In diesem Leistungs- und Drehzahlbereich weisen permanenterregte Synchronmaschinen gegenüber Asynchronmaschinen zwei entscheidende Vorteile auf:

- Ihre *spezifische Leistung* (Antriebsleistung bezogen auf Motorenmasse) ist größer, siehe zum Beispiel [8, Abb. 6].
- Ihre Regelung ist einfacher, [15].

Aus diesem Grund werden für Manipulatoren praktisch keine Asynchronmaschinen eingesetzt, [16, Abschn. 4.8.1] und [2, Abschn. 4.3.2]. Im Hinblick auf die bessere Wartbarkeit wird im vorliegenden Kapitel vorwiegend die permanenterregte Synchronmaschine betrachtet. Das dafür hergeleitete Modell zur Auslegung lässt sich jedoch einfach auf bürstenbehaftete Gleichstrommaschinen anpassen.

7.2   Grundlagen permanenterregter Synchronmaschinen

Permanenterregte Synchronmaschinen (im Folgenden auch kurz als *Motor* bezeichnet) benötigen zum Betrieb in einem Manipulator eine elektronische Einheit zur *Stromwendung*, den sogenannten *Umrichter*. Für die Kombination aus Umrichter und Motor existieren je nach Zielrichtung der Entwicklung unterschiedliche Modellierungsebenen:

Modellierungsebene 1: Modellierung auf Ebene der magnetischen Felder. Mit Hilfe von FEM-Berechnungen werden die magnetischen Feldlinien berechnet. Dabei werden unter anderem die Geometrie des Motorenaufbaus sowie die unterschiedlichen magnetischen Leitfähigkeiten der enthaltenen Materialien berücksichtigt. Dies führt zum detailliertesten Motorenmodell.

Modellierungsebene 2: Modellierung der Magnetfelder von Stator und Rotor durch räumlich umlaufende (komplexe) Zeiger. Dies führt auf ein elektrisches Ersatzmodell mit konzentrierten Elementen wie Spule und Widerstand.

Modellierungsebene 3: Modellierung aus systemtechnischer Sicht als einphasiges Ersatzmodell zur Berechnung von Zwischenkreisgrößen und Verlustwärme. Dabei wird
das konzentrierte Ersatzmodell aus Modellierungsebene 2 von drei auf eine Phase
umgerechnet.

Die erste, detaillierteste Modellebene wird in der Regel zur Entwicklung von Motoren
benötigt, [4]. Die zweite Modellebene findet unter anderem bei der Regelung (im Motorcontroller) Anwendung, [15]. Die dritte und am wenigsten detaillierte Modellebene
betrachtet die Kombination aus Umrichter und Motor hauptsächlich aus Zwischenkreis-
sicht zur systemorientierten Analyse und Auslegung. Sie dient vorwiegend zur Ermittlung
von elektrischen Zwischenkreisgrößen und von Verlustwärme für vorgegebene, konstante
Lastfälle. Da man bei der Entwicklung von Manipulatoren typischerweise auf marktver-
fügbare Komponenten (Motoren und Umrichter) zurückgreift, ist hier nur diese letzte
Modellierungsebene wichtig.

In Abschn. 7.4 wird ein solches einphasiges Ersatzmodell hergeleitet. Darauf aufbauend erfolgt in Abschn. 7.7.3 ein Auslegungsverfahren für die Kombination aus Umrichter,
Motor und Getriebe. Zum Verständnis des einphasigen Ersatzmodells sind bestimmte
antriebstechnische Grundlagen erforderlich, die in den folgenden Unterabschnitten behandelt werden.

7.2.1 Wirkprinzip einer permanenterregten Synchronmaschine

Eine permanenterregte Synchronmaschine stellt in der Regel eine dreiphasige Maschine
dar. Man unterscheidet *Innen- und Außenläufer*: Beim Innenläufer ist der mit Permanentmagneten besetzte Rotor drehbar gelagert und von einem feststehenden Stator-Ring
umgeben. Bei einem Außenläufer befindet sich hingegen der Stator im Innern, umgeben
vom Rotor, einem drehbar gelagerten Ring mit Permanentmagncten.

Die Achse, die durch die Pole des Permanentmagneten verläuft, nennt man *Polachse*.
Zwischen Stator und Rotor befindet sich ein Luftspalt. Im einfachsten Fall besteht der
Rotor nur aus einem einzigen Permanentmagnet-Polpaar. Der Stator enthält dabei drei
jeweils um 120° räumlich gegeneinander verdrehte, identische *Phasen-Spulen*. Sie funk-
tionieren im Prinzip wie Elektromagnete, siehe Abb. 7.3 für eine schematische Skizze[2].
Man bezeichnet die Phasen in der Regel mit a, b und c oder u, v, w; hier wird die erste
Variante verwendet.

Prägt man in einer Phase $m \in \{a, b, c\}$ einen Phasen-Strom I_m ein, so entsteht ein
Phasen-Magnetfeld. Allgemein beschreibt man Magnetfelder durch *Flussdichte-Vektoren*
$\boldsymbol{B}$. Im Folgenden werden Flussdichte-Vektoren vereinfacht als *Magnetfeld* bezeichnet.

---

[2] Im dargestellten Fall liegen sogenannte *örtlich konzentrierte Phasen* vor.

Abb. 7.3 Stark vereinfachter, schematischer Aufbau einer permanenterregten Synchronmaschine mit örtlich konzentrierten Phasen

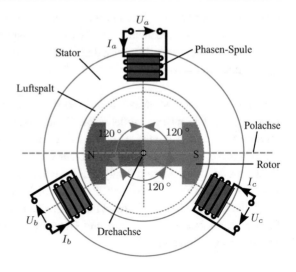

Abb. 7.4 Vektoraddition der einzelnen Phasenmagnetfelder zu einem gesamten Statormagnetfeld. Richtungswinkel φ wird von der Richtung von Phase a aus im mathematisch positiven Drehsinn gemessen

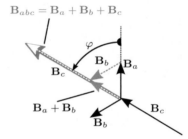

Aufgrund des vektoriellen Charakters, kann in jedem Punkt des Luftspalts durch Vektoraddition der drei Phasenmagnetfelder das resultierende Statormagnetfeld

$$\boldsymbol{B}_{abc} = \boldsymbol{B}_a + \boldsymbol{B}_b + \boldsymbol{B}_c$$

berechnet werden. Mit der Schraubenregel (siehe Abschn. 2.3.2) kann die Richtung der Magnetfelder in den Phasen ermittelt werden: Die rechte Hand umschließt dabei die Spule so, dass die Finger (mit Ausnahme des Daumens) in Stromrichtung der Leitungswindungen zeigen. Der Daumen zeigt dann in Richtung des Magnetfelds. In Abb. 7.4 ist beispielsweise der Fall $i_c < 0$, $i_a = i_b = -\frac{i_c}{2}$ dargestellt. Vektorsumme $\boldsymbol{B}_a + \boldsymbol{B}_b$ zeigt in diesem Beispiel in Richtung von $\boldsymbol{B}_c$ und besitzt dieselbe Amplitude wie $\boldsymbol{B}_a$ bzw. $\boldsymbol{B}_b$. Damit weist die Vektorsumme (in Abb. 7.4 braun markiert) aller drei Einzelfelder in Richtung von $\boldsymbol{B}_c$ mit Amplitude $\frac{3}{2}\|\boldsymbol{B}_c\|$. Der Richtungswinkel von $\boldsymbol{B}_{abc}$ wird von der Richtung von Phase a aus im mathematischen Drehsinn mit φ gemessen, siehe Abb. 7.4.

Zwischen den Polen von Stator- und Rotormagnetfeld entsteht eine Anziehungskraft $\boldsymbol{F}$, siehe Abb. 7.5. Diese Kraft übt ein Drehmoment bezüglich der Drehachse aus, welches als *Antriebsmoment* genutzt wird. Im linken Teil von Abb. 7.5 steht der Rotor beispielsweise so, dass der Hebelarm mit Länge r sein Maximum einnimmt und somit Drehmoment $\tau = 2r\|\boldsymbol{F}\|$ wirkt. Die Lage des Rotors beeinflusst also über den Hebelarm die Höhe

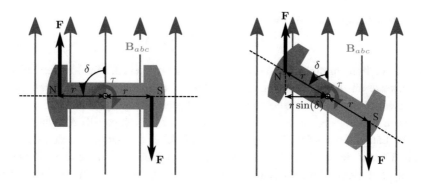

Abb. 7.5 Prinzipskizze zur Darstellung der Abhängigkeit des Motormoments vom Zwischenwinkel δ

des Drehmoments. Mit *Zwischenwinkel δ* von Statorfeld zur Polachse folgt hierfür Zusammenhang[3]

$$\tau = 2\,r\,\sin(\delta)\,\|\boldsymbol{F}\|\,. \tag{7.1}$$

Im linken Teil von Abb. 7.5 beträgt der Zwischenwinkel $\delta = 90°$. Im rechten Teil befindet sich der Rotor hingegen bei einem verringerten Zwischenwinkel von ca. $\delta = 60°$. Damit verkürzt sich der Hebelarm auf $r\sin(60°) \approx 0.87\,r$, so dass das Drehmoment ebenfalls um Faktor 0.87 geringer ausfällt. Aus (7.1) geht hervor: Bei Zwischenwinkel $\delta = 90°$ liegt das maximale Antriebsmoment vor. Dreht sich der Rotor, so würde bei einem feststehenden Statormagnetfeld also spätestens nach einer Viertel-Umdrehung bereits kein Antriebsmoment mehr wirken. Um dennoch in jeder Rotorposition das maximale Antriebsmoment zu erlangen, muss das Statormagnetfeld synchron mit dem Rotor so gedreht werden, dass stets der rechte Winkel für δ erhalten bleibt. Daher kommt auch Namenszusatz *synchron* in der Bezeichnung der Motorenart. Für eine gegebene Richtung des Statormagnetfelds müssen also die dafür notwendigen Phasenmagnetfelder $\boldsymbol{B}_a$, $\boldsymbol{B}_b$ und $\boldsymbol{B}_c$ berechnet werden.

In erster Näherung sind die Phasenmagnetfelder $\boldsymbol{B}_m$ proportional zum jeweils zugehörigen Phasenstrom I_m, $m \in \{a, b, c\}$. Phasenmagnetfelder resultieren aus dem zeitlichen Verhalten von Phasenstrom und Phasenspannung. Aus diesem Grund führt man analog zum Statormagnetfeld-Vektor $\boldsymbol{B}_{abc}$ einen *virtuellen Statorstrom-Vektor $\boldsymbol{I}_{abc}$* ein. Physikalisch gesehen sind die Phasenströme keine vektoriellen Größen, daher Attribut *virtuell*. Dem Statorstrom-Vektor liegt also eine rein mathematische Definition zugrunde. Jeder Phase m wird zunächst ein Stromvektor $\boldsymbol{I}_m$ zugeordnet. Seine Orientierung soll durch $\boldsymbol{B}_m$ vorgegeben sein. Die Länge von $\boldsymbol{I}_m$ soll gleich Betrag $|I_m|$ des zugehörigen Phasenstroms sein. Die vektorielle Summe dieser drei Phasenstrom-Vektoren liefert dann den

---

[3] Im Kontext der Antriebstechnik wird τ auch zur Bezeichnung des *Drehschubs* verwendet; M bezeichnet dann das Drehmoment. Im vorliegenden Kapitel bezeichnet τ jedoch ausschließlich ein Drehmoment.

gewünschten Statorstrom-Vektor:

$$I_{abc} = I_a + I_b + I_c \qquad (7.2)$$

In der Wechselstromtechnik werden elektrisch schwingende, sinusförmige Zeitsignale üblicherweise mit komplexen Zeigern dargestellt (sogenannte *Komplexifizierung*, siehe auch die Ausführung am Ende des vorliegenden Unterabschnitts). Mathematische Grundlagen dazu finden sich, gut erklärt, zum Beispiel in [12, Kap. VII, Abschn. 3.1.1 und 3.2]. Die Länge eines solchen Zeigers entspricht dabei der Amplitude des elektrischen Signals. Über $\varphi = \omega t$ (ω: *Kreisfrequenz* des Zeitsignals, φ: Winkel bzw. Phase) wird dem Zeiger zu jedem Zeitpunkt ein Winkel zugeordnet. Der Zeiger hängt damit nur von der Zeit ab, so dass man von einem *komplexen Zeitzeiger* spricht. Ein Beispiel dafür findet sich in Abschn. 7.2.4, in dem das elektrische Verhalten einer Phase im eingeschwungenen Zustand mit Hilfe komplexer Zeitzeiger modelliert wird.

Demgegenüber repräsentiert Statorstrom-Vektor I_{abc} durch seine Richtung in der komplexen Zahlenebene die örtliche Ausrichtung des Statorstrom-Vektors. Da die zugrundeliegenden Phasenströme zeitabhängig sind, gilt dies auch für den daraus gebildeten Statorstrom-Vektor. Damit hängt er sowohl von der Zeit als auch vom Winkel (Ausrichtung innerhalb der komplexen Zahlenebene) ab. Zur klaren Abgrenzung vom Zeitzeiger spricht man daher vom *Raumzeiger*[4], siehe [11] für eine ausführliche Einführung in das Konzept der Raumzeiger. Im Folgenden wird anstelle des Begriffs *Statorstrom-Raumzeiger* kurz *Stromraumzeiger* verwendet.

Um obige Forderung nach einem rechten Winkel zwischen Stator-Magnetfeld und Rotor erfüllen zu können, muss die Richtung des Stromraumzeigers I_{abc} durch eine passende Wahl der Phasenströme bestimmbar sein. Daraus ergibt sich folgende Aufgabenstellung:

Für gegebenen Richtungswinkel φ und Betrag $\hat{I}$ des Stromraumzeigers I_{abc}, werden die dafür notwendigen Phasenströme I_m gesucht.

Die Lösung ist durch sinusförmige und jeweils gegeneinander um $\frac{2}{3}\pi$ phasenversetzte Phasenströme gegeben:

$$
\begin{aligned}
I_a(\varphi) &= \hat{I}\cos(\varphi)\\
I_b(\varphi) &= \hat{I}\cos(\varphi - {(2\pi)}/{3})\\
I_c(\varphi) &= \hat{I}\cos(\varphi - {(4\pi)}/{3})
\end{aligned}
\qquad (7.3)
$$

Dies ist als *Drehstromsystem* bekannt. Der damit gebildete Stromraumzeiger I_{abc} besitzt Länge $\frac{3}{2}\hat{I}$.

---

[4] In der Antriebstechnik wird der Stromraumzeiger üblicherweise auf die Amplitude des Phasenstroms normiert, siehe zum Beispiel [15, Gl. 13.9]. In (7.2) würde dies eine Skalierung der Vektorsumme mit Faktor $2/3$ ergeben. In den Darstellungen des vorliegenden Buchs führt diese Normierung jedoch zu keiner Vereinfachung, so dass hier darauf verzichtet wurde.

Im Folgenden werden komplexe Zahlen benötigt. Hierfür werden folgende Schreibweisen verwendet:

- Zur Unterscheidung einer komplexen Zahl von einer reellen Zahl, wird die komplexe Zahl im kalligraphischen Stil dargestellt. Beispiel: Komplex $\mathcal{I}$, reell I.
- Der Realteil wird durch $\Re$, der Imaginärteil durch $\Im$ gekennzeichnet.
- Die imaginäre Einheit wird mit j bezeichnet.
- Die komplex Konjungierte wird durch ein hochgestelltes $*$-Zeichen ausgewiesen. So bezeichnet beispielsweise $\mathcal{I}^*$ die Konjungierte von $\mathcal{I}$.
- Die Phase einer komplexen Zahl wird mit $\sphericalangle$ gekennzeichnet.

Mathematischer Nachweis für Länge $\frac{3}{2}\hat{I}$ des Stromraumzeigers: Bislang wurden Raumzeiger im Reellen mit Vektoren dargestellt. Alternativ kann ein Raumzeiger auch als komplexer Zeiger dargestellt werden. Dies vereinfacht den folgenden Nachweis. Zunächst werden die Stromraumzeiger der einzelnen Phasen im Komplexen mit

$$\mathcal{I}_a(\varphi) = \hat{I}\,\frac{1}{2}\left(e^{j\varphi} + e^{-j\varphi}\right)e^{0\cdot j} = \frac{1}{2}\,\hat{I}\left(e^{j\varphi} + e^{-j\varphi}\right)e^{0\cdot j}$$

$$\mathcal{I}_b(\varphi) = \hat{I}\,\frac{1}{2}\left(e^{j\left(\varphi - \frac{2}{3}\pi\right)} + e^{-j\left(\varphi - \frac{2}{3}\pi\right)}\right)e^{j\frac{2}{3}\pi} = \frac{1}{2}\,\hat{I}\left(e^{j\varphi} + e^{-j\varphi}e^{j\frac{4}{3}\pi}\right)$$

$$\mathcal{I}_c(\varphi) = \hat{I}\,\frac{1}{2}\left(e^{j\left(\varphi - \frac{4}{3}\pi\right)} + e^{-j\left(\varphi - \frac{4}{3}\pi\right)}\right)e^{j\frac{4}{3}\pi} = \frac{1}{2}\,\hat{I}\left(e^{j\varphi} + e^{-j\varphi}e^{j\frac{8}{3}\pi}\right)$$

dargestellt. Dabei liegt der allgemeine Zusammenhang

$$e^{j\varphi} + e^{-j\varphi} = \cos(\varphi) + j\,\sin(\varphi) + \cos(-\varphi) + j\,\sin(-\varphi) = 2\cos(\varphi)$$

zugrunde. Der letzte Faktor $e^{0\cdot j}$ berücksichtigt die räumliche Orientierung der drei Phasen in der komplexen Zahlenebene so, dass komplexer Stromzeiger $\mathcal{I}_a$ und damit Phase a in Richtung der reellen Achse zeigt[5]. Analog wird für $\mathcal{I}_b$ bzw. $\mathcal{I}_c$ die räumliche Orientierung jeweils durch die Faktoren $e^{j\frac{2}{3}\pi}$ bzw. $e^{j\frac{4}{3}\pi}$ eingestellt.

Durch Addition erhält man

$$\mathcal{I}_{abc}(\varphi) = \mathcal{I}_a(\varphi) + \mathcal{I}_b(\varphi) + \mathcal{I}_c(\varphi) = \frac{1}{2}\,\hat{I}\left(3e^{j\varphi} + e^{-j\varphi}\left(1 + e^{j\frac{4}{3}\pi} + e^{j\frac{8}{3}\pi}\right)\right).$$

Dieser Ausdruck vereinfacht sich wegen $e^{j\frac{8}{3}\pi} = e^{j\left(\frac{8}{3}\pi - 2\pi\right)} = e^{j\frac{2}{3}\pi}$ und

$$1 + e^{j\frac{2}{3}\pi} + e^{j\frac{4}{3}\pi} = 1 + \frac{1}{2}\left(-1 + j\sqrt{3}\right) - \frac{1}{2}\left(1 + j\sqrt{3}\right) = 0$$

zu $\mathcal{I}_{abc}(\varphi) = \frac{3}{2}\hat{I}\,e^{j\varphi}$. Für den Betrag des Stromraumzeigers folgt somit

$$\|\mathcal{I}_{abc}(\varphi)\| = I_{abc} = \frac{3}{2}\hat{I}. \qquad\blacksquare$$

---

[5] In der Antriebstechnik stellt man die räumliche Orientierung der Stromraumzeiger auch mittels *Drehoperator* $\mathcal{A} = e^{j\frac{2}{3}\pi}$ dar. Für die drei Phasen verwendet man dann $\mathcal{A}^0$, $\mathcal{A}^1$ und $\mathcal{A}^2$.

Abb. 7.6 Phasenströme
eines Drehstromsystems.
Beispielhaft sind für die drei
Richtungswinkel $\varphi \in \{0, \frac{\pi}{2}, \pi\}$
die jeweiligen Stromwerte mit
Pfeilen markiert

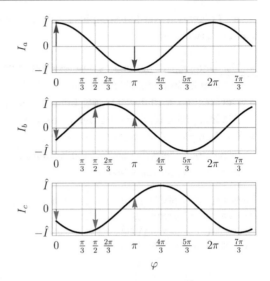

Abb. 7.6 zeigt die Phasenstromverläufe über φ. Darin sind beispielhaft für drei Winkel
die zugehörigen Stromwerte mit Pfeilen markiert. In Abb. 7.7 ist für jeden dieser Winkel
der zugehörige Stromzeiger dargestellt. Man erkennt, dass sich tatsächlich die gewünschten Richtungen für den Stromraumzeiger einstellen und dass dieser $\frac{3}{2}\hat{I}$ lang ist.

Man bezeichnet einen Betrieb, bei dem das Statormagnetfeld senkrecht auf der Polachse des Permanentmagneten steht, als *Ankerstellbereich*[6].

Abb. 7.7 Stromraumzeiger (*schwarze, fette Pfeile*) für verschiedene Richtungswinkel. *Links*: $\varphi =$
0, *mitte*: $\varphi = \frac{\pi}{2}$, *rechts*: $\varphi = \pi$. Darstellung in Polarkoordinaten mit Radien $\{\frac{1}{2}\hat{I}, \hat{I}, \frac{3}{2}\hat{I}\}$ und
Winkel φ von 0 bis $\frac{11}{6}\pi$. Die Einheitsvektoren $\boldsymbol{e}_{I_a}$, $\boldsymbol{e}_{I_b}$ und $\boldsymbol{e}_{I_c}$ der Phasenstrom-Vektoren sind durch
graue, fette Pfeile dargestellt. Der Phasenstrom-Vektor in a-, b-, c-Richtung ist *blau, magenta, braun*
markiert. Die zugehörigen Phasenstromamplituden entsprechen den Amplituden aus Abb. 7.6

---

[6] In manchen Fällen wird gezielt ein Richtungswinkel φ abweichend von 90° gewählt. In diesem Fall
liefert der Motor weniger Moment, kann jedoch schneller drehen. Man bezeichnet diesen Betrieb
als *Phasenvoreilmodus* bzw. in Analogie zur Asynchronmaschine als *Feldschwächbetrieb*.

Anmerkung 7.1. In der Antriebstechnik ist es üblich, den Stromraumzeiger in zwei senkrechte Anteile aufzuteilen. So misst man einen Anteil längs zur Polachse (*Längsstrom* bzw. *d-Strom*), den anderen senkrecht dazu (*Querstrom* bzw. *q-Strom*). Daher bezeichnet man den Betrieb im Ankerstellbereich auch als *„Betrieb mit reiner Querstromeinprägung durch feldorientierte Regelung"* (Kurzform von feldorientierte Regelung: FOR).
□

Die für feldorientierte Regelung notwendigen regelungstechnischen Maßnahmen würden den Rahmen dieses Buches sprengen, siehe zum Beispiel [15]. Entsprechende Kenntnisse sind zur Auslegung von Antriebssträngen in Manipulatoren auch nicht notwendig, so dass hier darauf verzichtet werden kann. Mittlerweile ist es Stand der Technik, dass Motorcontroller über entsprechende Regelalgorithmen verfügen. Dies rechtfertigt die folgende

Annahme 7.1. *Es liege der Ankerstellbereich vor.*

Im Folgenden werden die elektrischen Verhältnisse an der Phase durch komplexe Amplituden dargestellt. Dies ist möglich, wenn die zeitlichen Verläufe ausschließlich sinusförmig und gleichfrequent sind. Außerdem müssen Linearitätseigenschaften gewährleistet sein. Dies führt zur

Annahme 7.2. *Die elektrischen Eigenschaften der Phase seien in guter Näherung linear und zeitinvariant*[7].

Diese Annahme schließt unter anderem folgende parasitäre Effekte aus:

- Temperatureinflüsse: Mit steigender Temperatur steigt der Ohmsche Widerstand der Phasenwicklungen und die Rotormagnetfeldstärke sinkt.
- Nichtlinearität der Phaseninduktivität: Je höher der Strom, desto geringer die Induktivität.

7.2.2 Verkopplung elektrischer und mechanischer Drehgeschwindigkeit

Aus diversen antriebstechnischen Optimierungsgründen wird oft ein Vielfaches der Phasen-Dreiergruppen im Stator verbaut. Die Zahl dieser Dreiergruppen bezeichnet man als *Polpaarzahl* Z_p, da zu jeder Dreiergruppe im Rotor ein Permanentmagnet-Polpaar (also ein Nord- und ein Süd-Pol) aufgenommen wird. Obiges Beispiel aus Abb. 7.3 besitzt demnach Polpaarzahl $Z_p = 1$.

---

[7] Linear und zeitinvariante (Englisch: linear time invariant, kurz: LTI) Systeme werden in der Regelungstechnik als LTI-Systeme bezeichnet.

Abb. 7.8 Stark vereinfachter schematischer Aufbau des
Rotors einer Maschine mit Polpaarzahl $Z_p = 2$. Vom Stator
im Ankerstellbereich erzeugte
Pole sind durch kleine Kreise
gekennzeichnet. Stator-Phasen
sind nicht eingezeichnet

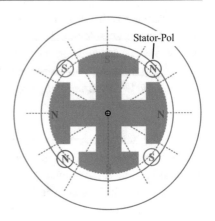

Abb. 7.8 zeigt den prinzipiellen Aufbau eines Rotors (mit ausgeprägten Polen) bei
Polpaarzahl $Z_p = 2$: Vier alternierende Pole sind über den Umfang verteilt. Um ein maximales Drehmoment zu erzeugen, werden über den Stator ebenfalls vier alternierende Pole
erzeugt, die im Ankerstellbereich gegenüber den Rotorpolen um 45° verdreht sind. Die
Positionen dieser Pole sind durch kleine Kreise in Abb. 7.8 gekennzeichnet.

Der Stator ergibt sich im Fall $Z_p = 2$ prinzipiell durch eine Erweiterung des Falls
$Z_p = 1$ um eine zweite Phasen-Dreiergruppe. Damit der Stator vier Pole bildet, dürfen nur Stromraumzeiger derselben Phase zu einem resultierenden Stromraumzeiger
addiert werden. Das kann, durch das hier verwendete, stark vereinfachte Motormodell,
nicht erklärt werden. Vielmehr wären detailliertere Modelle mit *örtlich verteilten Phasen*
notwendig. Zur Auslegung der Antriebe von Manipulatoren genügt jedoch das hier verwendete grobe Modell. Besonders interessierte Leser finden weiterführende Fachliteratur
zum Beispiel unter [4, 5, 15].

Bei Polpaarzahl $Z_p = 1$ dreht sich das Statormagnetfeld synchron mit dem Rotor:
Dreht sich der Rotor einmal ganz um, so trifft dies auch für das Statormagnetfeld und
damit für die Phasenströme zu. Bei Polpaarzahl $Z_p = 2$ dreht sich hingegen das Statormagnetfeld und damit die Statorströme zweimal ganz um, wenn sich der Rotor einmal
ganz umdreht. Aus diesem Grund wird zwischen *mechanischer Drehgeschwindigkeit ω*
des Rotors und *elektrischer Drehgeschwindigkeit ω_{el}* des Statormagnetfelds unterschieden, wobei

$$\omega_{el} = Z_p \, \omega \, . \tag{7.4}$$

Die zugehörigen Winkel bezeichnet man als *elektrischen Winkel φ_{el}* und *mechanischen
Winkel φ*, das heißt $\dot{\varphi}_{el} = \omega_{el}$, $\dot{\varphi} = \omega$. Des Weiteren definiert man mit

$$T_{el} = \frac{\omega_{el}}{2 \, \pi} \tag{7.5}$$

eine *elektrische Periodendauer*.

Obige Stromraumzeiger-Darstellung wurde für Polpaarzahl $Z_p = 1$ eingeführt. Da sich mehrere Dreiergruppen an Phasen (zumindest in vorliegender grober Modellbeschreibung) nicht gegenseitig beeinflussen, wird diese Darstellung auch für höhere Polpaarzahlen verwendet. Lediglich Leistung, Drehmoment und mechanische Drehzahl müssen entsprechend angepasst werden.

Anmerkung 7.2. In der komplexen Wechselstromrechnung sind normalerweise nur positive elektrische Drehgeschwindigkeiten ω_{el} zulässig. Wegen Verkopplung (7.4) mit der mechanischen Drehgeschwindigkeit ω können jedoch auch negative Werte auftreten, so dass eine Erweiterung der Betrachtungen auf negative elektrische Drehgeschwindigkeiten $\omega_{el} < 0$ erforderlich ist:

Der elektrische Winkel berechnet sich aus der elektrischen Drehgeschwindigkeit durch $\varphi_{el} = \omega_{el}\, t$. Für $\omega_{el} < 0$ erhält man durch Ersetzung $t \rightarrow -t$ für negative Drehgeschwindigkeiten dieselben Winkel wie für positive Drehgeschwindigkeiten. Aus $\omega_{el} = \operatorname{sign}(t)\,|\omega_{el}|$ folgt $\varphi_{el} = |\omega_{el}|\,t\,\operatorname{sign}(t) = |\omega_{el}|\,|t|$. Daher sind die komplexen Amplituden für positive wie negative Zeiten gleich, wenn man darin die Ersetzung $\omega_{el} \rightarrow |\omega_{el}|$ vornimmt.   □

Begründung von Anmerkung 7.2: Für sinusförmigen Stromverlauf $I(t) = \hat{I}\,\cos(\omega_{el}\,t)$ folgt der Spannungsverlauf bei einer Ohmschen Last zu

$$U_R(-t) = R\,\hat{I}\,\cos(\omega_{el}\,(-t)) = R\,\hat{I}\,\cos(\omega_{el}\,t) = U_R(t)$$

und ist damit unabhängig vom Negieren der Zeit. Im Komplexen ergibt dies

$$\mathcal{U}_R(t) = \mathcal{U}_R(-t) = R\,\hat{I}\,e^{j\omega_{el}\,t}$$

mit komplexer Amplitude $\hat{\mathcal{U}}_R = R\,\hat{I}$. Diese ist unabhängig vom Vorzeichen von ω_{el} und gilt damit für $t > 0$ wie $t < 0$ gleichermaßen.

Für eine induktiven Last gilt $U_L(t) = L\,\frac{d}{dt}I(t)$ und damit für $\omega_{el} > 0$

$$U_L(t) = -L\,\hat{I}\,\omega_{el}\,\sin(\omega_{el}\,t) = L\,\hat{I}\,\omega_{el}\,\cos\left(\omega_{el}\,t + \frac{\pi}{2}\right).$$

Im Falle negierter Zeit gilt $\omega_{el} < 0$ und damit $\omega_{el} = -|\omega_{el}|$. Eingesetzt folgt

$$U_L(-t) = L\,\frac{d}{dt}\hat{I}\,\cos(-|\omega_{el}|\,(-t)) = L\,\frac{d}{dt}\hat{I}\,\cos(|\omega_{el}|\,t)$$
$$= -L\,\hat{I}\,|\omega_{el}|\,\sin(|\omega_{el}|\,t).$$

Dies führt zur komplexen Amplitude

$$\hat{\mathcal{U}}_L = \begin{cases} j\,\omega_{el}\,L\,\hat{I} & \text{für } t \geq 0 \\ j\,|\omega_{el}|\,L\,\hat{I} & \text{für } t < 0. \end{cases}$$

Da $\omega_{el} > 0$ für $t \geq 0$ und $\omega_{el} < 0$ für $t < 0$, kann dies vereinfacht werden zu

$$\hat{U}_L = j \; |\omega_{el}| \; L \; \hat{I} \quad \text{für } t \in \mathbb{R}.$$ ∎

7.2.3 Drehmomentgleichung

Im Ankerstellbereich ist das am Motor wirkende Drehmoment τ proportional zur Polpaar-zahl Z_p, zum magnetischen Fluss Ψ_{PM} des Permanentmagneten, der die Phasenwicklung durchsetzt, sowie zur Größe des Statormagnetfelds. Letzteres ist in erster Näherung pro-portional zur Phasenstromamplitude $\hat{I}$. Diese proportionalen Abhängigkeiten werden alle in einer Konstanten zusammengefasst, die man *Drehmomentkonstante* k_i nennt, mit Ein-heit Nm/A. Damit folgt im Ankerstellbereich für den Betrag des Drehmoments

$$|\tau| = k_i \; \hat{I}.$$

Das Vorzeichen des Drehmoments bestimmt sich durch die Richtung des Stromraumzei-gers entlang der Senkrechten zum Fluss. Das Drehmoment ist positiv bzw. negativ, wenn der Stromraumzeiger gegenüber dem Raumzeiger des magnetischen Flusses um einen elektrischen Winkel von 90° nach links bzw. rechts gedreht ist. Um dies zu berücksichti-gen, wird Stromgröße I definiert mit

$$I = \begin{cases} +\hat{I} & \text{für: Strom gegenüber Fluss um 90° nach links gedreht} \\ -\hat{I} & \text{für: Strom gegenüber Fluss um 90° nach rechts gedreht,} \end{cases} \tag{7.6}$$

siehe auch Abb. 7.10. Damit kann das Vorzeichen des Drehmoments τ über das Vorzei-chen des Stroms I bestimmt werden. So erhält man *Drehmomentgleichung*

$$\tau = k_i \, I. \tag{7.7}$$

Anmerkung 7.3. Nach (7.7) bezieht sich die Drehmomentkonstante im vorliegenden Buch auf die Amplitude des Phasenstroms. Eine andere übliche Definitionen der Dreh-momentkonstante bezieht das Drehmoment auf den Effektivwert des Phasenstroms, so dass $\tau = k_{i,\text{eff}} \, I_{\text{eff}}$. Wegen $I = \sqrt{2} \, I_{\text{eff}}$ folgt Umrechnungsvorschrift

$$k_i \, I = k_{i,\text{eff}} \, I_{\text{eff}}$$
$$\Longleftrightarrow \quad k_i \, \sqrt{2} = k_{i,\text{eff}}. \tag{7.8}$$

Daneben existieren noch weitere, teilweise „exotische" Definitionen der Drehmomentkon-stante. Nicht wenige Antriebsstrang-Auslegungen scheitern in der Praxis genau an diesem Punkt. Im Zweifel empfiehlt es sich daher, vom Motor- und Motorcontroller-Hersteller die jeweils zugrunde liegende Umrechnungsvorschrift explizit zu erfragen. □

7.2.4   Komplexes Phasenmodell

In diesem Abschnitt sollen Strom und Spannung des Motors in Abhängigkeit seiner mechanischen Betriebsgrößen Drehgeschwindigkeit und Drehmoment berechnet werden. Hierfür wird angenommen, dass die Phasen mit Drehstromsystem (7.3) beaufschlagt sind und der Ankerstellbereich vorliegt.

Die Dynamik der elektrischen Größen ist im Allgemeinen sehr viel schneller als die Dynamik der mechanischen Größen. Aus Sicht des schnellen elektrischen Systems verändert sich damit die mechanische Drehgeschwindigkeit des Rotors nur langsam. Dies führt zu einer weiteren Annahme:

Annahme 7.3. *Die mechanische Drehgeschwindigkeit ω (mit $[\omega] = \mathrm{rad/s}$) des Rotors sei konstant.*

In diesem Fall gilt für den Winkel der Phasenströme $\varphi(t) = \omega_{\mathrm{el}}\, t = \omega\, Z_{\mathrm{p}}\, t$, so dass bezüglich Zeit t sinusförmige Phasenströme vorliegen. Die elektrische Verschaltung des Stators ist nicht wie in Abb. 7.5 so dargestellt, dass beide Pole einer Phase nach außen geführt wären. Vielmehr sind die Phasen in *Dreieck-* oder *Sternschaltung* verbunden. Beide Schaltungsvarianten sind äquivalent, siehe Abschn. 7.2.5. Daher wird im Folgenden nur die Sternschaltungsvariante weiter betrachtet. Diese ist in Abb. 7.9 dargestellt: Alle Phasen laufen in einem Punkt zusammen, dem sogenannten *Sternpunkt. Phasenspannungen* U_a, U_b, U_c fallen damit gegen den Sternpunkt ab. Aus dem Stator ist pro Phase nur ein Pol herausgeführt und damit von Außen elektrisch kontaktierbar bzw. zugänglich. Gegenüber Masse als gemeinsamem Bezugspunkt fallen hingegen *Klemmenspannungen* U_{a0}, U_{b0} und U_{c0} ab. Spannungen U_{ab}, U_{bc} und U_{ca} werden als *verkettete Spannung* oder *Klemme-Klemme-Spannungen* bezeichnet.

Abb. 7.9 Elektrischer
Ersatzschaltplan und Spannungssysteme des Stators in
Sternschaltung mit symmetrischen Phasen

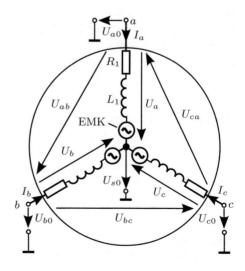

In der Antriebstechnik werden elektrische Statorgrößen von Drehfeldmaschinen üblicherweise mit Index 1 gekennzeichnet; Index 2 steht für elektrische Rotorgrößen. Im vorliegenden Fall einer permanenterregten Synchronmaschine gibt es keine elektrischen Rotorgrößen, da der Rotor mit Permanentmagneten bestückt ist. Aus Gründen der Konsistenz zur Fachliteratur werden hier trotzdem elektrische Statorgrößen mit Index 1 gekennzeichnet.

Wie in Abb. 7.9 dargestellt, können die Phasen jeweils durch einen Ohmschen Widerstand R_1, eine Induktivität L_1 sowie eine Spannungsquelle in guter Näherung modelliert werden. Gemäß Annahme 7.2 sind Widerstand und Induktivität[8] als konstant zu betrachten. Außerdem sollen alle Phasen identische elektrische Eigenschaften aufweisen. Dies bezeichnet man als *symmetrische Phasen*:

Annahme 7.4. *Die Stator-Phasen seien symmetrisch.*

Der Komplexifizierung der Zeitsignale wird im Folgenden Transformationsvorschrift $\Re(\mathcal{U}(t)) = U(t)$ bzw. $\Re(\mathcal{I}(t)) = I(t)$ zugrunde gelegt. Ein komplexer zeitabhängiger Zeiger $\mathcal{U}(t)$ lässt sich als Produkt einer zeitunabhängigen *komplexen Amplitude* $\hat{U}$ mit einem zeitabhängigen Anteil $e^{j\,\omega_{el}\,t}$ darstellen:

$$\mathcal{U}(t) = \hat{U}\,e^{j\,(\omega_{el}t+\varphi_{el})} = \underbrace{\hat{U}\,e^{j\,\varphi_{el}}}_{\hat{u}}\,e^{j\,\omega_{el}\,t}$$

Alle Zeiger laufen dabei mit derselben Drehgeschwindigkeit ω_{el} um. Daher genügt es zur weiteren Analyse, nur die komplexen Amplituden zu betrachten.

7.2.4.1 Induktive Phasenspannung

Im eingeschwungenen Zustand eilt der komplexe induktive Spannungszeiger stets dem komplexen Stromzeiger um einen elektrischen Winkel von 90° voraus, siehe auch die Begründung von Anmerkung 7.2. Wegen $e^{j\frac{\pi}{2}} = j$ entspricht dies in der komplexen Rechnung einer Multiplikation mit j. Damit folgt für die komplexe Amplitude der induktiven Spannung

$$\hat{U}_{L,1} = j\,|\omega_{el}|\,L_1\,I = j\,|\omega|\,Z_p\,L_1\,I\,.$$

Der darin enthaltene Betrag ist notwendig, da auch negative Drehgeschwindigkeiten zugelassen sind, siehe Anmerkung 7.2. Die physikalische Einheit ergibt sich mit $[L_1] = H = {}^{V\,s}/_A$ zu

$$\left[\omega\,Z_p\,L_1\,I\right] = \frac{\text{rad}\,V\,s\,A}{s\,A} = \text{rad}\,V \stackrel{(7.9)}{=} V\,.$$

---

[8] Diese Annahme ist bei der Induktivität bei höheren Stromamplituden nicht mehr haltbar, da dann die Induktivität mit wachsender Stromamplitude abfällt.

Anmerkung 7.4. Einheit rad ist eine sogenannte *Pseudoeinheit* bzw. *Hilfsmaßeinheit.* Dafür gilt

$$1\,\text{rad} = 1\,. \tag{7.9}$$

Daher kann rad nach Belieben hinzugenommen oder weggelassen werden. □

7.2.4.2 EMK-Spannung

Die in jeder Phase des Schaltplans aus Abb. 7.9 enthaltene Wechselspannungsquelle (EMK) modelliert die Induktionsspannung, die die drehenden Permanentmagnete des Rotors in der jeweiligen Phasenspule generieren. Man nennt diese Spannung *Polradspannung* bzw. elektromotorische Kraft, kurz: EMK. Die EMK ist vom Aufbau des Motors, insbesondere von der Platzierung der Permanentmagnete sowie der Ausführung der Phasenspulen abhängig. Die Abweichung des EMK-Signals von seiner Grundwelle ist in der Regel gering. Dies rechtfertigt die folgende Annahme:

Annahme 7.5. *Die EMK $U_{\text{EMK},1}$ sei sinusförmig.*

Nach der *Lenzschen Regel* ist die EMK immer so gerichtet, dass sie der Änderung des Flusses entgegenwirkt. Damit muss die induzierte Spannung dem magnetischen Fluss Ψ_{PM} des Permanentmagneten um 90° (elektrischer Winkel) vorauseilen, siehe auch [15, Abschn. 16.6.1, S. 765].
Nach obiger Definition (7.6) eilt der Strom für $I > 0$ dem Fluss um 90° voraus, wenn sich der komplexe Zeiger des Flusses nach links dreht, also für $\omega_{\text{el}} > 0$. Damit verläuft für $I > 0$ und $\omega_{\text{el}} > 0$ die EMK-Spannung phasengleich zum Strom, siehe linker oberer Teilplot aus Abb. 7.10.

Anmerkung 7.5. In der Antriebstechnik ist gegenüber Abb. 7.10 eine um 90° nach links gedrehte Darstellung üblich. Die reelle Achse zeigt dann nach oben, die imaginäre Achse nach links. Im vorliegenden Buch wurde jedoch aus didaktischen Gründen die weit verbreitete Darstellung verwendet, bei der die reelle Achse nach rechts und die imaginäre Achse nach oben zeigt. □

Für $\omega_{\text{el}} < 0$ ändert sich der Drehsinn, so dass $I < 0$ gelten muss, damit der Strom dem Fluss um 90° vorauseilt, siehe rechter oberer Teilplot aus Abb. 7.10. Die mittleren und unteren Teilplots aus Abb. 7.10 werden weiter unten im Kontext der Betriebsfälle eines Motors erläutert.

Die Amplitude $\hat{U}_{\text{EMK},1}$ der EMK ist proportional zum Betrag der Rotor-Drehgeschwindigkeit sowie zu 2/3 der Drehmomentkonstanten. Besonders interessierte Leser finden hierfür eine detaillierte Erklärung in [15, Abschn. 16.6.1]. Zusammen mit obigen Phasenbetrachtungen folgt schließlich die komplexe Amplitude der EMK-Phasenspannung zu

$$\underline{\hat{U}}_{\text{EMK},1} = \frac{2}{3}\,k_i\,\omega \tag{7.10}$$

mit Einheit

$$[k_i\,\omega] = \frac{\text{Nm}}{\text{A}}\frac{\text{rad}}{\text{s}} = \frac{\text{W}}{\text{A}} = \text{V}\,.$$

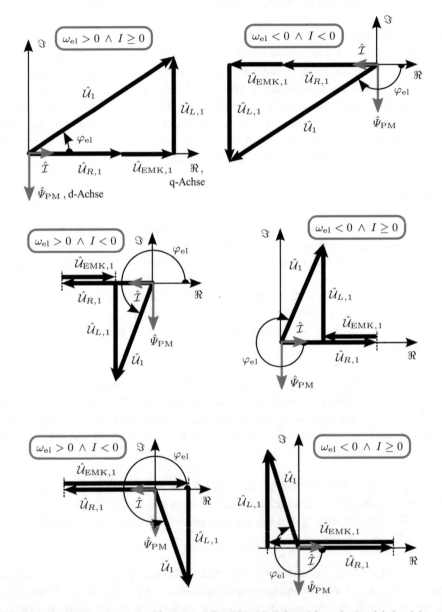

Abb. 7.10 Zeigerdiagramme des Phasenmodells. *Obere Teilplots*: Motor in Antriebsbetrieb; *mittlere Teilplots*: Motor in aktivem Bremsbetrieb; *untere Teilplots*: Motor in generatorischem Betrieb. Zur Darstellung siehe auch Anmerkung 7.5

7.2.4.3 Gesamtes Phasenmodell und Betriebsfälle

Zusammengefasst ergibt sich im eingeschwungenen Zustand das gesuchte Phasenmodell in Form der komplexen Amplitude $\hat{\mathcal{U}}_1$ der Phasenspannung zu

$$\hat{\mathcal{U}}_1 = R_1\, I + \hat{\mathcal{U}}_{\text{EMK},1} + \hat{\mathcal{U}}_{L,1} = R_1\, I + \frac{2}{3}\, k_i\, \omega + j\, |\omega|\, Z_\text{p}\, L_1\, I = \mathcal{Z}_1\, I + \frac{2}{3}\, k_i\, \omega \tag{7.11}$$

mit *Phasenimpedanz*

$$\mathcal{Z}_1 = R_1 + j\, |\omega|\, Z_\text{p}\, L_1\,.$$

Daraus folgt die komplexe Amplitude der *Scheinleistung*[9] zu

$$\hat{S}_1 = \frac{1}{2}\,\hat{\mathcal{U}}_1\, I\,, \tag{7.12a}$$

die *Wirkleistung* zu

$$P_1 = \Re(\hat{S}_1) = \frac{1}{2}\, R_1\, I^2 + \frac{1}{3}\, k_i\, \omega\, I \tag{7.12b}$$

und die *Blindleistung* zu

$$B_1 = \Im(\hat{S}_1) = \frac{1}{2}\, |\omega|\, Z_\text{p}\, L_1\, I^2\,. \tag{7.12c}$$

Wirkleistung (7.12b) setzt sich dabei aus einem Anteil $(R_1\, I^2)/2$ der *Ohmschen Verluste* und einem mechanischen Leistungsanteil $(k_i\, \omega\, I)/3$ zusammen, siehe hierzu auch (7.33) und (7.34). Da die Phasen in der Regel aus Kupferdraht gewickelt sind, bezeichnet man die Ohmsche Verlustleistung auch als *Kupfer-Verlustleistung* und verwendet Index CU.

In Abhängigkeit von Wirkleistung P_1 und $\text{sign}(\omega_\text{el}\, I)$ definiert man drei unterschiedliche Betriebsfälle des Motors:

- Antrieb: $P_1 > 0 \,\wedge\, \omega_\text{el}\, I > 0$
- Aktiver Bremsbetrieb: $P_1 > 0 \,\wedge\, \omega_\text{el}\, I < 0$
- Generatorischer Betrieb: $P_1 < 0$

Abb. 7.10 zeigt die Anordnung der komplexen Amplituden für alle Vorzeichenkombinationen von ω_el und I. Im oberen linken Teilplot ist bei der reellen Achse die alternative Bezeichnung q angegeben, bei der imaginäre Achse d. Diese Bezeichnungen kommen

---

[9] In der Literatur wird oft die Scheinleistung mit Effektivwerten von Strom und Spannung definiert. Wegen $\hat{U} = \sqrt{2}\, U_\text{eff}$, $\hat{I} = \sqrt{2}\, I_\text{eff}$ gilt dann $(\hat{U}\,\hat{I})/2 = U_\text{eff}\, I_\text{eff}$, so dass Faktor $1/2$ im Leistungsprodukt der Scheinleistung nicht auftaucht. In vorliegendem Buch wird jedoch mit Amplituden gerechnet.

aus der feldorientierten Regelung und sollen Lesern dieses Fachbereichs die Orientierung erleichtern.

Übersteigt die EMK-Spannungsamplitude die Ohmsche Spannungsamplitude, so liegt für $\omega_{el}\,I\,<\,0$ der generatorische Fall vor, das heißt der Motor wird von extern so stark angetrieben, dass daraus vollständig die Kupfer-Verluste gespeist werden und zusätzlich noch Leistung $P_1 < 0$ zum Rückspeisen übrig ist. Dieser Fall ist in den unteren beiden Teilplots dargestellt.

Der aktive Bremsbetrieb wird in den mittleren beiden Teilplots dargestellt. Hier gilt ebenfalls $\omega_{el}\,I\,<\,0$, das heißt es tritt mit $\frac{1}{3}\,k_i\,\omega\,I < 0$ auch ein generatorischer Leistungsanteil auf. Dieser reicht jedoch nicht aus, um die Kupfer-Verluste vollständig zu decken. Daher muss der Motor noch Leistung $P_1 > 0$ aufbringen.

Den Antriebsbetrieb schließlich zeigen die obersten beiden Teilplots. Hier tritt wegen $\omega_{el}\,I\,>\,0$ keine generatorische Leistung auf.

7.2.5 Äquivalenz von Stern- und Dreieckschaltung

Bislang wurde nur der Fall einer Sternschaltung betrachtet. Dazu äquivalent ist die sogenannte *Dreieckschaltung* nach Abb. 7.11: Durch eine geeignete Umparametrierung der Phasengrößen ergeben sich für identisches Stromtripel (I_a, I_b, I_c) bei Stern- und Dreieckschaltung stets auch identische Klemme-Klemme-Spannungen / verkette Spannungen U_{ab}, U_{bc}, U_{ca}. Das heißt, das von außen (also an den Klemmen) sichtbare elektrische Verhalten stimmt – bei geeigneter Umparametrierung – zwischen den beiden Schaltungsvarianten überein. Aus diesem Grund wird im Folgenden nur die Sternschaltung weiter betrachtet.

Abb. 7.11 Elektrischer Ersatzschaltplan und Spannungssysteme des Stators in Dreieckschaltung mit symmetrischen Phasen

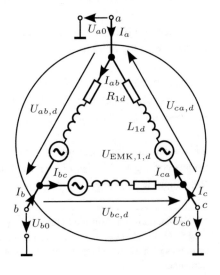

Begründung der Äquivalenz von Stern- und Dreieckschaltung: Damit bei Dreieck- und Stern-schaltung identische elektrische Verhältnisse vorliegen, müssen die Klemme-Klemme-Spannungen $U_{mn,d}$ der Dreieckschaltung gleich der zugehörigen Klemme-Klemme-Spannungen U_{mn} der Stern-schaltung sein. Gleichzeitig müssen die in die Klemmen hineinfließenden Ströme I_m in beiden Schaltungsvarianten ebenfalls identisch sein. Elektrische Größen der Dreieckschaltung werden im Index durch ein d gekennzeichnet. Im Folgenden werden Ströme und Spannungen, wie in Abschn. 7.3.1 dargestellt, durch komplexe Zeiger beschrieben.

Für den komplexen Spannungszeiger der Klemme-Klemme-Spannung zwischen a und b ergibt sich bei Sternschaltung

$$\mathcal{U}_{ab} = \mathcal{U}_a - \mathcal{U}_b = \mathcal{Z}_1\,\mathcal{I}_a + \mathcal{U}_{\text{EMK},a,1} - \mathcal{Z}_1\,\mathcal{I}_b - \mathcal{U}_{\text{EMK},b,1}$$
$$= \mathcal{Z}_1\left(\mathcal{I}_a - \mathcal{I}_b\right) + \mathcal{U}_{\text{EMK},a,1} - \mathcal{U}_{\text{EMK},b,1}\,. \tag{7.13a}$$

Für die Dreieckschaltung gilt hingegen $\mathcal{U}_{ab} + \mathcal{U}_{bc} + \mathcal{U}_{ca} = 0$. Wegen symmetrischer Phasen ergibt sich daraus für die Phasenströme der Dreieckschaltung

$$\mathcal{I}_{ab} + \mathcal{I}_{bc} + \mathcal{I}_{ca} = 0\,. \tag{7.13b}$$

Die Kirchhoffschen Knotenregeln liefern für die Dreieckschaltung

$$-\mathcal{I}_a + \mathcal{I}_{ab} - \mathcal{I}_{ca} = 0$$
$$-\mathcal{I}_b - \mathcal{I}_{ab} + \mathcal{I}_{bc} = 0\,.$$

Daraus folgt $\mathcal{I}_a - \mathcal{I}_b = 2\,\mathcal{I}_{ab} - \mathcal{I}_{bc} - \mathcal{I}_{ca}$ und mit (7.13b) weiter

$$\mathcal{I}_a - \mathcal{I}_b = 3\,\mathcal{I}_{ab}\,. \tag{7.13c}$$

Wie bereits weiter oben dargestellt, stimmen die Phasen von EMK-Spannung und zugehörigem Phasenstrom stets überein. Bezeichnet man die Phase von $\mathcal{I}_{ab}$ mit $\varphi_{\text{el},d}$, so folgt aus (7.13c) Phasen-gleichheit

$$\sphericalangle\!\left(\mathcal{U}_{\text{EMK},a,1} - \mathcal{U}_{\text{EMK},b,1}\right) = \sphericalangle\!\left(\mathcal{U}_{\text{EMK},ab,1,d}\right) = \varphi_{\text{el},d}\,. \tag{7.13d}$$

Die Phase der EMK von Strang a ist gleich der Phase φ_{el} des zugehörigen Phasenstroms. Damit muss die Phase der EMK von Strang b um $-2\pi/3$ phasenversetzt sein. So lassen sich die komplexen EMK-Spannungszeiger durch Betrag und Phase zusammensetzen gemäß

$$\mathcal{U}_{\text{EMK},a,1} = \hat{U}_{\text{EMK}}\,\mathrm{e}^{\,j\,\varphi_{\text{el}}}\,, \quad \mathcal{U}_{\text{EMK},b,1} = \hat{U}_{\text{EMK}}\,\mathrm{e}^{\,j\,(\varphi_{\text{el}}-2\pi/3)}\,.$$

Daraus folgt für die Beträge

$$\left|\mathcal{U}_{\text{EMK},a,1} - \mathcal{U}_{\text{EMK},b,1}\right| = \left|\hat{U}_{\text{EMK}}\,\mathrm{e}^{\,j\,\varphi_{\text{el}}}\left(1 - \mathrm{e}^{-j\,2\pi/3}\right)\right| = \hat{U}_{\text{EMK}}\,\sqrt{3}\,. \tag{7.13e}$$

Verwendet man die Phasenbeziehung aus (7.13d) sowie die Betragsbeziehung aus (7.13e), so kann $\mathcal{U}_{\text{EMK},a,1} - \mathcal{U}_{\text{EMK},b,1}$ dargestellt werden mit

$$\mathcal{U}_{\text{EMK},a,1} - \mathcal{U}_{\text{EMK},b,1} = \hat{U}_{\text{EMK}}\,\sqrt{3}\,\mathrm{e}^{\,j\,\varphi_{\text{el},d}}\,.$$

Setzt man dies zusammen mit (7.13c) in (7.13a) ein, so folgt weiter

$$\mathcal{U}_{ab} = \mathcal{Z}_1 \, 3 \, \mathcal{I}_{ab} + \hat{U}_{\text{EMK}} \, \sqrt{3} \, \mathrm{e}^{j \, \varphi_{\text{el},d}} = \mathcal{Z}_1 \, 3 \, \mathcal{I}_{ab} + \frac{2}{3} \, \omega \, k_i \, \sqrt{3} \, \mathrm{e}^{j \, \varphi_{\text{el},d}} \, . \tag{7.13f}$$

Für Äquivalenz von Dreieck- und Sternschaltung müssen bei gleichen Klemmenströmen auch die Klemme-Klemme-Spannungen gleich sein. Für die Dreieckschaltung beträgt die Klemme-Klemme-Spannung

$$\begin{aligned}
\mathcal{U}_{ab,d} &= \mathcal{Z}_{1,d} \, \mathcal{I}_{ab} + \mathcal{U}_{\text{EMK},ab,1,d} \\
&= \mathcal{Z}_{1,d} \, \mathcal{I}_{ab} + \hat{U}_{\text{EMK},d} \, \mathrm{e}^{j \, \varphi_{\text{el},d}} = \mathcal{Z}_{1,d} \, \mathcal{I}_{ab} + \frac{2}{3} \, \omega \, k_{i,d} \, \mathrm{e}^{j \, \varphi_{\text{el},d}} \, .
\end{aligned} \tag{7.13g}$$

Im Vergleich mit (7.13g) folgt daraus Äquivalenz der betrachteten Schaltungsvarianten für $\mathcal{Z}_{1,d} = 3 \, \mathcal{Z}_1$ und $k_{i,d} = \sqrt{3} \, k_i$. ∎

7.3 Erzeugung eines Drehspannungssystems durch einen Umrichter

Im vorangegangenen Abschnitt wurde der Ankerstellbereich vorausgesetzt. Die Phasenspannungen verlaufen damit so, dass der resultierende Stromraumzeiger einer Phasengruppe senkrecht auf der zugehörigen Polachse des Permanentmagneten im Rotor steht. In Realität stehen jedoch keine Drehstromsysteme als Quellen für die Phasen zur Verfügung, sondern nur Gleichspannungsquellen. Des Weiteren können Phasenspannungen nur indirekt über Klemmenspannungen eingestellt werden, da der Sternpunkt der Phasen elektrisch nicht kontaktierbar ist. Im vorliegenden Abschnitt wird dargestellt, wie man diese beiden Unwägbarkeiten durch den Einsatz eines Umrichters in guter Näherung überwinden kann.

7.3.1 Klemmenspannungsverläufe

Es wurde gezeigt, dass für die Phasenströme gemäß (7.3) ein Drehstromsystem benötigt wird, damit der resultierende Stromraumzeiger senkrecht zur Polachse des Rotors steht und so maximales Drehmoment auftritt.

Gesucht werden nun Phasenspannungsverläufe, die zu einem solchen Drehstromsystem führen. Hierfür werden zunächst die Phasenströme komplexifiziert, wobei Rücktransformation $I_m = \Re(\mathcal{I}_m)$ zugrunde liegt. Ersetzt man zusätzlich in (7.3) Winkel φ durch elektrischen Winkel φ_{el}, so folgen damit die komplexen elektrischen Strangstromzeiger

$$\begin{aligned}
\mathcal{I}_a &= \hat{I} \, \mathrm{e}^{j \varphi_{\text{el}}} \\
\mathcal{I}_b &= \hat{I} \, \mathrm{e}^{j \, (\varphi_{\text{el}} - 2\pi/3)} \\
\mathcal{I}_c &= \hat{I} \, \mathrm{e}^{j \, (\varphi_{\text{el}} - 4\pi/3)} \, .
\end{aligned} \tag{7.14}$$

Über Phasenmodell (7.11) erhält man weiter die komplexen elektrischen Phasenspannungszeiger

$$U_a = \left(\mathcal{Z}_1\, \hat{I} + \hat{U}_{\text{EMK},1} \right) e^{j\varphi_{\text{el}}} = \hat{U}\, e^{j\,(\varphi_{\text{el}} + \psi)}$$

$$U_b = \left(\mathcal{Z}_1\, \hat{I} + \hat{U}_{\text{EMK},1} \right) e^{j\,(\varphi_{\text{el}} - 2/3\pi)} = \hat{U}\, e^{j\,(\varphi_{\text{el}} + \psi - 2\pi/3)}$$

$$U_c = \left(\mathcal{Z}_1\, \hat{I} + \hat{U}_{\text{EMK},1} \right) e^{j\,(\varphi_{\text{el}} - 4/3\pi)} = \hat{U}\, e^{j\,(\varphi_{\text{el}} + \psi - 4\pi/3)}$$

mit Amplitude $\hat{U}$ und Phase ψ gemäß

$$\mathcal{Z}_1\, \hat{I} + \hat{U}_{\text{EMK},1} = \hat{U}\, e^{j\psi} . \tag{7.15}$$

Mit der abkürzenden Schreibweise $\varphi_{\text{el}}^* = \varphi_{\text{el}} + \psi$ folgt das reelle *Drehspannungssystem*

$$U_a(\varphi_{\text{el}}^*) = \hat{U}\, \cos(\varphi_{\text{el}}^*)$$

$$U_b(\varphi_{\text{el}}^*) = \hat{U}\, \cos(\varphi_{\text{el}}^* - 2\pi/3) \tag{7.16}$$

$$U_c(\varphi_{\text{el}}^*) = \hat{U}\, \cos(\varphi_{\text{el}}^* - 4\pi/3) .$$

Anmerkung 7.6. Zusammenhang zwischen Phasen- und Klemmenspannungen bzw. verketteten Spannungen: Wegen

$$U_{ab} = U_a - U_b = \hat{U}\, e^{j\,\varphi_{\text{el}}^*} \left(1 - e^{-j\,2\pi/3} \right) = \sqrt{3}\, \hat{U}\, e^{j\,(\pi/6 + \varphi_{\text{el}}^*)}$$

führen sinusförmige Phasenspannungen mit Amplitude $\hat{U}$ zu sinusförmigen Klemme-Klemme-Spannungen / verketteten Spannungen mit Amplitude $\sqrt{3}\,\hat{U}$:

$$\hat{U}_{ab} = \hat{U}_{bc} = \hat{U}_{ca} = \sqrt{3}\,\hat{U} . \qquad \square$$

Phasenspannungen (7.16) können nicht direkt angelegt werden, da der Sternpunkt nicht aus dem Motor herausgeführt ist. Vielmehr können die Phasenspannungen nur indirekt über die Klemmenspannungen eingestellt werden. Damit ergibt sich

Forderung 7.1. *Aus den Klemmenspannungen* $U_{a0}(t)$, $U_{b0}(t)$, $U_{c0}(t)$ *sollen die Phasenspannungen* (7.16) *resultieren.*

Dabei ist zunächst festzustellen, dass für gegebene Phasenspannungen keine eindeutige Lösung für die Klemmenspannungen existiert. Vielmehr tritt eine eindimensionale Lösungsvielfalt auf.

Begründung: Aus Abb. 7.9 liefern die Kirchhoffschen Maschen-Knotengleichungen sowie die Materialgleichungen

$$-\mathcal{U}_{a0} + \mathcal{U}_a - \mathcal{U}_c + \mathcal{U}_{c0} = 0$$
$$-\mathcal{U}_{b0} + \mathcal{U}_b - \mathcal{U}_c + \mathcal{U}_{c0} = 0$$
$$\mathcal{I}_a + \mathcal{I}_b + \mathcal{I}_c = 0$$
$$\mathcal{U}_a = \mathcal{Z}_1 \mathcal{I}_a + \mathcal{U}_{\text{EMK},1,a}$$
$$\mathcal{U}_b = \mathcal{Z}_1 \mathcal{I}_b + \mathcal{U}_{\text{EMK},1,b}$$
$$\mathcal{U}_c = \mathcal{Z}_1 \mathcal{I}_c + \mathcal{U}_{\text{EMK},1,c} .$$

Wegen

$$\mathcal{U}_{\text{EMK},1,a} + \mathcal{U}_{\text{EMK},1,b} + \mathcal{U}_{\text{EMK},1,c} = \hat{U}_{\text{EMK},1} e^{j\,\varphi_{\text{el}}} \left(1 + e^{-j\,2\pi/3} + e^{-j\,4\pi/3} \right) = 0$$

ergibt sich nach den Phasenspannungen aufgelöst

$$\begin{pmatrix} \mathcal{U}_a \\ \mathcal{U}_b \\ \mathcal{U}_c \end{pmatrix} = \frac{1}{3} \underbrace{\begin{pmatrix} 2 & -1 & -1 \\ -1 & 2 & -1 \\ -1 & -1 & 2 \end{pmatrix}}_{\tilde{T}^{a,b,c}_{a0,b0,c0}} \begin{pmatrix} \mathcal{U}_{a0} \\ \mathcal{U}_{b0} \\ \mathcal{U}_{c0} \end{pmatrix} . \tag{7.17}$$

Matrix $\tilde{T}^{a,b,c}_{a0,b0,c0}$ weist wegen Zeile 1 + Zeile 2 + Zeile 3 $= 0$ einen Rangabfall auf. Die Eigenwerte berechnen sich zu $\lambda_{1,2} = 1$ und $\lambda_3 = 0$, so dass Rang 2 und damit eine 1-dimensionale Lösungsvielfalt vorliegt.

Zur Auflösung dieser Lösungsvielfalt zieht man Sternpunktspannung $\mathcal{U}_{s0}$ heran. Aus Abb. 7.9 ergibt sich damit unmittelbar

$$\begin{pmatrix} U_{a0} \\ U_{b0} \\ U_{c0} \end{pmatrix} = \begin{pmatrix} U_a \\ U_b \\ U_c \end{pmatrix} + U_{s0} \begin{pmatrix} 1 \\ 1 \\ 1 \end{pmatrix} . \tag{7.18}$$

Eine triviale Lösung obiger Aufgabenstellung ergibt sich mit $U_{s0} = 0$ zu $U_{a0} = U_a$, $U_{b0} = U_b$ und $U_{c0} = U_c$. Diese einfache Lösung erfordert jedoch bipolare Spannungsquellen. Die Antriebe von Manipulatoren werden jedoch aus einer Gleichspannungsquelle gespeist mit *Zwischenkreisspannung* $U_D = \text{const}$ (siehe weiter unten). Daraus erwächst

Forderung 7.2. *Alle Klemmenspannungen seien nur positiv.*

Setzt man (7.16) in (7.18) ein, so sind die Klemmenspannungen positiv für

$$\hat{U} \cos\!\left(\varphi_{\text{el}}^* - 2\pi/3\right) + U_{s0} \geq 0$$
$$\hat{U} \cos(\varphi_{\text{el}}^*) + U_{s0} \geq 0 \tag{7.19}$$
$$\hat{U} \cos\!\left(\varphi_{\text{el}}^* - 4\pi/3\right) + U_{s0} \geq 0 .$$

Diese Forderung ist für $U_{s0} = \hat{U}$ erfüllt. Die maximalen Klemmenspannungen betragen dann $2\,\hat{U}$, so dass der Zwischenkreis diese Spannung bereitstellen muss. Die für den Motor nutzbare Phasenspannungsamplitude beträgt aber $\hat{U}$, so dass in diesem Fall nur die Hälfte der bereitgestellten Spannung ausgenutzt werden kann. Hohe Versorgungsspannungen werden in der Robotik aus verschiedenen praktischen Gründen zunehmends vermieden:

- Erhöhte Gefahr für Leib und Leben durch Stromschlag erfordert aufwendige konstruktive Schutzmaßnahmen.
- Notwendigkeit von Spannungs-Tiefsetzstellern für die Versorgung anderer Verbraucher im Manipulator. Dabei gilt: Je größer der Spannungsunterschied und die zu speisende Leistung, desto schwerer, voluminöser und verlustreicher ist die Spannungswandlung. Das Hochtransformieren einer niedrigen Versorgungsspannung mittels Spannungs-Hochsetzsteller, um damit den Zwischenkreis der Motoren zu speisen, ist wegen der hohen Motorenleistung zu verlustreich.
- Geringe Marktverfügbarkeit sowie relativ große Abmessungen und Gewichte von Leistungs-Bauelementen und Steckverbindern für Spannungen, die 48 V (PKW- und LKW-Bereich) überschreiten.

Dies führt zu

Forderung 7.3. *Möglichst geringe Maximalwerte der Klemmenspannungen.*

Um diese Forderung einzuhalten, wird zunächst ein Sternspannungsverlauf konstruiert, der in jedem Punkt des Winkels $\varphi^{*}_{\mathrm{el}}$ einen minimalen Wert annimmt. Um dabei Forderung 7.2 nach positiven Klemmenspannungen gemäß (7.19) einzuhalten, wird zunächst eine größte untere Schranke für den Verlauf aller drei Phasenspannungen gesucht. Aus Abb. 7.12 erkennt man, dass diese untere Schranke der schwarz gestrichelte Funktionsver-

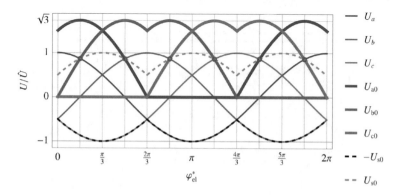

Abb. 7.12 Untere Grenze für den Verlauf der zulässigen Sternpunktspannung und resultierende Klemmenspannungsverläufe. Bei kritischen Punkten (*rote Punkte*) bedingt der Wert der Sternpunktspannung gerade den maximalen Klemmenspannungswert

lauf ist. Wählt man die Sternpunktspannung dann zum *Negativen* dieser unteren Schranke (in Abb. 7.12 grau gestrichelt), so wird (7.19) gerade noch eingehalten: Die Klemmenspannungen nehmen jeweils auf ihrem, hinsichtlich Forderung 7.2 kritischen Bereich, als Minimum Null an. Beispielsweise liegt für U_{a0} dieser kritische Bereich bei $\varphi_{\mathrm{el}}^* \in [\frac{2\pi}{3}; \frac{4\pi}{3}]$. In diesem Bereich würde jeder kleinere Wert für die Sternpunktspannung zu negativen Werten von U_{a0} führen. Somit stellt der in Abb. 7.12 dargestellte Sternpunktspannungsverlauf die untere Grenze für zulässige Sternpunktspannungsverläufe dar.

Dieser minimale Sternpunktspannungsverlauf führt zu Klemmenspannungsverläufen U_{a0}, U_{b0} und U_{c0}, wie in Abb. 7.12 dargestellt. Deren Maximum tritt mit $\sqrt{3}\,\hat{U}$ bei $\varphi_{\mathrm{el}}^* = \frac{\pi}{6} + k\frac{\pi}{3}$, $k \in \mathbb{Z}$ auf. Bei diesen Winkelwerten würde also ein größerer Wert der Sternpunktspannung zu einem größeren Maximum der Klemmenspannungen führen. Im Hinblick auf Forderung 7.3 nach möglichst geringen Maximalwerten der Klemmenspannungen, werden Punkte bei diesen Winkelwerten als *kritische Punkte* bezeichnet. Sie sind in Abb. 7.12 durch kleine rote Punkte gekennzeichnet. Jede zulässige Sternpunktspannung muss daher diese kritischen Punkte beinhalten. Bei allen anderen Winkelwerten darf die Sternpunktspannung auch, in einem beschränkten Rahmen, größere Werte annehmen, ohne dabei das Maximum $\sqrt{3}\,\hat{U}$ der Klemmenspannungen zu erhöhen und damit Forderung 7.3 zu verletzen.

Im nächsten Schritt wird dieser beschränke Rahmen quantifiziert, das heißt es wird der Frage nachgegangen, wie groß die Sternpunktspannung höchstens sein darf, ohne Maximum $\sqrt{3}\,\hat{U}$ der Klemmenspannungen erhöhen zu müssen. Hierzu wählt man einen Sternpunktspannungsverlauf gemäß Abb. 7.13. Damit nehmen die Klemmenspannungen über jeweils 1/3 ihrer Periode konstant Maximalwert $\sqrt{3}\,\hat{U}$ an. Größere Werte der Sternpunktspannung würden damit zu höheren Werten als $\sqrt{3}\,\hat{U}$ der Klemmenspannungen führen. Damit stellt der Sternpunktspannungsverlauf nach Abb. 7.13 die obere Grenze für mögliche Sternpunktspannungsverläufe dar.

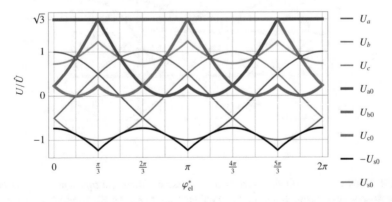

Abb. 7.13 Obere Grenze für den Verlauf der zulässigen Sternpunktspannung und resultierende Klemmenspannungsverläufe

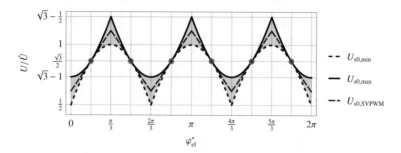

Abb. 7.14 Zulässiger Bereich für die Sternpunktspannung; untere Grenze aus Abb. 7.12, obere Grenze aus Abb. 7.13

Die in Abb. 7.12 und Abb. 7.13 dargestellten Schranken für zulässige Sternpunktspannungsverläufe ergeben zusammen den zulässigen Bereich, der in Abb. 7.14 durch eine graue Flächen markiert ist.

Eine zentrale Erkenntnis aus der Analyse obiger beider Grenzfälle ist: Für eine gegebene Phasenspannungsamplitude $\hat{U}$ beträgt die kleinste obere Schranke bzw. das Supremum der Klemmenspannungen stets $\sqrt{3}\,\hat{U}$.

Die Spannungsquelle für die Klemmenspannungen muss also mindestens diese maximale Spannung $\sqrt{3}\,\hat{U}$ zur Verfügung stellen. Im Kontext der Realisierung durch einen Umrichter (siehe weiter unten) bezeichnet man diese Spannung als *Zwischenkreisspannung* U_D. Mit einem gegebenen, konstanten U_D können also Phasenspannungsamplituden $\hat{U}$ im Rahmen von

$$\hat{U} \leq \frac{U_D}{\sqrt{3}} = \hat{U}_{\mathrm{max}} \tag{7.20}$$

erzeugt werden.

Eine typische Wahl für den Sternpunktspannungsverlauf stellt das in Abb. 7.14 dargestellte, dreieckähnliche (nicht dreieckförmige) Signal $U_{s0,\mathrm{SVPWM}}$ dar. Damit ergibt sich das unter dem Namen *SV-PWM* (**S**pace-**V**ector **P**ulse **W**idth **M**odulation, deutsch: *Raumzeiger-PWM*) bekannte *Umrichtverfahren* bzw. *Kommutierungsverfahren*, und wird abschnittsweise beschrieben durch

$$U_{s0}(\varphi_{\mathrm{el}}^*) = \frac{1}{2}\,\underbrace{\sqrt{3}\,\hat{U}_{\mathrm{max}}}_{U_D} + \frac{1}{2} \begin{cases} U_b(\varphi_{\mathrm{el}}^*): & 0 \leq \mathrm{mod}(\varphi_{\mathrm{el}}^*, 2\,\pi) < \pi/3 \\ U_a(\varphi_{\mathrm{el}}^*): & 0 \leq \mathrm{mod}(\varphi_{\mathrm{el}}^*, 2\,\pi) - \pi/3 < \pi/3 \\ U_c(\varphi_{\mathrm{el}}^*): & 0 \leq \mathrm{mod}(\varphi_{\mathrm{el}}^*, 2\,\pi) - 2\pi/3 < \pi/3 \\ U_b(\varphi_{\mathrm{el}}^*): & 0 \leq \mathrm{mod}(\varphi_{\mathrm{el}}^*, 2\,\pi) - \pi < \pi/3 \\ U_a(\varphi_{\mathrm{el}}^*): & 0 \leq \mathrm{mod}(\varphi_{\mathrm{el}}^*, 2\,\pi) - 4\pi/3 < \pi/3 \\ U_c(\varphi_{\mathrm{el}}^*): & 0 \leq \mathrm{mod}(\varphi_{\mathrm{el}}^*, 2\,\pi) - 5\pi/3 < \pi/3. \end{cases}$$

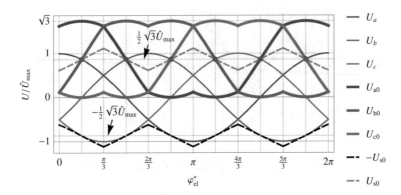

Abb. 7.15 Sternpunktspannung nach SV-PWM mit maximaler Phasenspannungsamplitude

Die Sternpunktspannung oszilliert damit um $U_D/2$. Die Klemmenspannungsverläufe bei maximaler Phasenspannungsamplitude $\hat{U} = \hat{U}_{max}$ zeigt Abb. 7.15. Analog zu Abb. 7.12 und Abb. 7.13 ist die Sternpunktspannung mit negativem Vorzeichen eingetragen. Daraus erkennt man, dass sie – wie gefordert – eine untere Schranke für die Phasenspannungen darstellt und somit negative Klemmenspannungsverläufe verhindert.

Zum Vergleich zeigt Abb. 7.16 die Klemmenspannungsverläufe bei halber Maximalamplitude $\hat{U} = \hat{U}_{max}/2$ der Phasenspannungen. Man erkennt, dass die Sternpunktspannung sowie die Klemmenspannungen stets um $U_D/2 = \sqrt{3}/2\,\hat{U}_{max}$ oszillieren. Im Grenzfall $\hat{U} = 0$ betragen damit die Klemmenspannungen nicht etwa Null, sondern vielmehr $U_D/2$.

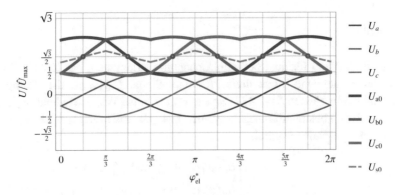

Abb. 7.16 Sternpunktspannung nach SV-PWM mit der Hälfte der maximalen Phasenspannungsamplitude

7.3.2 Umrichtverfahren

Im vorangegangenen Abschnitt wurden Klemmenspannungsverläufe mit Wertebereich $[0V; U_D = \sqrt{3}\,\hat{U}_{max}]$ konstruiert, die zum benötigten Drehspannungssystem (7.16) der Phasen führen. Eine Spannungsquelle, die die konstruierten Klemmenspannungsverläufe direkt liefern würde, gibt es jedoch nicht. Vielmehr steht in der Regel nur eine Gleichspannungsquelle mit Zwischenkreisspannung U_D zur Verfügung. Durch die Technik der Pulsweiten-Modulation kann man in guter Näherung dieses Problem lösen. Abschn. 7.3.2.1 führt das dabei zugrunde liegende Prinzip an einer einfachen einsträngigen Ohmsch-Induktiven Last vor. Die Erweiterung auf die in einer permanenterregten Synchronmaschine anzutreffenden dreiphasigen Last erfolgt in Abschn. 7.3.2.2. Dabei wird das heute De-facto-Standard-Umrichtverfahren SV-PWM näher behandelt. Ein deutlich einfacheres und weniger leistungsfähiges Umrichtverfahren stellt die Block-Kommutierung dar. Es besitzt in der Robotik so gut wie keine praktische Anwendung, wird aber oft von Herstellern als Referenz zur Angabe von Motorparametern herangezogen. Betreibt man den Motor anstelle von Block-Kommutierung mit SV-PWM, so müssen die Motorparameter umgerechnet werden. Aus diesem Grund widmet sich Abschn. 7.3.2.3 der Block-Kommutierung.

7.3.2.1 Prinzip der Pulsweiten-Modulation am Beispiel einer einsträngigen Ohmsch-Induktiven Last

An dieser Stelle wird noch einmal vergegenwärtigt, dass das eigentliche Ziel der Klemmenspannungsverläufe in der Erzeugung eines Drehstromsystems (7.3) für die Phasen liegt. Das prinzipielle Vorgehen soll anhand des einfachen RL-Glieds erläutert werden:

Da nur eine Gleichspannungsquelle zur Verfügung steht, schaltet man die Versorgungsspannung U_D nach einem bestimmten Schema während einer konstanten Periodendauer T_{PWM} ein/aus, mit zugehörigen Zeitdauern Δt_{an} und Δt_{aus}. Zur Namensgebung des Index PWM siehe weiter unten. Das Spannungssignal wird über viele Perioden auf diese Weise mit Hilfe einer Schaltfunktion $s(t)$ geschaltet. Aufgrund der elektrischen Trägheit der RL-Glieder in den Phasen kann der Phasenstrom dem sprunghaften Spannungsverlauf nicht folgen. Es stellt sich ein geglätteter Stromverlauf ein, der um den Mittelwert herum oszilliert. Die Abweichungen vom Mittelwert sind dabei umso niedriger, je kürzer die Periodendauer und je träger das RL-Glied ist.

Das geschaltete Spannungssignal soll durch

$$U(t) = s(t)\,U_D$$

gegeben sein. Dabei kann Schaltfunktion $s(t)$ nach sehr unterschiedlichen Konzepten erzeugt werden, siehe [6]. Zum prinzipiellen Verständnis wird hier die wohl einfachste

Ausführung der Schaltfunktion betrachtet: Sie schaltet zu Beginn des Schaltzyklus ein und nach Zeitspanne bzw. *Anschaltdauer* Δt_{an} wieder aus. So ergibt sich

$$
s(t) = \begin{cases} 1 & \text{für: } 0 \leq \mathrm{mod}(t, T_{PWM}) < t_{an} \\ 0 & \text{für: } t_{an} \leq \mathrm{mod}(t, T_{PWM}) < T_{PWM} . \end{cases}
$$

Das Verhältnis zwischen Anzeitdauer und Zykluszeit bzw. Periodendauer T_{PWM} bezeichnet man als *Tastverhältnis* $v = {}^{\Delta t_{an}}/T_{PWM}$. Der Mittelwert des PWM-Spannungssignals $s(t)\,U_D$ über eine volle Zykluszeit beträgt damit

$$
\frac{1}{T_{PWM}} \int\limits_{0}^{T_{PWM}} s(t)\,U_D\,\mathrm{dt} = \frac{1}{T_{PWM}} \left(\int\limits_{0}^{T_{an}} U_D\,\mathrm{dt} + \int\limits_{\Delta t_{an}}^{T_{PWM}} 0\,\mathrm{dt} \right) = U_D\,\frac{\Delta t_{an}}{T_{PWM}} = v\,U_D . \quad (7.21)
$$

Der Wert des Tastverhältnisses v stimmt also mit dem zeitlichen Mittelwert des geschalteten Signals $s(t)\,U_D$ überein. Ein analoger Spannungswert kann somit durch ein Tastverhältnis dargestellt werden. Das Umkodieren eines Signals auf eine andere physikalische Signalform (hier Spannung $\Longleftrightarrow$ Tastverhältnis bzw. Zeit) bezeichnet man in der Nachrichtentechnik als *Modulation*. Die dabei entscheidende Größe t_{an} ist die *Pulsweite* des Schaltsignals, so dass man von **Pulsweiten-Modulation**, kurz **PWM** spricht.

In der Regel soll ein gegebenes zeitkontinuierliches Signal durch Pulsweiten-Modulation erzeugt werden. Aus diesem Grund bezeichnet man das dem PWM-Signal zugrunde liegende zeitkontinuierliche Signal als *Mittelwertsignal*.

Aus (7.21) folgt: Das Mittelwertsignal kann aus einem pulsweitenmodulierten Signal durch ausreichend lange zeitliche Integration rekonstruiert werden. Beaufschlagt man also ein dynamisches System mit integrativem Charakter mit einem pulsweitenmodulierten Spannungssignal, so rekonstruiert das System das zugrunde liegende Mittelwert-Spannungssignal quasi selbständig. Typische dynamische Systeme mit integrativem Charakter sind Tiefpass-Systeme, wie die in den Motorphasen enthaltenen RL-Glieder.
Abb. 7.17 zeigt den Schaltplan eines RL-Glieds zur Demonstration dieses Sachverhalts. Dabei ist eine *Freilaufdiode* parallel zum RL-Glied notwendig, da der Strom aufgrund der elektrischen Trägheit auch bei geöffnetem Schalter weiterfließen können muss.
Werden alle Bauelemente aus Abb. 7.17 als ideal angenommen, so folgt als dynamisches Modell

$$
\dot{I}_{PWM}(t) + \frac{I_{PWM}(t)}{\tau_{RL}} = \frac{s(t)\,U_D}{L}
$$

mit *elektrischer Zeitkonstante* $\tau_{RL} = {}^L/_R$. Dafür gilt: Je größer τ_{RL}, desto größer die *elektrische Trägheit*. Die Pulsweite von $s(t)$ sei wieder durch Tastverhältnis v bestimmt.

Abb. 7.17 PWM-Prinzip am
Beispiel eines idealisierten RL-
Tiefpasses

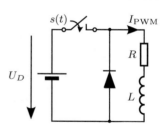

Das dem PWM-Signal zugrunde liegende kontinuierliche Signal beträgt damit $\nu\,U_D$. Beaufschlagt man damit den RL-Tiefpass, so ergibt sich

$$\dot{I}(t) + \frac{I(t)}{\tau_{\text{RL}}} = \frac{\nu\,U_D}{L}\,.$$

Man erkennt, dass sich der Tiefpass für großes τ_{RL} einem Integrator annähert. (Daher spricht man vom integrativen Charakter des Tiefpasses.) Um den Einfluss von elektrischer Trägheit und PWM-Zykluszeit auf das Stromsignal zu erläutern, wird das RL-Glied jeweils mit dem pulsweitenmodulierten Spannungssignal $s(t)\,U_D$ und dem konstanten Spannungs-Mittelwertsignal $\nu\,U_D$ simuliert. Abb. 7.18 zeigt die beiden Stromverläufe jeweils für drei unterschiedliche Parametrierungen. In allen drei Fällen gilt $\nu = 0.7$, $U_D = 1\,\text{V}$ und $R = 1\,\Omega$. Stromsignal $I_{\text{PWM}}(t)$ mit pulsweitenmoduliertem Spannungssignal ist schwarz dargestellt, Stromsignal $I(t)$ des zugrunde liegenden Spannungs-Mittelwertsignals grau. Beide Signalverläufe sind auf $I_\infty = {}^{U_D}\!/R$ normiert.

Bei den oberen beiden Fällen liegt dieselbe Zykluszeit $T_{\text{PWM}} = 7\,\text{s}$ vor. Sie unterscheiden sich in der elektrischen Trägheit. Im oberen Fall ist diese mit $\tau_{\text{RL}} = 8\,\text{s}$ deutlich träger als im mittleren Fall mit $\tau_{\text{RL}} = 3\,\text{s}$. Dies führt dazu, dass im oberen Fall das Stromsignal $I_{\text{PWM}}(t)$ nicht so schnell dem Spannungssignal folgen kann wie im unteren Fall. Eine größere elektrische Trägheit führt also zu einer besseren Annäherung von $I_{\text{PWM}}(t)$ an den idealen Verlauf $I(t)$.

Die Wirkung unterschiedlich langer PWM-Zykluszeiten T_{PWM} geht aus einem Vergleich des mittleren Falls mit dem unteren Fall hervor: Beide Fälle besitzen gleiche elektrische Trägheit, aber unterschiedliche PWM-Zykluszeiten. Diese ist im oberen Fall mit $T_{\text{PWM}} = 7\,\text{s}$ deutlich größer als im unteren Fall mit $T_{\text{PWM}} = 2\,\text{s}$. Man erkennt, dass eine größere PWM-Zykluszeit zu größeren Abweichungen zwischen $I_{\text{PWM}}(t)$ und dem idealen Verlauf $I(t)$ führt.

Fazit: Je kleiner die PWM-Zykluszeit und je größer die elektrische Trägheit, desto besser nähert sich $I_{\text{PWM}}(t)$ dem idealen Verlauf $I(t)$ an.

7.3.2.2 Anwendung der Pulsweiten-Modulation auf dreiphasige Lasten
Permanenterregte Synchronmaschinen werden in der Regel durch pulsweitenmodulierte Spannungen gespeist. Die kontinuierlichen Klemmenspannungsverläufe des vorangegan-

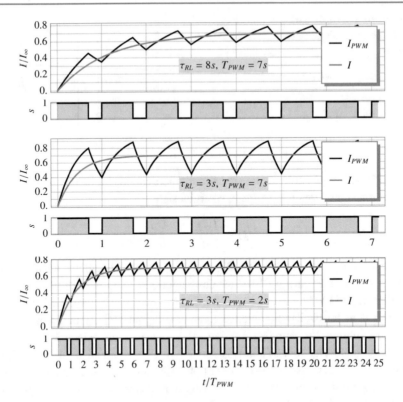

Abb. 7.18 Stromsimulationen des RL-Glieds aus Abb. 7.17 mit unterschiedlichen elektrischen Trägheiten und PWM-Zykluszeiten. Zusätzlich zu den Stromverläufen mit geschalteter Spannung (*schwarz*) sind auch die jeweils zugehörigen Stromverläufe bei konstanter Spannung (*grau*) eingetragen

genen Abschnitts stellen hierfür die Mittelwertsignale dar, so dass die Tastverhältnisse durch

$$v_m(\varphi_{el}^*) = \frac{U_{m0}(\varphi_{el}^*)}{U_D}, \quad m \in \{a, b, c\} \tag{7.22}$$

gegeben sind. Nach Annahme 7.3 werden nur konstante Drehgeschwindigkeiten betrachtet. Wegen $t = \varphi_{el}^*/\omega_{el}$ werden im Folgenden die Verlaufsgrößen nicht mehr in Abhängigkeit von φ_{el}^*, sondern von t betrachtet. Zu den Startzeitpunkten $t_k = k\,T_{PWM}$, $k \in \{0, 1, 2, \cdots\}$ des Zeitintervalls jedes PWM-Zyklus wird nach (7.22) Tastverhältnis $v_m(t_k)$ bestimmt. So ergibt sich für den jeweils aktuellen PWM-Zyklus der betrachteten Phase m die An- und Ausschaltdauer und damit der zeitliche Verlauf von Schaltfunktion $s_m(t)$. Bei SV-PWM ist zu beachten, dass sich der eingeschaltete Zeitraum nicht zu Beginn des PWM-Zyklus befindet, sondern symmetrisch zur Mitte des Zeitraums. Dadurch muss während eines PWM-Zyklus, immer nur ein einziges Schalterpaar geschaltet werden, siehe zum Beispiel [17, Abschn. 5.2], [19, Fig. 5], [6, Abschn. 6.1].

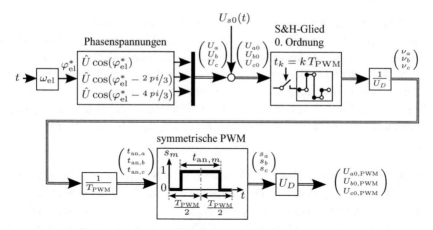

Signalflussplan 7.3 Erzeugung symmetrischer Schaltfunktionen s_m sowie pulsweitenmodulierter Klemmenspannungen $U_{m0,\mathrm{PWM}}$ aus Mittelwertverläufen der Phasenspannungen U_m, $m \in \{a, b, c\}$

Zur besseren Übersicht werden in Signalflussplan 7.3 die oben beschriebenen Schritte zur Erzeugung der Schaltfunktionen sowie der pulsweitenmodulierten Klemmenspannungen grafisch dargestellt.

Beispiel 7.2. Als Beispiel für einen Klemmenspannungsverlauf nach SV-PWM ist in Abb. 7.19 die pulsweitenmodulierte Klemmenspannung $U_{a0,\mathrm{PWM}}$ dargestellt. Als Phasenspannungsamplitude wurde dabei

$$\hat{U} = 0.7\,\hat{U}_{\max} \overset{(7.20)}{=} 0.7\,\frac{U_D}{\sqrt{3}} \approx 0.7 \cdot 0.5774\,U_D \approx 0.4041\,U_D \tag{7.23}$$

gewählt. Die elektrische Periodendauer T_{el} gemäß (7.5) beträgt in diesem Beispiel gerade 24 mal die PWM-Zykluszeit T_{PWM}. Der Mittelwertverlauf ist gestrichelt eingetragen. Analog dazu werden auch für Phase b und c pulsweitenmodulierte Klemmenspannungen $U_{b0,\mathrm{PWM}}$, $U_{c0,\mathrm{PWM}}$ erzeugt.   ◁

Um die Auswirkungen der Pulsweiten-Modulation der Klemmenspannungen besser zu verstehen, zerlegt man den Zeitverlauf mittels Fourier-Reihe in seine spektralen Anteile

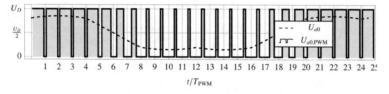

Abb. 7.19 Klemmenspannungsverlauf von Phase a für $\hat{U}/\hat{U}_{\max} = 0.7$ und $T_{\mathrm{el}}/T_{\mathrm{PWM}} = 24$

(sogenannte *spektrale Zerlegung*). Diese besteht aus einer Summe sinusförmiger Einzelschwingungen. Als *Grundschwingung* (synonym zu *Grundwelle*) definiert man dabei die Schwingung mit der elektrischen Periodendauer T_{el} gemäß (7.5). Die *Grundfrequenz* (Englisch: *fundamental frequency*) ist demnach durch die elektrische Frequenz f_{el} gegeben. Alle höheren Frequenzen werden als *Harmonische* (synonym zu *Oberwellen*) bezeichnet. Bei der Ermittlung des Fourier-Koeffizientenindex der Grundschwingung sind in Abhängigkeit der beiden Periodendauern T_{el} und T_{PWM} folgende drei Fälle zu unterscheiden:

1. Mindestens eine der beiden Periodendauern ist eine irrationale Zahl. Dann ist das PWM-Signal keine periodische Funktion und daher das Spektrum kontinuierlich. Eine Grundfrequenz ist nicht definiert, so dass dieser Fall hier nicht betrachtet wird.
2. Beide Periodendauern sind rational und PWM-Zykluszeit T_{PWM} ist ein ganzzahliges Vielfaches $n_{PWM} \in \mathbb{N}$ der elektrischen Periodendauer T_{el}, das heißt

$$T_{el} = n_{PWM} \, T_{PWM} \, .$$

In diesem Fall ist die Periodendauer T des PWM-Signals durch die elektrische Periodendauer T_{el} gegeben. Ein Beispiel dafür zeigt Abb. 7.19 mit $n_{PWM} = 24$. Damit ergibt sich als niedrigste Frequenz des Spektrums

$$f_1 = \frac{1}{T} = \frac{1}{T_{el}} = \frac{1}{n_{PWM} \, T_{PWM}} \, .$$

Demnach befindet sich im reellen Spektrum die Grundfrequenz bei Fourier-Koeffizientenindex 1.

3. Beide Periodendauern sind rational und die PWM-Zykluszeit T_{PWM} ist kein ganzzahliges Vielfaches der elektrischen Periodendauer T_{el}. Dann existieren stets zwei teilerfremde ganze Zahlen $n_{el}, n_{PWM} \in \mathbb{N}$ so, dass

$$n_{el} \, T_{el} = n_{PWM} \, T_{PWM} \, .$$

Damit ergibt sich die Periodendauer des PWM-Signals zu

$$T = n_{el} \, T_{el} \, .$$

In diesem Fall beträgt also die niedrigste Frequenz im Spektrum

$$f_1 = \frac{1}{T} = \frac{1}{n_{el} \, T_{el}} \, .$$

Für die Grundfrequenz gilt demnach Zusammenhang

$$f_{el} = \frac{1}{T_{el}} = n_{el} \, f_1 \, ,$$

das heißt sie findet sich im reellen Spektrum bei Fourier-Koeffizientenindex n_{el} (und nicht bei 1 wie in obigem Fall 2). Unterhalb der Grundfrequenz treten also noch $n_{\text{el}} - 1$ viele weitere Frequenzen $\frac{1}{n_{\text{el}} T_{\text{el}}}, \frac{2}{n_{\text{el}} T_{\text{el}}}, \cdots, \frac{n_{\text{el}}-1}{n_{\text{el}} T_{\text{el}}}$ auf. Sie werden als *Subharmonische* bezeichnet, siehe [6] für eine ausführliche Abhandlung der spektralen Analyse unterschiedlichster pulsweitenmodulierter Signale.

Anmerkung 7.7. In der Praxis variiert immer die Drehgeschwindigkeit eines Motors. Selbst bei Geschwindigkeitsregelung treten zumindest kleinste Variationen auf. Da zwischen zwei endlichen Zahlen stets unendlich viele rationale und irrationale Zahlen existieren, liegt – bezogen auf die Zeit – ein ständiger sprunghafter Wechsel zwischen den oben dargestellten drei Fällen vor. Zur vereinfachten Analyse betrachtet man in der Regel aber nur Fall 2 oder 3 und nimmt dabei eine konstante Drehgeschwindigkeit an. ☐

Anmerkung 7.8. zu Auswirkungen von Oberwellen und Subharmonischen im Spannungssignal:

Nur die Grundwelle des Spannungssignals kann zum Antrieb des Motors genutzt werden. Oberwellen und Subharmonische im Spannungssignal führen ebenfalls zu Oberwellen und Subharmonischen im Stromsignal. Sie können in der Statorwicklung hohe Kupfer-Verlustleistungen erzeugen. Sie führen nur dann zu einem Drehmoment, wenn im Magnetfeld des Rotors (das heißt auch in der EMK, genauer gesagt in der Läuferfeldkurve) Oberwellen bzw. Subharmonische *derselben* Frequenz enthalten sind, siehe [4, Abschn. 6.1.4 „Feldkurve"]. Diese Drehmomente verlaufen zwar *synchron* zur Grundwelle, weisen jedoch eine höher Frequenz auf. Daher treten Sie als *pulsierende Störmomente* (synonym zu *Pendelmomente, Momentenripple, Pulsationsmomente*) in Erscheinung und führen so, neben den Ohmschen Verlusten in der Statorwicklung durch Oberwellen und Subharmonische des Stroms, auch zu mechanischer Verlustwirkleistung. Außerdem können Pendelmomente Geräusche erzeugen und die Mechanik der Antriebsachse zur Resonanz anregen. Bei der Erzeugung von PWM-Spannungssignalen liegt daher ein Hauptaugenmerk auf einem geringen Signalleistungsanteil der Harmonischen und Subharmonischen.

Bei permanenterregten Synchronmaschinen mit Einzelzahnwicklung (meist bei Direktantrieben) ist die EMK in guter Näherung sinusförmig, so dass praktisch keine Harmonischen oder Subharmonischen enthalten sind. In diesem Fall werden durch Oberwellen oder Subharmonische des Spannungssignals nahezu keine Pendelmomente erzeugt. Bei einem Großteil der in Manipulatorgelenken verbauten Maschinen ist jedoch der Rotor mit Oberflächenmagneten realisiert, so dass die EMK nicht ideal sinusförmig, sondern eher trapezförmig ausfällt.

Daneben können Pendelmomente auch unabhängig vom Spannungssignal durch sogenannte Rastmomente entstehen. Diese hängen von der Nut-Zahngeometrie ab. ☐

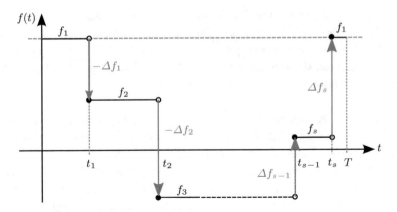

Abb. 7.20 Definition der Sprungstellen beim Sprungstellenverfahren für eine stückweise konstante, T-periodische Funktion

Sprungstellenverfahren Die Fourier-Koeffizienten von PWM-Signalen lassen sich mit dem *Sprungstellenverfahren* effektiv berechnen: Da das Spannungssignal aus stückweise konstanten Funktionsverläufen besteht, bietet sich zur Berechnung der Fourierreihe das *Sprungstellenverfahren* an, siehe auch [3] oder [10, Abschn. 11.2, S. 313, Aufgabe 10].

Sei f eine T-periodische und auf endlich ausgedehnten Zeitintervallen stückweise konstante Funktion. Innerhalb einer Periode seien s viele Signalsprünge $\Delta f_l = f(t_l + 0) - f(t_l - 0)$, $1 \le l \le s$ zu Signalsprung-Zeitpunkten t_l vorhanden, siehe Abb. 7.20. Dann ergibt sich mit Kreisfrequenz $\omega = {}^{2\pi}/T$ die Fourier-Reihe S_f zu f in reeller Darstellung durch

$$S_f(t) = \frac{a_0}{2} + \sum_{k=1}^{\infty} a_k \, \cos(k\,\omega\,t) + \sum_{k=1}^{\infty} b_k \, \sin(k\,\omega\,t)$$

mit Fourierkoeffizienten

$$a_0 = \frac{2}{T} \int_0^T f(t)\,\mathrm{dt}$$

$$a_k = -\frac{1}{k\,\pi} \sum_{l=1}^{s} \Delta f_l \, \sin(k\,\omega\,t_l), \quad k \ge 1 \tag{7.24}$$

$$b_k = \frac{1}{k\,\pi} \sum_{l=1}^{s} \Delta f_l \, \cos(k\,\omega\,t_l), \quad k \ge 1\,.$$

Der Vorteil dieser Berechnungsmethode liegt auf der Hand: Statt das Fourier-Integral lösen zu müssen, ist nur noch eine einfache Summe zu bilden.

Hinweis: f_1 bezeichnet in Abb. 7.20 den Funktionswert des periodischen Signals $f(t)$ während des ersten Zeitintervalls. Dies ist nicht zu verwechseln mit Frequenz f_1 aus obigen Erläuterungen zur Ermittlung des Fourier-Koeffizientenindex der Grundschwingung.

Herleitung von (7.24): Da f stückweise konstant ist, vereinfacht sich das allgemeine Fourier-Integral gemäß

$$a_k = \frac{2}{T} \int_0^T f(t)\, \cos(k\,\omega\,t)\, dt$$

$$= \frac{2}{T} \left(f_1 \int_0^{t_1} \cos(k\,\omega\,t)\, dt + f_2 \int_{t_1}^{t_2} \cos(k\,\omega\,t)\, dt + \cdots + f_s \int_{t_s}^T \cos(k\,\omega\,t)\, dt \right)$$

$$= \frac{2}{k\,\omega\,T} \Big(f_1 \sin(k\,\omega\,t_1) - f_1 \underbrace{\sin(k\,\omega\,0)}_{0} + f_2 \sin(k\,\omega\,t_2) - f_2 \sin(k\,\omega\,t_1) + \cdots$$

$$\cdots + f_s \underbrace{\sin(k\,\omega\,T)}_{0} - f_s \sin(k\,\omega\,t_s) \Big).$$

Mit Vorfaktor $\frac{2}{k\,\omega\,T} = \frac{1}{k\,\pi}$ und Umsortieren nach gleichen Frequenzen ergibt sich daraus

$$a_k = \frac{1}{k\,\pi} \Big(-(f_2 - f_1)\sin(k\,\omega\,t_1) - (f_3 - f_2)\sin(k\,\omega\,t_2) - (f_s - f_{s-1})\sin(k\,\omega\,t_s) \Big).$$

Setzt man obige Definition der Funktionssprünge Δf_l ein, so folgt schließlich

$$a_k = -\frac{1}{k\,\pi} \Big(\Delta f_1 \sin(k\,\omega\,t_1) + \Delta f_2 \sin(k\,\omega\,t_2) + \cdots + \Delta f_s \sin(k\,\omega\,t_s) \Big)$$

und damit die Berechnungsvorschrift für a_k nach (7.24). Das erste Glied a_0 kann nicht mit dieser Regel berechnet werden. Hierfür muss die Integration ausgeführt werden. Die Herleitung von b_k erfolgt analog zu a_k. ∎

Phasenstrom-Simulation   Eine typische Analysemethode eines linearen zeitinvarianten Systems (wie hier bei den Phasen angenommen), das mit einem nichtsinusförmigen, periodischen Signal beaufschlagt wird, basiert auf der Fourierreihen-Darstellung des Signals: Dabei wird das nichtsinusförmige, periodische Signal in seine spektralen Anteile zerlegt. Für jede darin enthaltene Frequenz (Oberwellen, Grundwelle und Subharmonische) wird mit dem vorliegenden Modell das Ausgangssignal separat berechnet bzw. simuliert. Wegen der Linearitätseigenschaft können dann diese einzelnen Ausgangssignale mittels Superpositionsprinzip zu einem Gesamt-Ausgangssignal zusammengefügt werden. Dieses weit verbreitete Vorgehen ist zur simulationsbasierten Berechnung der Phasenströme aus folgenden Gründen nicht direkt anwendbar (siehe auch [15, Abschn. 16.6.3]):

Das komplexe Zeitzeigermodell für die elektrischen Verhältnisse der Phasen aus Abschn. 7.2.4 setzt im Wesentlichen zwei Annahmen voraus:

1. EMK-Spannung (Annahme 7.5) und Phasenströme besitzen nur einen Grundwellenanteil, setzen sich also aus einem rein sinusförmigen Signal mit Grundfrequenz ω_{el} zusammen.
2. Zwischenwinkel δ (zwischen Statorfeld und Polachse) liegt konstant bei $90°$ (Annahme 7.1).

Durch die PWM-basierte Erzeugung des Drehspannungssystems ist das Drehstromsystem mit Oberwellen und Subharmonischen überlagert. Diese sind zwar sinusförmig, treten jedoch nicht bei der Grundfrequenz auf. Außerdem ist eine Steuerung des Zwischenwinkels auf $90°$ (durch den Motorcontroller) nur für eine einzige Frequenz, und damit die Grundfrequenz, möglich. Beide Annahmen sind also verletzt. Damit kann für die Harmonischen und Subharmonischen nicht mehr das oben dargestellte komplexe Zeitzeigermodell der Phasen verwendet werden. Vielmehr ist ein vergleichsweise aufwendiges Modell erforderlich, welches neben dem q-Stromanteil auch einen d-Stromanteil berücksichtigt, siehe zum Beispiel [15, Abschn. 16.6, Gl. (16.304)].

Zur Veranschaulichung der Auswirkung der Pulsweiten-Modulation auf das Verhalten des Phasenstroms wird im folgenden Beispiel vereinfachend für alle Frequenzen das komplexe Zeitzeigermodell der Phasen aus Abschn. 7.2.4 verwendet. Dies entspricht einer permanenterregten Synchronmaschine ohne Rotor:

Beispiel 7.3. Fortsetzung von Beispiel 7.2: Bei dem in Abb. 7.19 dargestellten Fall ist die pulsweitenmodulierte Phasenspannung $U_{a,\mathrm{PWM}}$ ein gerades, mittelwertfreies Signal, so dass alle b_k-Koeffizienten der Fourier-Reihe von $U_{a,\mathrm{PWM}}$ verschwinden. Wegen $n_{\mathrm{PWM}} = 24$ liegt für die Grundfrequenz Zusammenhang $f_{\mathrm{el}} = 1/(24\,T_{\mathrm{PWM}})$ vor. Damit kommt sie im reellen Spektrum bei Index 1 zu liegen, das heißt $\hat{U}_{a,g} = \sqrt{a_1{}^2 + b_1{}^2} = |a_1|$ (Index g steht dabei für Grundwelle). In Phase a treten dabei folgende Spannungssprünge auf:

l	1	2	3	4	5	6	7	8	9	
$\Delta U_{a,l}/U_D$	2/3	−2/3	2/3	−1/3	−1/3	1/3	1/3	−2/3	2/3	
$\varphi^*_{\mathrm{el},l}/(2\pi)$	0.004102	0.01673	0.02421	0.03452	0.03829	0.04504	0.04881	0.05913	0.06563	...
	10	11	12	13	14	15	16	17	18	
	−1/3	−1/3	1/3	1/3	−2/3	2/3	−1/3	−1/3	1/3	
	0.07292	0.08021	0.08646	0.09375	0.1010	0.1075	0.1113	0.1216	0.1284	...
	19	20	21	22	23	24	25	26	27	
	1/3	−2/3	1/3	−1/3	1/3	−1/3	−1/3	2/3	−1/3	
	0.1387	0.1425	0.1499	0.1626	0.1708	0.1834	0.1909	0.1946	0.2050	...
	28	29	30	31	32	33	34	35	36	
	1/3	−2/3	1/3	−1/3	2/3	−1/3	1/3	−2/3	1/3	
	0.2117	0.2220	0.2258	0.2323	0.2396	0.2469	0.2531	0.2604	0.2677	...
	37	38	39	40	41	42	43	44	45	
	−1/3	2/3	−1/3	1/3	−2/3	1/3	−1/3	1/3	−1/3	
	0.2742	0.2845	0.2883	0.2950	0.2988	0.3091	0.3166	0.3292	0.3374	...
	46	47	48	49	50	51	52	53	54	
	1/3	−1/3	−1/3	2/3	−2/3	1/3	1/3	−1/3	−1/3	
	0.3501	0.3575	0.3679	0.3716	0.3784	0.3821	0.3925	0.3990	0.4062	...
	55	56	57	58	59	60	61	62	63	
	2/3	−2/3	1/3	1/3	−1/3	−1/3	2/3	−2/3	1/3	
	0.4135	0.4198	0.4271	0.4344	0.4409	0.4446	0.4550	0.4617	0.4720	...
	64	65	66							
	1/3	−2/3	2/3							
	0.4758	0.4833	0.4959							

Aus (7.24) folgt damit für $k = 1$ und Anzahl $s = 132$ an Signalsprüngen für den ersten Fourier-Koeffizienten:

$$a_1 = -\frac{2}{\pi} \sum_{l=1}^{132/2} \Delta U_{a,l} \, \sin(\varphi_{\text{el},l}^*) \approx 0.4032 \, U_D$$

Dabei wurde die Symmetrie des Spannungssignals bezüglich der halben Periodendauer ausgenutzt, um die Summe nur über die erste Hälfte der Signalsprünge bilden zu müssen. Vergleicht man die so durch SV-PWM erzeugte Grundwellenamplitude $\hat{U}_{a,g} = a_1$ mit der angestrebten Amplitude $\hat{U}$ aus (7.23), so ergibt sich die sehr geringe relative Abweichung

$$\frac{\hat{U} - \hat{U}_{a,g}}{\hat{U}} = \frac{0.4041 - 0.4032}{0.4041} \approx 0.223 \, \% \, .$$

Die zugehörige Grundschwingung der Phasenspannung ist in beiden Teilplots von Abb. 7.21 schwarz gestrichelt eingetragen.

Dem unteren Teilplot von Abb. 7.21 liegt $R_1 = 0.786313 \, \Omega$, $L_1 = 0.504873 \, \text{mH}$, $Z_p = 2$, $\omega_{\text{el}} = 2181.66 \, \text{rad/s}$, $k_i = 0$ zugrunde. Damit ergibt sich nach (7.11) für den Phasenstrom eine Grundwellenamplitude von $\hat{I}_{a,g} \approx 10.1655 \, \text{A}$ mit einer Phasenverschiebung (gegenüber der Phasenspannung) von $\phi_{a,g} \approx -54.48\,°$. Letztere entspricht einer Zeitverschiebung von $-54.48\,°/360° \cdot n_{\text{PWM}} \approx 3.6 \, T_{\text{PWM}}$.

Die Grundschwingung des Phasenstroms ist im unteren Teilplot von Abb. 7.21 rot, fett, gestrichelt eingetragen. Der Phasenstromverlauf $I_a(t)$ ist rot durchgezogen gekennzeichnet. Er wurde durch Zeitintegration der (vereinfachten) Phasen-Differenzialgleichung

$$\dot{I}_a + \frac{I_a}{\tau_{\text{RL}}} = \frac{1}{L_1} U_{a,\text{PWM}}$$

berechnet. Dabei wurde der Anfangswert $I_{a0} = 0.580716 \cdot \hat{I}_{a,g}$ so berechnet, dass mit $I_a(0) = I_a(24 \, T_{\text{PWM}})$ der eingeschwungene Fall vorliegt. Man erkennt, dass Stromverlauf $I_a(t)$ nur geringfügig von seiner Grundwelle abweicht, die Harmonischen also einen geringen Einfluss ausüben.

Zum Vergleich wurde dieselbe Simulation auch für einen Motor mit 10-fach reduzierter elektrischer Trägheit durchgeführt, siehe Abb. 7.21 oberer Teilplot. Hierfür wurde der Wert von L_1 auf $^1/_{10}$ seines ursprünglichen Werts reduziert. Dies führt auf $\hat{I}_{a,g} \approx 17.3268 \, \text{A}$ und $\phi_{a,g} = -7.97407\,°$ bzw. Zeitverschiebung $-7.97407\,°/360° \cdot n_{\text{PWM}} \approx -0.53 \, T_{\text{PWM}}$. Für die Zeitsimulation berechnet sich der für den eingeschwungenen Fall notwendige Anfangswert zu $I_{a0} = 0.975165 \cdot \hat{I}_{a,g}$. In diesem Fall ist der Einfluss der Harmonischen deutlich größer, als im zuerst besprochenen Fall des elektrisch trägeren Motors.   ◁

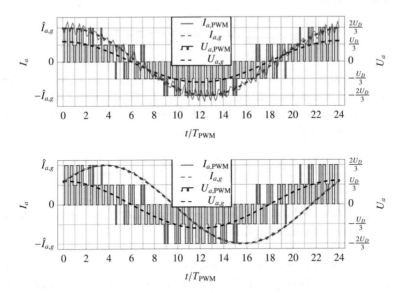

Abb. 7.21 Phasenstrom- und Phasenspannungsverläufe für Klemmenverläufe nach Abb. 7.19 für den vereinfachten Fall eines Motors ohne Rotor. *Oben*: elektrisch agiler Motor mit $\tau_{RL}/T_{el} \approx 0.022$, *unten*: elektrisch träger Motor mit $\tau_{RL}/T_{el} \approx 0.22$

Schaltungstechnische Realisierung Da es sich bei den Phasen einer permanenterregten Synchronmaschine um eine über den Sternpunkt zusammenhängende, dreiphasige Strecke handelt, kann die schaltungstechnische Realisierung des PWM-Klemmenspannungssignals nicht wie bei der einphasigen Last aus Abb. 7.17 erfolgen. Während in diesem Beispiel ein einzelner Schalter ausreicht, ist bei einer dreiphasigen Last für jede Phase eine Vollbrücke, bestehend aus zwei Schaltern wie in Abb. 7.22 dargestellt, notwendig. Dabei besitzt der jeweils untere Schalter stets den inversen logischen Zustand zum darüber liegenden Schalter. Schaltfunktionen $s_m(t)$ ergeben sich aus Signalflussplan 7.3. Kondensator C im Zwischenkreis ist zur Speisung der in den Phasen auftretenden Blindleistung notwendig (sogenannte *Blindleistungskompensation*), siehe auch (7.12c).

Der Umrichter wird von einem Zwischenkreis mit einer Gleichspannungsquelle gespeist. Es wird von einer idealen Spannungsquelle ausgegangen, so dass Zwischenkreisspannung U_D unabhängig vom Zwischenkreisstrom I_D ist. Dies führt zu

Annahme 7.6. *Der Zwischenkreis bestehe aus einer idealen Spannungsquelle, das heißt der Innenwiderstand der Spannungsquelle sei vernachlässigbar.*

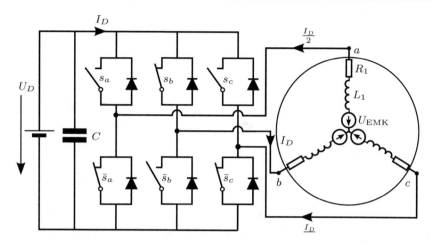

Abb. 7.22 Schema einer permanenterregten Synchronmaschine im Ankerstellbereich mit Umrichter und Zwischenkreis

7.3.2.3 Block-Kommutierung

In den vorangegangenen Abschnitten wurde die pulsweitenmodulierte Klemmenspannung aus zeitkontinuierlichen Klemmenspannungsverläufen erzeugt. Diese ergaben sich aus einer Überlagerung der gewünschten Phasenspannung mit einer Sternpunktspannung, siehe auch Signalflussplan 7.3.

Eine dazu alternative Modellbildung erlangt man mit Hilfe des Raumzeigerkonzepts. In Abschn. 7.2 wurde ein Raumzeiger für den Phasenstrom entwickelt, siehe auch Abb. 7.7. Analog dazu kann man einen Spannungsraumzeiger U als Vektorsumme dreier Phasenspannungs-Raumzeiger U_a, U_b, U_c definieren. Die Orientierung von Phasenspannungs- und Phasenstrom-Raumzeigern stimmt dabei überein.

Mit Schalterstellungen $(s_a, s_b, s_c) = (0, 1, 0)$ nach Abb. 7.22 fließt I_D in Strang b und jeweils $I_D/2$ in den anderen beiden Strängen a und c. Die zugehörigen Phasenspannungs-Raumzeiger sind in Abb. 7.23 abgebildet, wobei U_a und U_c nur halb so lang sind wie U_b. Die Summe der drei Raumzeiger liefert

$$U = -\frac{U_a + U_c}{2} + U_b \,,$$

siehe grüner, fetter Pfeil in Abb. 7.23. Durch sechs mögliche unterschiedliche Schalterstellungen $(0, 0, 1), (0, 1, 0), (0, 1, 1), (1, 0, 0), (1, 0, 1), (1, 1, 0)$ können so sechs Orientierungen des Spannungsraumzeigers generiert werden. Diese Raumzeiger werden *Basisraumzeiger* genannt. Die Länge dieser Raumzeiger beträgt stets $\|U\| = \frac{3}{2}\hat{U}$ mit $\hat{U}$ als Phasenspannungsamplitude.

Abb. 7.23 Elementare
Richtungen des Spannungs-
raumzeigers und zugehörige
Schalterkombinationen. Der
Raumzeiger für Schalterkom-
bination (0,1,0) aus Abb. 7.22
ist *grün* markiert. *Schwarze
Pfeile* markieren die drei Phasenspannungs-Raumzeiger für
positive Richtung und Länge
$\hat{U}$

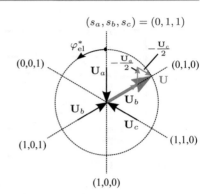

Ziel der Umrichtung ist die Erzeugung eines Phasenspannungs-Raumzeigers für vorgegebenen Winkel φ_{el}^*. Mit den sechs Basisraumzeigern können jedoch nur sechs Orientierungen mit Zwischenwinkel 60° erzeugt werden. Ein intuitives Konzept zur Umrichtung
besteht darin, in jedem der 60°-Sektoren den jeweils an der Wunschorientierung näher
liegenden Basisraumzeiger zu verwenden bzw. aktiv zu schalten. Dieses Konzept nennt
man *Six-Step-* bzw. *Block-Kommutierung*. Dabei entsteht eine maximale Abweichung der
Orientierung von ±30° zwischen realisiertem und gefordertem Raumzeiger.

Zur Berechnung des Spektrums von U_a nach der Sprungmethode werden in Tab. 7.1
die Signalsprünge notiert. Aus Symmetriegründen genügen dabei die Sprünge der ersten
Periodenhälfte.

Da U_a gerade ist, müssen alle b_k verschwinden. Nach (7.24) folgt

$$
a_k = -2 \cdot \frac{U_D}{3\,k\,\pi} \left(1 \cdot \cos\left(k\,\frac{\pi}{12} \right) + 2 \cdot \cos\left(k\,\frac{\pi}{4} \right) + 1 \cdot \cos\left(k\,\frac{5\,\pi}{12} \right) \right)
$$

$$
= \begin{cases} -\frac{2\,U_D}{k\,\pi} & \text{für } k = 1 \lor k \in \{6\,p \pm 1\},\, p \in \{1, 2, 3, \cdots\} \\ 0 & \text{sonst.} \end{cases}
$$

Die Grundwellenamplitude bei Block-Kommutierung beträgt demnach

$$
\hat{U}_{g,\mathrm{Block}} = |a_1| = \frac{2\,U_D}{\pi} \approx 0.63662\,U_D\,. \tag{7.25}
$$

Sie ist damit um

$$
\frac{\frac{2}{3} - \frac{2}{\pi}}{\frac{2}{3}} = \frac{\pi - 3}{\pi} \approx 4.507\,\%
$$

Tab. 7.1 Signalsprünge von U_a
nach Abb. 7.24 in der ersten
Hälfte der Periode.

Sprung Nr. l	1	2	3
Signalsprung $\Delta U_{a,l}$	$\frac{U_D}{3}$	$\frac{2\,U_D}{3}$	$\frac{U_D}{3}$
Sprungwinkel φ_{el}^*	$\frac{\pi}{12}$	$\frac{\pi}{4}$	$\frac{5\,\pi}{12}$

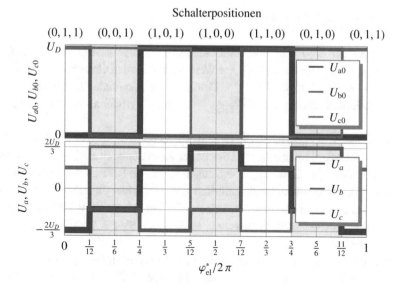

Abb. 7.24 Spannungssignale bei Block-Kommutierung über eine volle elektrische Periode. *Oben*: Klemmenspannungen; *unten*: Phasenspannungen. Winkelsektoren mit konstanten Schalterstellungen sind *grau-weiß* markiert. Die zu den jeweiligen Sektoren gehörigen Schalterstellungen sind über dem *oberen Teilplot* dargestellt

geringer als der gewünschte Amplitudenwert $\hat{U} = (2U_D)/3$. Abb. 7.25 zeigt den Verlauf der Phasenspannung U_a, der zugehörigen Grundwelle $U_{a,g}$ sowie der Fourier-Reihenentwicklung mit Abbruch nach der 99. Harmonischen $U_{a,100}(\varphi_{el}^*) = \sum_{k=1}^{100} a_k \cdot \cos(k\,\varphi_{el}^*)$.

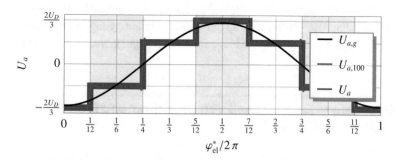

Abb. 7.25 Zerlegung von U_a bei Block-Kommutierung in spektrale Anteile. *Blau*: U_a nach Abb. 7.24, *schwarz*: Grundwelle, *rot*: Fourier-Reihenentwicklung bis zur 99. Harmonischen

Anmerkung 7.9. zu SV-PWM:

- Im Idealfall der SV-PWM mit kontinuierlichem Klemmenspannungsverläufen (das heißt $T_{\text{PWM}} \to 0$) liegt nach (7.20) der Wert der maximalen Grundwellenamplitude bei $\hat{U}_{g,\text{SV-PWM}} = U_D/\sqrt{3} \approx 0.57735\,U_D$. Damit ist die maximale Grundwellenamplitude bei Block-Kommutierung um $\frac{0.63662-0.57735}{0.57735} \approx 10.3\%$ größer als bei SV-PWM.

- In der dargestellten Form hängt die Grundwellenamplitude nach (7.25) nur von der Höhe der Zwischenkreisspannung ab. Dies ist für Anwendungen mit konstanter Drehzahl, wie zum Beispiel bei Lüfterantrieben, ausreichend. Im Bereich der Robotik muss die Höhe der Grundwellenamplitude natürlich vom Umrichter einstellbar sein. Dies kann man durch Pulsweiten-Modulation erzielen. Im Vergleich zu SV-PWM entstehen dabei jedoch deutlich stärkere Oberwellen, so dass sich SV-PWM als De-facto-Standard durchgesetzt hat.
  Block-Kommutierung wird jedoch von vielen Motorherstellern als Bezugsgröße zur Angabe von Motorparametern verwendet. In diesen Fällen müssen einige Motorparameter auf SV-PWM umgerechnet werden. Hierfür dienen obige Ausführungen zur Block-Kommutierung.

- Das Spannungs-Raumzeigerkonzept lässt eine anschauliche Interpretation der SV-PWM Umricht-Strategie zu: Die Basisraumzeiger teilen den Winkelbereich in sechs $60°$-Sektoren auf. Der geforderte Spannungsraumzeiger liegt immer in einem dieser sechs Sektoren. Man ermittelt die beiden Winkel, die der gewünschte Spannungsraumzeiger mit den jeweils angrenzenden Basisraumzeigern einschließt. Das Verhältnis dieser Winkel zu $60°$ bestimmt die Einwirkdauer der zugehörigen Basisraumzeiger. Innerhalb eines PWM-Zyklus schaltet man die angrenzenden Basisraumzeiger für die jeweilige Einwirkdauer aktiv. Je näher also der gewünschte Spannungsraumzeiger einem Basisraumzeiger kommt, desto länger wird er während des PWM-Zyklus aktiv geschaltet. Liegt der gewünschte Spannungsraumzeiger genau in der Mitte zwischen den Basisraumzeigern, so werden beide Basisraumzeiger gleich lange aktiv geschaltet.
  □

7.4   Einphasiges Ersatzmodell von Umrichter und Motor im Ankerstellbereich

Zur Auslegung von Motoren sind in der Regel mechanische Lastfallkollektive vorgegeben. Diese bestehen aus mehreren Lastfällen in Form von Drehzahl-Drehmomentpaaren $(\omega_i; \tau_i)$. Eine zentrale Aufgabe besteht dann darin, den Zusammenhang zwischen den jeweiligen Lastfällen und den dabei notwendigen bzw. auftretenden elektrischen Zwischenkreisgrößen U_D und I_D zu ermitteln. Prinzipiell ergibt sich dieser Zusammenhang aus dem in Abb. 7.22 dargestellten Modell von Umrichter und permanenterregter Synchronmaschine im Ankerstellbereich. Dieses Modell berücksichtigt die PWM-Schaltvorgänge, so dass zu jeder Schaltkombination unterschiedliche Strom-Spannungsverhältnisse im Zwischenkreis vorliegen. Daher ist dieses Modell wenig geeignet, um Aussagen über Zwischenkreisgrößen zu treffen.

Zur Ermittlung der Zwischenkreisgrößen wird folgende Annahme getroffen:

Annahme 7.7. *Die PWM-Taktrate des Umrichters sei so hoch, dass Einflüsse von Oberwellen und Subharmonischen vernachlässigbar sind.*

Damit nimmt man vereinfachend an, dass anstelle der geschalteten Klemmenspannungsverläufe, die der PWM zugrundeliegenden Mittelwertverläufe direkt anliegen. Außerdem werden PWM-verursachte Wärmeverluste durch Oberwellen und Subharmonische ausgeschlossen. Durch diese Reduzierung der Modellierungstiefe gegenüber dem Modell nach Abb. 7.22 lässt sich ein einphasiges Ersatzmodell von Umrichter und permanenterregter Synchronmaschine angeben.

Hierfür wird das Phasenmodell der im Ankerstellbereich geregelten permanenterregten Synchronmaschine nach (7.11) verwendet. Im Stillstand entfällt der Spannungsanteil der EMK sowie der Induktivität. Aus (7.11) folgt damit Phasenspannung $\mathcal{U}_1|_{\omega=0} = R_1\,I$. Mit Schalterstellung (1,0,0) lässt sich das Modell nach Abb. 7.22 in einen Spannungsteiler, wie in Abb. 7.26 gezeigt, vereinfachen. Zwischen Klemmen a und b oder a und c fällt damit Spannung $\frac{3}{2}\hat{U}_1$ ab. Auch bei allen anderen Schalterstellungen lassen sich immer zwei Klemmen finden, zwischen denen diese Spannung abfällt. Um diesen Sachverhalt im Modell zu berücksichtigen, führt man folgende Größen ein:

$$\text{Klemmenspannung:}\quad \mathcal{U}_K = \frac{3}{2}\,\mathcal{U}_1$$

$$\text{DC-Ersatzwiderstand:}\quad R_{\mathrm{DC}} = \frac{3}{2}\,R_1 \tag{7.26}$$

$$\text{DC-Ersatzinduktivität:}\quad L_{\mathrm{DC}} = \frac{3}{2}\,L_1$$

Multipliziert man (7.11) mit $3/2$, so ergibt sich damit

$$\frac{3}{2}\,\mathcal{U}_1 = \frac{3}{2}\,R_1\,I + k_i\,\omega + j\,|\omega|\,Z_{\mathrm{p}}\,\frac{3}{2}\,L_1\,I$$

$$\Longleftrightarrow\quad \mathcal{U}_K = \underbrace{R_{\mathrm{DC}}\,I}_{U_R} + \underbrace{k_i\,\omega}_{U_{\mathrm{EMK}}} + \underbrace{j\,|\omega|\,Z_{\mathrm{p}}\,L_{\mathrm{DC}}\,I}_{\mathcal{U}_L} \tag{7.27a}$$

mit Betragsquadrat

$$U_K{}^2 = \left(R_{\mathrm{DC}}\,I + k_i\,\omega\right)^2 + \left(Z_{\mathrm{p}}\,\omega\,L_{\mathrm{DC}}\,I\right)^2. \tag{7.27b}$$

Dies führt zu dem einphasigen Ersatzmodell der umgerichteten Maschine nach Abb. 7.27.

Abb. 7.26 Modell der umgerichteten Maschine im
Stillstand und für Schalter-
stellung (1,0,0)

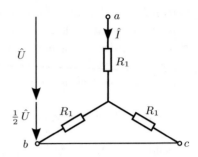

Der Zusammenhang zwischen Amplitude U_K des komplexen Klemmenspannungszei-
gers $\mathcal{U}_K$ und der minimal notwendigen Zwischenkreisspannung U_D wird durch den Umrichter bestimmt. Bei Umrichtung durch pulsweitenmodulierte Mittelwertverläufe (wie
zum Beispiel SV-PWM) gemäß Abschn. 7.3.1 ist nach (7.20) für eine Phasenspannungsamplitude $\hat{U}$ eine Zwischenkreisspannung U_D von mindestens $\sqrt{3}\,\hat{U}$ notwendig. Mit
(7.26) folgt daraus

$$U_D \geq \sqrt{3}\,\hat{U} = \sqrt{3}\,\frac{2}{3}\,U_K = \frac{2}{\sqrt{3}}\,U_K \approx 1.155\,U_K\,. \tag{7.28a}$$

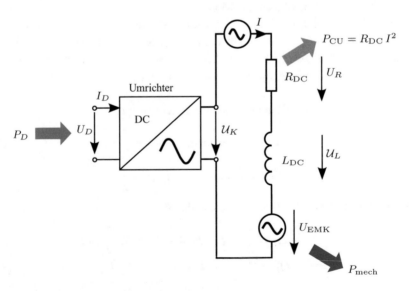

Abb. 7.27 Einphasiges Ersatzmodell für Strom und Spannungen einer permanenterregten Synchronmaschine mit Umrichtung im Ankerstellbereich. Die Kupfer-Verlustleistung berechnet sich
nach diesem Modell wie in einem Gleichstromkreis, siehe (7.32)

Liegt hingegen Block-Kommutierung gemäß Abschn. 7.3.2.3 vor, so folgt mit (7.25) für die Zwischenkreisspannung

$$U_D = \frac{\pi}{2}\,\hat{U} = \frac{\pi}{2}\,\frac{2}{3}\,U_K = \frac{\pi}{3}\,U_K \approx 1.047\,U_K\,. \tag{7.28b}$$

Der in (7.28) jeweils auftretende Skalierungsfaktor von U_K ist also eine Folge der zugrundeliegenden Umrichtstrategie. Daher wird für diesen Faktor der Begriff *Umrichtfaktor* mit Symbol μ_{PWM} eingeführt.

Neben dem Umrichtprinzip (zum Beispiel SV-PWM oder Block-Kommutierung) treten in der Praxis noch zwei weitere, in der Regel nicht vernachlässigbare Effekte auf, die zu einer Reduzierung der Ausnutzung der Zwischenkreisspannung führen:

- In Abschn. 7.3.2.2 wurde der für dreiphasige Maschinen üblicherweise verwendete Umrichter eingeführt, siehe Abb. 7.22. Dabei wurde angenommen, dass jeder Schalter s_m im Umrichter einen inversen Schalter $\bar{s}_m$ besitzt. Beide Schalter müssen also zeitlich synchron schalten. Dies ist in der Praxis nicht möglich, da die Schalter stets leicht unterschiedliche elektrische Eigenschaften (wie zum Beispiel Kapazitäten) aufweisen. Um Kurzschlüsse zu verhindern, wird daher immer mit einer geringen Zeitverzögerung geöffnet. Für diese kurze Zeit sind damit s_m und $\bar{s}_m$ beide geöffnet. Dies reduziert die maximale Einschaltrate $t_{\text{an}}/T_{\text{PWM}}$. Für gegebenes U_D reduziert sich damit auch die maximale Phasenamplitude $\hat{U}_{\text{max}}$ um diesen Faktor. Falls umgekehrt die maximale Phasenamplitude gegeben ist, muss U_D entsprechend erhöht werden.
- Im Freilaufkreis des Umrichters befinden sich Dioden. Diese verursachen in Durchlassrichtung einen Spannungsabfall, der die maximale Klemmenspannung entsprechend reduziert.

Hersteller von Umrichtern fassen oft diese beiden Effekte zusammen und geben einen *Spannungsausnutzungsfaktor* λ_u an. Ein typischer Wert dafür beträgt

$$\lambda_u \approx 95\,\%\,. \tag{7.29}$$

Dies bedeutet, dass 5% der Zwischenkreisspannung nicht zur Bildung der Phasenamplitude nutzbar ist. Zur Kompensation obiger beider Effekte muss also die Zwischenkreisspannung um Faktor $1/\lambda_u$ erhöht werden, das heißt

$$U_D \geq \mu\,U_K\,. \tag{7.30}$$

Für SV-PWM ergibt sich typischerweise ein *Spannungserhöhungsfaktor* von

$$\mu = \frac{\mu_{PWM}}{\lambda_u} = \frac{1}{0.95} \frac{2}{\sqrt{3}} \approx 1.215 \, . \tag{7.31}$$

Leistungen im einphasigen Ersatzschaltplan nach Abb. 7.27:

- Das in Abb. 7.27 dargestellte einphasige Ersatzmodell versagt bei der Berechnung der im Ohmschen Widerstand umgesetzten Kupfer-Verlustleistung. Legt man die elektrischen Verhältnisse des einphasigen Wechselstromkreises aus Abb. 7.27 zugrunde, so ergäbe sich Verlustleistung $(R_{DC} \, I^2)/2$. Tatsächlich aber sind drei Phasen vorhanden, und in jeder dieser Phasen wird jeweils eine Kupfer-Verlustleistung von $P_{CU,1} = (R_1 \, I^2)/2$ erzeugt, siehe auch (7.12b). Damit berechnet sich die korrekte Verlustleistung zu

$$P_{CU} = 3 \, P_{CU,1} = \frac{3}{2} \, R_1 \, I^2 = R_{DC} \, I^2 \, . \tag{7.32}$$

- Mechanische Leistung einer Drehbewegung mit Drehmoment τ in Nm und Drehgeschwindigkeit ω in rad/s ist allgemein durch

$$P_{mech} = \tau \, \omega \tag{7.33}$$

definiert. Als Einheit folgt

$$[\tau \, \omega] = \text{Nm} \, \frac{\text{rad}}{\text{s}} = \frac{\text{J rad}}{s} = \text{W rad} \stackrel{(7.9)}{=} \text{W} \, .$$

Im einphasigen Ersatzmodell aus Abb. 7.27 tritt diese Leistung wegen

$$P_{mech} = \tau \, \omega \stackrel{(7.7)}{=} k_i \, I \, \omega \stackrel{(7.27a)}{=} I \, U_{EMK} \tag{7.34}$$

an der EMK-Spannungsquelle auf.

Die Summe von Kupfer-Verlustleistung und mechanischer Leistung muss vom Zwischenkreis geliefert werden und beträgt somit

$$P_D = U_D \, I_D = P_{mech} + P_{CU} = (U_{EMK} + U_R) \, I \, . \tag{7.35}$$

- Aus Leistungsgleichgewicht $U_D \, I_D = U_K \, I$ folgt $I_D = \frac{U_K}{U_D} \, I$. Die darin enthaltene Zwischenkreisspannung U_D ist konstant; demgegenüber ist Klemmenspannung U_K drehzahl- und drehmomentabhängig (stromabhängig) und stets kleiner oder gleich U_D. Daher ist Zwischenkreisstrom I_D nur im Sonderfall $U_K = U_D$ gleich dem Motorstrom. Dies wäre praktisch nur realisierbar mit einer bipolaren Wechselspannungsquelle im Zwischenkreis. In der Praxis findet man jedoch stets nur Gleichspannungsquellen im Zwischenkreis. Dafür gilt $U_D > U_K$, so dass der Zwischenkreisstrom kleiner als der Motorstrom ist.

Tab. 7.2 Zusammenstellung wichtiger Formeln zum einphasigen Ersatzmodell der permanenterregten Synchronmaschine im Ankerstellbereich, dargestellt in Abb. 7.27

Bezeichnung	Formel	Verweis
Betrag der Klemmenspannung	$U_K{}^2 = \underbrace{(R_{\mathrm{DC}}\, I}_{U_R} + \underbrace{k_i\, \omega)^2}_{U_{\mathrm{EMK}}} + \underbrace{(Z_{\mathrm{p}}\, \omega\, L_{\mathrm{DC}}\, I)^2}_{U_L}$	(7.27b)
Umrichtfaktor	$\mu_{\mathrm{PWM}} = \begin{cases} \frac{\pi}{3} \approx 1.047 & \text{für Block-Kommut.} \\ \frac{2}{\sqrt{3}} \approx 1.155 & \text{für SV-PWM} \end{cases}$	(7.28)
Spannungsausnutzungsfaktor Umrichter	λ_u typischer Wert 0.95 %	(7.29)
Spannungserhöhungsfaktor	$\mu = \frac{\mu_{\mathrm{PWM}}}{\lambda_u}$	(7.31)
Zwischenkreisspannung	$U_D \geq \mu\, U_K$	(7.30)
Kupfer-Verlustleistung	$P_{\mathrm{CU}} = R_{\mathrm{DC}}\, I^2$	(7.32)
mechanische Leistung	$P_{\mathrm{mech}} = \tau\, \omega = k_i\, I\, \omega = I\, U_{\mathrm{EMK}}$	(7.34)
Zwischenkreisleistung	$P_D = U_D\, I_D = U_K\, I = P_{\mathrm{mech}} + P_{\mathrm{CU}} = (U_R + U_{\mathrm{EMK}})\, I$	(7.35)

Zur besseren Übersicht sind obige Gleichungen des einphasigen Ersatzmodells der permanenterregten Synchronmaschine im Ankerstellbereich nochmals in Tab. 7.2 zusammengefasst.

Annahme 7.8. *Folgende parasitäre Effekte seien vernachlässigt:*

- *Eisensättigung führt zu einem arctan-förmigen Drehmomentverlauf über dem Strom und beschränkt so das maximale Drehmoment.*
- *Eisenverluste (Wirbelströme und Ummagnetisierungen) erhöhen die Wärmeverlustleistung.*
- *Wärmeverluste im Umrichter durch nichtideale Schalter und Dioden (Verluste proportional zur Schaltfrequenz).*
- *Wärmeverluste im Zwischenkreiskondensator.*

Anwendung des einphasigen Ersatzmodells auf bürstenbehaftete Gleichstrommaschinen: Liegt anstelle einer permanenterregten Synchronmaschine eine bürstenbehaftete Gleichstrommaschine vor, so ist obiges Ersatzmodell mit folgender Modifikation weiterhin gültig:

- Der induktive Spannungsanteil U_L kann in erster Näherung entfallen.
- Die Kommutierung wird durch einen mechanischen Kommutator ersetzt. Damit gilt für den Umrichtfaktor $\mu_{\mathrm{PWM}} = 1$.
- Es entsteht ein weiterer Ohmscher Widerstand durch den mechanischen Kommutator. Dieser kann durch einen entsprechend erhöhten R_{DC} berücksichtigt werden.

7.5　Reduzierung von Motorparametern durch Motor- und Induktivitätskonstante

Das Modell des vorangegangenen Abschnitts enthält viele Parameter. Um die Auslegung von Motoren zu erleichtern, möchte man diese Zahl an Parametern möglichst gering halten. Hierzu wird im folgenden Abschn. 7.5.1 die Spannungsreihe als gängige Klassifikation für Motoren eingeführt. Demnach besitzen Motoren innerhalb einer Spannungsreihe einen näherungsweise konstanten Zusammenhang zwischen Drehmomentkonstante und DC-Ersatzwiderstand sowie zwischen Drehmomentkonstante und DC-Ersatzinduktivität. Dies führt in Abschn. 7.5.2 zur Motorkonstante und in Abschn. 7.5.3 zur Induktivitätskonstante.

7.5.1　Spannungsreihe und Motortyp

Motorenhersteller klassifizieren in der Regel ihr Motorenportfolie durch *Motortypen*. Diese werden oft mit dem Motorenaufbau (gleicher Blechschnitt im Stator) definiert: So besitzen Motoren eines Typs identische Gehäuseabmessungen (bei Zylinderform: Länge und Radius) und näherungsweise dasselbe Gewicht. Der Unterschied der Motoren eines Typs besteht hauptsächlich in der Drehmomentkonstante. Unterschiedliche Drehmomentkonstanten kann man zum Beispiel auf verhältnismäßig einfache Weise durch variierende elektrische Verschaltungen der Motorphasen erreichen. Wird jede Phase aus zwei getrennten Spulen aufgebaut, so können diese seriell oder parallel sowie in Stern- oder Dreieckschaltung verbunden werden. Damit ergeben sich vier unterschiedliche Drehmomentkonstanten, deren Zusammenhang in Tab. 7.3 dargestellt ist. Zur Herleitung des darin enthaltenen Faktors $1/\sqrt{3}$ siehe auch die Begründung der Äquivalenz von Stern-Dreieckschaltungen aus Abschn. 7.2.

Beispiel 7.4. Für die permanenterregte Synchronmaschine EC-4pole 30, 100W der Fa. Maxon wird im Datenblatt[10] eine Spannungsreihe mit vier unterschiedlichen Wicklungen angegeben. Abb. 7.28 zeigt den betreffenden Ausschnitt des Datenblatts.

Tab. 7.3 Drehmomentkonstanten durch Schaltungsvarianten bezogen auf Stern-Seriell Verschaltung

Verschaltung	Drehmomentkonstante
Dreieck-Parallel	$k_{i,\text{Dreieck}-\text{Parallel}} = k_{i,\text{Stern}-\text{Seriell}}\, \frac{1}{2\sqrt{3}}$
Stern-Parallel	$k_{i,\text{Stern}-\text{Parallel}} = k_{i,\text{Stern}-\text{Seriell}}\, \frac{1}{2}$
Dreieck-Seriell	$k_{i,\text{Dreieck}-\text{Seriell}} = k_{i,\text{Stern}-\text{Seriell}}\, \frac{1}{\sqrt{3}}$

---

[10] Stand 2017/18

Motordaten		309755	309756	309757	309758
Werte bei Nennspannung					
1 Nennspannung	V	18	24	36	48
2 Leerlaufdrehzahl	min⁻¹	17800	17800	17800	17800
3 Leerlaufstrom	mA	719	539	360	270
4 Nenndrehzahl	min⁻¹	16700	16800	16900	16900
5 Nennmoment (max. Dauerdrehmoment)	mNm	64.9	61.9	67	66.1
6 Nennstrom (max. Dauerbelastungsstrom)	A	7.38	5.3	3.8	2.82
7 Anhaltemoment	mNm	1280	1240	1480	1470
8 Anlaufstrom	A	133	96.9	77.2	57.4
9 Max. Wirkungsgrad	%	86	86	87	87
Kenndaten					
10 Anschlusswiderstand Phase-Phase	Ω	0.135	0.248	0.466	0.836
11 Anschlussinduktivität Phase-Phase	mH	0.0166	0.0295	0.0664	0.118
12 Drehmomentkonstante	mNm/A	9.58	12.8	19.2	25.5
13 Drehzahlkonstante	min⁻¹/V	997	748	499	374
14 Kennliniensteigung	min⁻¹/mNm	14.1	14.5	12.1	12.2
15 Mechanische Anlaufzeitkonstante	ms	2.7	2.78	2.33	2.35
16 Rotorträgheitsmoment	gcm²	18.3	18.3	18.3	18.3

Abb. 7.28 Datenblatt-Auszug für die permanenterregte Synchronmaschine EC-4pole 30, 100W mit freundlicher Genehmigung der Fa. maxon motor

Die Drehmomentkonstanten sind im Datenblatt in Zeile Nr. 12 abgebildet. Falls die vier dargestellten Wicklungen durch unterschiedliche Verschaltungen aus Stern-Dreieck seriell-parallel entstanden sind, muss die größte Drehmomentkonstante die Stern-Seriell Verschaltung darstellen, das heißt $k_{i,\text{Stern}-\text{Seriell}} = 25.5$ mNm/A. Daraus ergeben sich folgende Werte für die Drehmoment-Variationen:

$$k_{i,\text{Dreieck}-\text{Parallel}} = k_{i,\text{Stern}-\text{Seriell}} \frac{1}{2\sqrt{3}} \approx 7.36 \text{ mNm/A}$$

$$k_{i,\text{Stern}-\text{Parallel}} = k_{i,\text{Stern}-\text{Seriell}} \frac{1}{2} \approx 12.8 \text{ mNm/A}$$

$$k_{i,\text{Dreieck}-\text{Seriell}} = k_{i,\text{Stern}-\text{Seriell}} \frac{1}{\sqrt{3}} \approx 14.7 \text{ mNm/A}$$

Diese Werte stimmen mit den Katalogwerten in erster Näherung gut überein.   ◁

Zur Unterscheidung der Motoren eines Typs weisen Hersteller oft jeder Wicklung eine bestimmte Klemmenspannung zu. Legt man zum Beispiel einen bestimmten Nennlastfall zugrunde, so entspricht diese Klemmenspannung der sogenannten *Nennspannung*. Abb. 7.28 zeigt beispielsweise das Datenblatt eines Motortyps mit vier unterschiedlichen Wicklungen. Die erste Wicklung ist als 18V-Wicklung ausgewiesen, die zweite als 24V-Wicklung usw. Die Gesamtheit aller Wicklungen eines Motortyps bezeichnet man als *Spannungsreihe*. Anstelle des Begriffs *Motortyp* wird oft auch kurz vom *Motor* gesprochen.

7.5.2 Motorkonstante und Kupfer-Verlustleistung

Eine Möglichkeit zur Reduzierung der Parameter ergibt sich, in dem man Drehmoment-konstante k_i und Ersatzwiderstand R_{DC} gemäß

$$k_M = \frac{k_i}{\sqrt{R_{DC}}} \quad \text{in } \mathrm{Nm}/\sqrt{\mathrm{W}}, \tag{7.36}$$

in der sogenannten *Motorkonstanten* k_M zusammenfasst[11]. Damit lässt sich die Kupfer-Verlustleistung mit

$$P_{CU} \overset{(7.32)}{=} R_{DC}\, I^2 \overset{(7.7)}{=} R_{DC} \left(\frac{\tau}{k_i}\right)^2 = \left(\frac{\tau}{\frac{k_i}{\sqrt{R_{DC}}}}\right)^2 = \left(\frac{\tau}{k_M}\right)^2 \tag{7.37}$$

ausdrücken. Dies stellt gegenüber (7.32) eine Vereinfachung dar, da Drehmoment τ als Lastfall bekannt ist, und mit k_M nur noch ein Motorparameter enthalten ist. Weiter unten wird zudem gezeigt, dass die Motorkonstante innerhalb einer Spannungsreihe in guter Näherung konstant ist.

Im vorliegenden Modell hängt damit die Kupfer-Verlustleistung nur vom Quadrat des Motormoments ab. So führt zum Beispiel eine Verdopplung des Motormoments zu einer Vervierfachung der Kupfer-Verluste. In realen Systemen entstehen weitere Wärmeverluste durch zum Beispiel einige der in Annahme 7.8 erwähnten parasitären Effekte.

Für energieeffiziente Manipulatoren und Leichtbau-Manipulatoren besitzt die Motor-konstante k_M große Bedeutung. Die Kupfer-Verluste ergeben Wärme, die bei solchen Manipulatoren zu einer raschen Erhöhung der Wicklungstemperaturen führen kann. Dies liegt daran, dass Leichtbausysteme möglichst wenig Masse enthalten. Damit kann nur wenig Wärme in die Aufheizung des Materials abgeführt werden (geringe Wärmekapazität). Zudem besitzen Leichtbausysteme tendenziell weniger thermisch gut leitende und strahlende Oberflächen zur Abfuhr der Wärme an die Umgebung. Ab einer bestimmten Grenztemperatur verbrennt der Isolierlack der Statorwicklung. Es entstehen Kurzschlüsse in der Wicklung, sogenannte *Windungsschlüsse*, die zum Ausfall des Motors oder zur drastischen Reduzierung der Antriebsleistung führen.

Empirischer Zusammenhang zwischen Motorenmasse und Motorkonstante Die Motorkonstante repräsentiert im Prinzip die Menge an Kupfer, die vom Magnetfeld „drehmomentbildend" durchflutet wird. Damit hängt sie maßgeblich von der mechanischen Motorkonstruktion, der Wicklungsart und dem Permanentmagneten ab. Tendenziell gilt: Je mehr Gewicht und Bauraum zur Verfügung steht, desto mehr „drehmomentbildendes" Kupfer kann untergebracht werden und desto größer die Motorkonstante.

---

[11] Begriff *Motorkonstante* und zugehöriges Symbol k_M werden von manchen Motorenherstellern sowie in Teilen der Fachliteratur synonym zu *Drehmomentkonstante* verwendet. Dies birgt eine gewisse Verwechslungsgefahr in der industriellen Praxis.

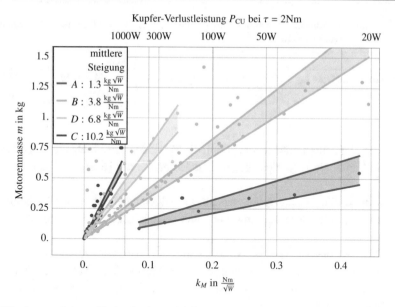

Abb. 7.29 Anonymisierter Technologievergleich von Motoren

In der Praxis ist, bei gleich bleibender Fertigungstechnologie, näherungsweise ein linearer Zusammenhang zwischen Motorenmasse und Motorkonstante zu beobachten. Um dies zu untersuchen, wurde eine Analyse von Motoren einiger bekannter Hersteller aus dem Jahr 2015 durchgeführt. Dabei wurden von 342 Motortypen die jeweiligen Motorenmassen m und Motorkonstanten k_M als Punkte (m, k_M) aufgetragen und anschließend durch Ursprungsgeraden interpoliert. Abb. 7.29 zeigt für jeden Hersteller, mit einer separaten Farbe hinterlegt, den 95%-Konfidenzbereich für die zugehörige Ausgleichsgerade. In der Legende sind außerdem die Mittelwerte für die jeweiligen Steigungen $\Delta m / \Delta k_M$ der Ausgleichsgeraden angegeben. Die Hersteller sind (aus rechtlichen Gründen) in der Darstellung anonymisiert und daher nur mit Buchstaben A bis D gekennzeichnet. Zusätzlich ist auf der oberen Rechtswertachse für ein Moment von $\tau = 2\,\text{Nm}$ eine Skala für die zugehörige Kupferverlustleistung aufgetragen. Dabei ist anzumerken, dass insbesondere kleinere der untersuchten Motortypen aufgrund des Eisensättigungseffekts eventuell nicht dieses Motormoment aufbringen können. Für diese kleineren Motortypen müsste die obere Skala für entsprechend geringere Momente dargestellt werden.

Schlussfolgerungen aus dem Technologievergleich der Motortypen:

- Zwischen Motorkonstante k_M und Masse m besteht näherungsweise ein linearer Zusammenhang. Aus (7.37) folgt damit, dass die Kupfer-Verlustleistung P_{CU} näherungsweise umgekehrt proportional zum Quadrat der Motorenmasse ist, siehe auch Abb. 1.17.
- Jeder der dargestellten Hersteller besitzt hinsichtlich mechanischer Konstruktion, Wicklung und Permanentmagnet eine eigene Methodik bzw. Technologie, die bei allen Motortypen ähnlich ist.

Tab. 7.4 Mittlere Motorkonstante und Kupfer-Verluste der Hersteller für eine Motorenmasse von $0.5\,\text{kg}$ und ein Drehmoment von $\tau = 2\,\text{Nm}$

Hersteller	A	B	C	D
mittlere Motorkonstante k_M	$0.38\,\text{Nm}/\sqrt{\text{W}}$	$0.13\,\text{Nm}/\sqrt{\text{W}}$	$0.074\,\text{Nm}/\sqrt{\text{W}}$	$0.049\,\text{Nm}/\sqrt{\text{W}}$
P_{CU} bei $\tau = 2\,\text{Nm}$	$27\,\text{W}$	$231\,\text{W}$	$740\,\text{W}$	$1665\,\text{W}$

- Unter den Herstellern unterscheiden sich die Methoden bzw. Technologien oft so stark, dass am Verhältnis m/k_M eines gegebenen Motortyps der Hersteller bestimmt werden kann.
- Vom wirtschaftlichen Standpunkt aus gilt im Allgemeinen: Je kleiner Verhältnis m/k_M, desto aufwendiger die Motorenfertigung und desto höher der Motorenpreis.

Beispiel 7.5. Für die Masse eines Motors wird eine obere Grenze von $m = 0.5\,\text{kg}$ gefordert. Der Motor soll ein Drehmoment von $\tau = 2\,\text{Nm}$ liefern. Welche der in Abb. 7.29 dargestellten Hersteller sind geeignet, wenn eine maximale Kupfer-Verlustleistung von $300\,\text{W}$ nicht überschritten werden darf?

Lösung: Aus dem Technologievergleich aus Abb. 7.29 wird die mittlere Motorkonstante von jedem Hersteller berechnet:

$$m = \frac{\Delta m}{\Delta k_M} k_M \iff k_M = m \left(\frac{\Delta m}{\Delta k_M} \right)^{-1}$$

Aus

$$P_{\text{CU}} = \left(\frac{2\,\text{Nm}}{k_M} \right)^2$$

folgt dann die Verlustleistung für das geforderte Drehmoment. Tab. 7.4 fasst die Ergebnisse zusammen. Daraus ergibt sich als Lösung obiger Aufgabenstellung: Hersteller A und B liegen unter 300W und kommen so als Lieferanten in Frage.   ◁

Motorkonstante innerhalb einer Spannungsreihe Eine größere Drehmomentkonstante erfordert prinzipiell mehr Windungen, die vom Magnetfeld „drehmomentbildend" durchsetzt werden. Nach obiger Definition einer Spannungsreihe bzw. eines Motortyps steht dabei immer nur derselbe Blechschnitt zur Verfügung und die Länge der Wicklung bleibt konstant. Um die Wicklungszahl zu verändern, können nur die Drahtdurchmesser innerhalb des verfügbaren Bauraums variiert werden oder es werden bestehende Drähte unterschiedlich verschaltet (siehe oben).

Der Ohmsche Widerstand R_{DC} ist umgekehrt proportional zur Drahtquerschnittsfläche A sowie proportional zur Drahtlänge l. Die Querschnittsfläche ist kreisförmig, so dass

$$R_{\text{DC}} \sim \frac{l}{d^2} \tag{7.38a}$$

Abb. 7.30 Zusammenhang zwischen Kreisdurchmesser und Anzahl Kreise im Rechteck und Quadrat

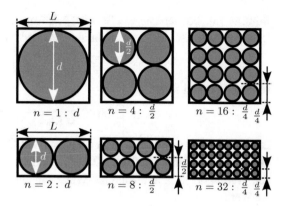

mit Drahtdurchmesser d. Der für die Windungen vorgesehene Bauraum bleibt für unterschiedliche Drehmomentkonstanten innerhalb einer Spannungsreihe gleich. Da der Raum immer ganz aufgefüllt werden sollte (Reduzierung Ohmscher Widerstand), muss sich der Drahtdurchmesser mit zunehmender Windungszahl n reduzieren. Hierfür gilt näherungsweise

$$d(n) \sim \frac{1}{\sqrt{n}}\,. \tag{7.38b}$$

Dieser Zusammenhang soll anhand eines quadratischen und rechteckigen Querschnitts gemäß Abb. 7.30 erläutert werden: Die Kreise kennzeichnen darin Drahtquerschnitte der Windungen. Mit Kantenlänge L des Quadrats folgt aus Abb. 7.30 Kreisdurchmesser $d_Q(n) = L/\sqrt{n}$. Beim dargestellten Rechteck gilt $d_R(n) = 1/2\, d_Q(n/2) = 1/\sqrt{2}\, d_Q(n)$. Diese funktionalen Zusammenhänge variieren geringfügig, wenn keine Vielfachen von 4 der Windungszahlen vorliegen oder wenn zwischen Höhe und Länge des Rechtecks kein ganzzahliges Verhältnis besteht, siehe auch [13]. Je größer die Zahl der Windungen, desto geringer fallen diese Variationen ins Gewicht, so dass (7.38b) in guter Näherung gültig ist.

Da Drahtlänge l proportional zur Windungszahl n ist, folgt aus (7.38) für den Ohmschen Widerstand $R_{\mathrm{DC}} \sim n^2 \iff \sqrt{R_{\mathrm{DC}}} \sim n$. Außerdem gilt für die Drehmomentkonstante $k_i \sim n$. Zusammen folgt schließlich für die Spannungsreihe eines Motortyps ein konstantes Verhältnis

$$\frac{k_i}{\sqrt{R_{\mathrm{DC}}}} = \mathrm{const} \overset{(7.36)}{=} k_M\,.$$

Die Packungsdichte der Windungen kann zum Beispiel durch unterschiedliche Drahtdurchmesser beeinflusst werden. Daher weichen in der Praxis die Motorkonstanten einer Spannungsreihe um wenige Prozentpunkte voneinander ab.

Zusammen mit (7.37) folgt: Für konstantes Drehmoment bleibt die Kupfer-Verlustleistung für alle Motoren einer Spannungsreihe näherungsweise konstant.

Beispiel 7.6. Fortsetzung von Beispiel 7.4: Aus den Klemme-Klemme-Widerständen (im Datenblatt Zeile Nr. 10) werden die Ersatzwiderstände mit

$$R_{DC} = \frac{3}{2} R_1 = \frac{3}{2} \frac{R_{KK}}{2} = \frac{3}{4} R_{KK}$$

berechnet. Damit folgt

$$k_M = \frac{k_i}{\sqrt{R_{DC}}} = \frac{2 k_i}{\sqrt{3 R_{KK}}} \, .$$

Die Drehmomentkonstanten (im Datenblatt Zeile Nr. 12) beziehen sich auf Stromamplituden und sind damit konform mit der Definition im vorliegenden Buch. Zusammen mit den Werten der Klemme-Klemme-Widerstände ergeben sich so für die Motorkonstante die Werte

$$\frac{k_M}{\text{mNm}/\sqrt{\text{W}}} \in \{30.107, 29.6793, 32.4771, 32.2037\}$$

mit Mittelwert $\overline{k}_M = 31.1168 \, \text{mNm}/\sqrt{\text{W}}$. Bezogen auf diesen Mittelwert ergeben sich relative Abweichungen von

$$\frac{k_M - \overline{k}_M}{\overline{k}_M} \in \{-3.25\%, -4.62\%, 4.37\%, 3.49\%\} \, .$$

Dies validiert empirisch, dass die Motorkonstanten einer Spannungsreihe in guter Näherung konstant sind.   ◁

7.5.3 Induktivitätskonstante

Analog zur Motorkonstanten k_M lässt sich innerhalb der Spannungsreihe eines Motortyps auch ein konstanter Zusammenhang zwischen Induktivität und Drehmomentkonstante finden. Die Proportionalitätskonstante wird in diesem Buch als *Induktivitätskonstante*

$$k_L = \frac{k_i}{\sqrt{L_{DC}}} \quad \text{in } \text{Nm}/\sqrt{\text{Ws}}$$

neu eingeführt. In obigem Beispiel 7.6 ergibt sich damit

$$\frac{k_L}{\text{Nm}/\sqrt{\text{Ws}}} \in \{2.71507, 2.72125, 2.72074, 2.71062\}$$

mit Mittelwert $\overline{k}_L = 2.71692 \, \text{Nm}/\sqrt{\text{Ws}}$ und relativen Abweichungen

$$\frac{k_L - \overline{k}_L}{\overline{k}_L} \in \{-0.0681\,\%, 0.159\,\%, 0.141\,\%, -0.232\,\%\} \, .$$

Dies führt zur folgenden Annahme:

Annahme 7.9. *Innerhalb der Spannungsreihe eines Motortyps seien k_M und k_L konstant.*

7.6 Getriebe

Im vorangegangenen Abschnitt wurde dargestellt, dass die Kupfer-Verluste (als dominante Verlustleistungsquelle des Motors) proportional mit dem Quadrat des Motormoments ansteigen, siehe (7.37). Das folgende Beispiel 7.7 soll dies nochmals verdeutlichen.

Beispiel 7.7. Gegeben sei Motor ILM 85x13 (Fa. RoboDrive) mit folgenden Kenndaten:

- Durchmesser ca. 90 mm, Gewicht ca. 1.5 kg (inkl. Motorgehäuse und Lagerung)
- Motorkonstante: $k_M = 0.3 \, Nm/\sqrt{W}$
- Thermisch stabile Dauerverlustleistung (bevor Isolierlack verbrennt): $P_{CU,max} = 20$ W

Am Ende eines als masselos angenommenen Stabs der Länge $l = 1$ m sei eine 1 kg schwere Masse m befestigt. Wie in Abb. 7.31 dargestellt, soll die Masse mit einer langsamen, gleichmäßigen Geschwindigkeit $\omega \neq 0$ rotiert werden. Der Erdbeschleunigungsvektor liege in der Rotationsebene. Gesucht ist die maximal auftretende Kupfer-Verlustleistung.

Für eine überschlägige Rechnung wird für die Erdbeschleunigung Näherung $g_0 \approx 10 \, m/s^2$ verwendet. Das maximale Motormoment und damit die maximale Kupfer-Verlustleistung tritt bei der in Abb. 7.31 dargestellten horizontalen Ausrichtung der Masse auf. In dieser Position ist ein Motormoment von $\tau = 1 \, m \cdot 1 \, kg \cdot 10 \, m/s^2 = 10 \, Nm$[12] notwendig, so dass sich nach (7.37) eine Kupfer-Verlustleistung von

$$P_{CU} = \left(\frac{\tau}{k_M} \right)^2 = \left(\frac{10 \, Nm}{0.3 \, Nm/\sqrt{W}} \right)^2 = 1.1 \, kW$$

ergibt. Dies überschreitet die zulässige Verlustleistung von 20 W um das ca. 55-fache. ◁

Aus diesem Beispiel erkennt man, dass selbst relativ große Motoren, bei beschränkter Hitzeabfuhr, nur relativ wenig Moment dauerhaft liefern können.

Abb. 7.31 Anordnung, bei dem ein Motor gegen die Erdschwerkraft eine Masse halten soll

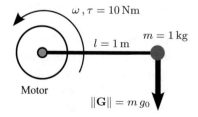

---

[12] $1 \, N = 1 \, (kg \, m)/s^2$

Ein Motor, der wie in diesem Beispiel direkt die Last antreibt, nennt man *Direktantrieb* (Englisch: *Direct-Drive*). Da in diesen Fällen relativ hohe Motorströme auftreten, werden besondere Motorkonstruktionen verwendet. Man bezeichnet diesen Motortyp als *Torquer*[13]; bei besonders starken Motoren, spricht man von *Mega-Torquern*. Konstruktiv zeichnen sich Torquer durch ein großes Verhältnis von Durchmesser zu Länge aus. Es handelt sich dabei oft um Hohlwellenantriebe mit großer Polpaarzahl ($Z_p \geq 10$). Der Nachteil von Torquern im Vergleich zu normalen Motoren besteht in einem großen Gewicht und einem großen Volumen.

Um bei normalen Motoren die Kupferverluste auf ein akzeptables Maß zu reduzieren, verwendet man Getriebe, die das Motor-Drehmoment um einen bestimmten Faktor $N > 1$ herabsetzten. Man bezeichnet diesen Faktor als *Getriebeübersetzungsverhältnis*, kurz *Übersetzung*. Für Übersetzungen größer eins hat sich der Begriff *Untersetzung* bzw. *Getriebeuntersetzung* eingebürgert.

Zunächst werden das grundlegende Funktionsprinzip eines Getriebes sowie eine kleine Übersicht typischer Getriebearten in der Robotik im folgenden Abschn. 7.6.1 präsentiert. Im darauffolgenden Abschn. 7.6.2 wird ein einfaches Getriebemodell basierend auf dem Getriebewirkungsgrad hergeleitet. Damit kann ein Getriebe nach dem Kriterium Verlustleistung analysiert und ausgelegt werden.

7.6.1 Grundlagen

Ein Getriebe stellt einen mechanischen Leistungswandler dar, wobei im Folgenden nur Drehbewegungen betrachtet werden sollen. Abb. 7.32 zeigt den Blockschaltplan eines Getriebes, aus dem die Leistungsflüsse hervorgehen:

- Die linke Seite ist mit der Motorwelle verbunden. Man bezeichnet diese Seite als *Antriebsseite*. Die zugehörigen Größen werden mit Index an gekennzeichnet.
- Die rechte Seite ist mit dem zu bewegenden Manipulatorsegment, das heißt der Last verbunden und wird als *Abtriebsseite* bezeichnet. Als Index wird ab verwendet.

Anmerkung 7.10. zur Vorzeichenkonvention von Drehmoment und Leistung der Abtriebsseite: Schneidet man abtriebsseitig das Getriebe von der Last bzw. dem Manipulatorsegment frei, so treten an der Schnittstelle zwei Drehmomente auf: Ein getriebeseitiges Drehmoment (Aktio) und ein lastseitiges Drehmoment (Reaktio). Allgemein gilt: Diese beiden Drehmomente sind betragsmäßig gleich und wirken in entgegengesetzte Drehrichtungen. Da im vorliegenden Werk der Fokus auf der Last liegt, wird mit abtriebsseitigem

---

[13] aus dem Englischen *torque* für *Drehmoment*

Abb. 7.32 Mechanischer Leistungswandler Getriebe: Blockschaltplan unter Annahme gleicher Drehrichtungen

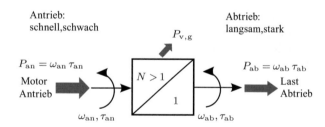

Drehmoment τ_{ab} stets das an der Last einwirkende Drehmoment, also die Reaktio bezeichnet[14].

Damit steht P_{ab} ebenfalls für die in die Last hineinfließende bzw. an die Last abgegebene Leistung (mechanische Energie der Last erhöht sich mit zunehmender Zeit). Somit gilt $P_{ab} > 0$, wenn die Last von der Antriebsseite her angetrieben wird. □

Unter Berücksichtigung dieser Vorzeichenkonvention gilt im Idealfall ohne Getriebeverluste für die an- und abtriebsseitige Leistung

$$P_{an} = P_{ab} \quad \Longleftrightarrow \quad \tau_{an}\,\omega_{an} = \tau_{ab}\,\omega_{ab}\,.$$

Eine Erweiterung auf den Fall eines verlustbehafteten Getriebes erfolgt in Abschn. 7.6.2.

Die Kinematik des Getriebes führt zu unterschiedlichen Drehgeschwindigkeiten an An- und Abtriebsseite. Das Verhältnis dieser beiden Geschwindigkeiten definiert man als *Übersetzungsverhältnis* N[15] gemäß

$$\omega_{an} = N\,\omega_{ab}\,. \tag{7.39}$$

Je nach Kinematik des Getriebes kann sich die Drehrichtung zwischen Ein- und Ausgangsseite auch umkehren, so dass N auch negativ sein kann. Im Rahmen der Antriebsauslegung spielt eine solche Drehrichtungsumkehr jedoch keine Rolle, so dass im Folgenden ohne Beschränkung der Allgemeinheit $N > 0$ angenommen wird. Damit ergibt sich aus obigem Leistungsgleichgewicht

$$\tau_{an}\,N\,\omega_{ab} = \tau_{ab}\,\omega_{ab} \quad \Longrightarrow \quad \tau_{ab} = N\,\tau_{an}\,. \tag{7.40}$$

---

[14] In Standardwerken der Getriebetechnik, wie zum Beispiel [9], wird als abtriebsseitiges Drehmoment das getriebeseitige Drehmoment verwendet. Dies führt zu einer umgedrehten Vorzeichenkonvention gegenüber dem vorliegenden Werk.

[15] Im deutschsprachigen Raum wird für das Übersetzungsverhältnis üblicherweise Symbol $\ddot{u}$ oder i verwendet. Um die in diesem Buch dargestellten Formeln auch international verwendbar zu halten, werden Umlaute als Formelsymbole vermieden. Formelsymbol i wird ebenfalls nicht zur Bezeichnung des Übersetzungsverhältnisses verwendet, da i in vielen Bereichen der Robotik bereits als Index belegt ist.

Abb. 7.33 Wirkprinzip eines
Getriebes am Beispiel eines
kraftschlüssigen Reibradgetrie-
bes

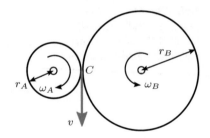

Streng mathematisch gesehen gilt die Schlussfolgerung aus (7.40) nur für $\omega_{ab} \neq 0$. Mit
den Methoden der Statik (Hebelgesetze) kann man jedoch zeigen, dass $\tau_{ab} = N\,\tau_{an}$ auch
für den Fall $\omega_{ab} = 0$ zutrifft.

Die prinzipielle Funktionsweise eines Getriebes soll anhand eines einfachen Reibrad-
getriebes aus Abb. 7.33 erläutert werden: Zwei Räder A und B mit Radien r_A, r_B sind
zentrisch drehbar gelagert und berühren sich kraftschlüssig im Punkt C. Da sich die Räder
an ihrer Stirnseite (Mantelfläche) berühren, bezeichnet man diesen Getriebetyp als *Stirn-
radgetriebe*. In diesem Punkt besitzen beide Räder dieselbe Bahngeschwindigkeit v, so
dass zwischen den Drehgeschwindigkeiten Verhältnis

$$\omega_A\,r_A = \omega_B\,r_B \quad \Longleftrightarrow \quad \frac{\omega_A}{\omega_B} = \frac{r_B}{r_A}$$

herrscht. Daraus erkennt man: Das Verhältnis der Drehgeschwindigkeiten lässt sich über
das reziproke Verhältnis der zugehörigen Radien einstellen. Abb. 7.33 zeigt den Fall
$r_A < r_B$. Mit A als Antriebsseite und B als Abtriebsseite folgt $N = \frac{\omega_A}{\omega_B} = \frac{r_B}{r_A} > 1$.
Antriebsseite A dreht sich damit N-mal schneller, als Abtriebsseite B.

In der Praxis findet man selten solche kraftschlüssigen Getriebe. Das damit übertragbare Moment hängt von der Höhe der Reibung ab und ist daher stark begrenzt. Deutlich
höher übertragbare Momente erzielt man durch Zahnradgetriebe mittels Formschluss
durch Verzahnungen entlang der Radumfänge. Dabei ergibt sich die Übersetzung durch
das Verhältnis der Zähnezahlen N_A und N_B gemäß $N = N_A/N_B$, [9]. Nachteilig dabei ist,
dass in der Praxis das maximal erzielbare Übersetzungsverhältnis in einer Größenordnung von ca. $N \leq 8$ liegt. Hinzu kommt, dass in Abhängigkeit der Radien nur spezielle
Übersetzungsverhältnisse technisch realisierbar sind.

Man erzielt höhere Übersetzungsverhältnisse durch Hintereinanderschaltung bzw. Kas-
kadierung einzelner Getriebeanordnungen. Jede darin enthaltene Getriebeanordnung wird
als *Getriebestufe* bezeichnet. Die Gesamtheit aller vorhandener Getriebestufen stellt ein
Getriebesystem dar. Das Produkt der Übersetzungsverhältnisse der enthaltenen Getriebestufen ergibt dabei das Übersetzungsverhältnis des Getriebesystems. Die Übersetzungsverhältnisse werden in einem *Getriebeschema* dargestellt. Abb. 7.34 zeigt beispielhaft ein

Abb. 7.34 Getriebeschema eines zweistufigen Vorgelegegetriebes. Die vorgelagerte Welle W ist nicht nach außen geführt

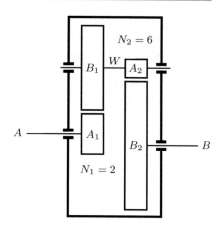

solches Getriebeschema für ein zweistufiges Vorgelegegetriebe. Die erste Getriebestufe besteht aus Rädern A_1, B_1 mit Übersetzung $N_1 = 2$, die zweite Getriebestufe aus A_2, B_2 mit $N_2 = 6$. Damit ergibt sich von A nach B ein Gesamtübersetzungsverhältnis von $N = N_1 N_2 = 12$. Man bezeichnet ein solches Getriebesystem als *Vorgelegegetriebe*. Der Name kommt daher, dass Abtriebswelle B eine *vorgelegte* Welle W besitzt.

Neben Stirnradstufen werden in Getriebesystemen auch *Planetenradgetriebe* eingesetzt. Diese kommen bei gleicher Übersetzung mit weniger Bauraum aus. Dafür bestehen höhere Anforderungen an mechanische Toleranzen, was zu größeren Herstellkosten führt. Abb. 7.35 zeigt eine Prinzipskizze. Die Antriebsseite besteht aus der mittig liegenden, grün markierten Welle. Man bezeichnet das damit verbundene Zahnrad auch als *Sonnenrad*. Bei feststehendem äußeren Ring bzw. *Hohlrad* (Innenverzahnung, rosa) treibt das Sonnenrad die *Planetenräder* (blau) an. Sie sind über einen hier nicht eingezeichneten *Steg* starr miteinander verbunden.

Alternativ dazu kann das Planetenradgetriebe auch mit feststehendem Steg und Hohlrad als Abtrieb betrieben werden. Abb. 7.35 zeigt die Bewegungen dieses Betriebsfalls durch rote Richtungspfeile markiert.

Abb. 7.35 Prinzipskizze eines Planetenradgetriebes, [18]. Nicht eingezeichnet ist dabei der Steg, der die Planeten starr miteinander verbindet. Dargestellt ist der Betriebsfall eines feststehenden Stegs, so dass das Hohlrad den Abtrieb darstellt

Abb. 7.36 Aufgeschnitte-
nes Vorgelegegetriebe GP32C
der Fa. maxon motor mit vier
Getriebestufen vom Typ Planetenrad. Mit freundlicher
Genehmigung der Fa. ma-
xon motor

Schließlich gibt es noch einen dritten Betriebsfall, bei dem das Sonnenrad feststeht. In diesem Fall dient das Hohlrad als Antrieb und der Steg als Abtrieb. Unter [18] findet man aussagekräftige Animationen dieser drei Betriebsfälle.

Abb. 7.36 zeigt ein Vorgelegegetriebe vom Typ Planetenrad mit insgesamt vier Getriebestufen.

Ein in der Robotik wichtiges technisches Merkmal von Getrieben ist das *Getriebespiel*. Es entsteht durch nicht vollständig formschlüssige Zahneingriffe benachbarter Getrieberäder. Je nach Belastungssituation berühren sich die Zahnflanken auf der einen oder anderen Seite. In den meisten Positionen eines Manipulators bewirken Gravitationskräfte oder externe Lasten, dass sich die Zahnflanken konstant auf einer Seite berühren. Verändert sich jedoch die Belastungsrichtung am Gelenk, so kann es zu einem Wechsel der aufeinanderliegenden Zahnflanken kommen. Eine solche Situation ergibt sich zum Beispiel bei der Anordnung aus Abb. 7.31, wenn sich die Masse senkrecht über oder unter dem Drehpunkt befindet. Bei planaren Manipulatoren, deren Bewegungsebene senkrecht zum Gravitationsvektor steht, gibt es keinen Gravitationseinfluss. Je nach Beschleunigung und externer Belastung wechselt die Kontaktsituation der Zahnflanken. Dies führt zu ungewollten, wenn auch kleinen Bewegungen im Manipulator. Der Endeffektor kann damit nicht mehr exakt positioniert und orientiert werden.

Aus diesem Grund ist man in der Robotik an spielfreien Getrieben interessiert. Ein bekanntes Getriebeprinzip, welches praktisch spielfrei ist, stellt das *Zykloidgetriebe* dar, siehe Abb. 7.37 sowie [1] für eine aussagekräftige Animation. Die grauen, außenliegenden, jeweils zur Hälfte dargestellten Bolzen, formen einen feststehenden Bolzenring.

Abb. 7.37 Screenshot der Animation eines Zykloidgetriebes
mit $N = 10$ nach [1]. Dreht
sich der Antrieb (*grün*) nach
rechts, so dreht bzw. taumelt
die Kurvenscheibe (*olivgrün*)
nach links. Diese nimmt über
die lila farbigen Bolzen die
Abtriebsscheibe (*lila*) ebenfalls
nach links mit

Abb. 7.38 Screenshot der
Animation eines Harmonic-
Drive-Getriebes nach [7].
Dreht sich der Antrieb (*grün*,
Wave Generator) nach rechts,
so bewegt sich bei festem Cir-
cular Spline (*blau*) der Abtrieb
(*rot*, Flexspline) nach links.
Der Abtrieb ist dabei $N = 20$
mal langsamer, als der Antrieb

Die Antriebswelle besteht aus der senkrecht nach oben zeigenden, grünen Welle. Die Abtriebswelle besteht aus der nach unten zeigenden Welle (lila). Die olivgrüne Kurvenscheibe in der Mitte besitzt $n = 10$ Kurvenabschnitte. Diese Kurvenscheibe wälzt sich im Bolzenring mit $n + 1 = 11$ Bolzen ab. „Je Umdrehung des Antriebsrads bewegt sich der Abtrieb um einen Kurvenabschnitt weiter.", [1].

Eine Alternative zum Zykloidgetriebe stellen *Wellgetriebe* dar. Weit verbreitet ist dabei das unter dem Herstellernamen bekannte *Harmonic Drive*-Getriebe. Eine aussagekräftige Animation findet sich unter [7]. Abb. 7.38 zeigt den prinzipiellen Aufbau aus *Wave Generator* (grün), *Flexspline* (rot) und *Circular Spline* (blau). Letzterer besitzt eine Innenverzahnung mit einer geringfügig größeren Zähnezahl als der Flexspline mit Außenverzahnung. Der Wave Generator ist die Antriebsseite. Er presst an zwei gegenüberliegenden Seiten den Flexspline in den Circular Spline. Hierfür ist der Flexspline entsprechend biegsam bzw. flexibel. Dreht sich der Wave Generator, so führt dies zu einer spielfreien Abwälzung des Flexsplines im Circular Spline. Aufgrund der geringen Zähnedifferenz zwischen beiden Verzahnungen ergibt sich eine hohe Getriebeübersetzung. In Abb. 7.38 besitzt der Circular Spline beispielsweise 42 Zähne, der Flexspline 40 Zähne. Damit bewegt sich der Flexspline um die Differenz von 2 Zähnen weiter für eine volle Umdrehung des Wave Generators. Man kann sowohl den Flexspline, als auch den Circular Spline als Abtrieb nutzen, wobei sich dabei die Getriebeübersetzung etwas unterscheidet. Im dargestellten Fall ergibt sich als Übersetzung $N = {}^{40}/_2 = 20$ zwischen Wave Generator als Antrieb und Flexspline als Abtrieb. Typische Übersetzungen liegen im Bereich zwischen $N = 50$ und $N = 160$.

Sowohl Zykloidgetriebe als auch das Harmonic Drive-Getriebe zeichnen sich aus durch Spielfreiheit, hohe Steifigkeit sowie hohe Übersetzungsverhältnisse. Zykloidgetriebe besitzen gegenüber Harmonic Drive Getrieben den Vorteil größerer abtriebsseitiger Drehmomente und Steifigkeit. Dafür ist das Harmonic Drive Getriebe deutlicher leichter und kleiner. Es ist auch als Bausatz verfügbar, so dass das Gelenkgehäuse als Getriebegehäuse genutzt werden kann; so spart man Masse und Bauraum. Bei Leichtbaumanipulatoren wird daher oft das Harmonic Drive-Getriebe eingesetzt, bei größeren Manipulatoren das Zykloidgetriebe.

7.6.2 Einfaches Getriebe-Wirkungsgradmodell

Reibung verursacht im Getriebe Wärmeverluste $P_{v,g}$. Ein *stark vereinfachtes* Modell dafür stellt das *Wirkungsgradmodell* dar. Hierfür definiert man für Betriebsfall

$$\text{Vorwärtsbetrieb:} \qquad P_{ab} > 0 \qquad\qquad (7.41a)$$

Getriebewirkungsgrad

$$\eta_g = \frac{P_{ab}}{P_{an}} . \qquad\qquad (7.41b)$$

Wegen (7.41a) fließt Leistung von der Antriebsseite zur Abtriebsseite. Dies bezeichnet man als *Vorwärtsbetrieb* des Getriebes. Da das Getriebe selbst nur Verlustleistung $P_{v,g} > 0$ verursachen kann, gilt: $P_{ab} > 0 \iff P_{an} > P_{ab}$.

Umgeformt folgt aus (7.41b):

$$P_{ab} = \omega_{ab}\,\tau_{ab} \overset{!}{=} \eta_g\,P_{an} = \eta_g\,\omega_{an}\,\tau_{an} \overset{(7.39)}{=} N\,\eta_g\,\omega_{ab}\,\tau_{an}$$

Für den Vorwärtsbetrieb folgt daraus für die Momente am verlustbehafteten Getriebe

$$\tau_{ab} = N\,\eta_g\,\tau_{an} . \qquad\qquad (7.42)$$

Ebenfalls im Vorwärtsbetrieb ergibt sich in Abhängigkeit von P_{an}, Getriebeverlustleistung

$$P_{v,g} = P_{an} - P_{ab} = P_{an} - P_{an}\,\eta_g = P_{an}\left(1 - \eta_g\right) \qquad\qquad (7.43a)$$

sowie äquivalent in Abhängigkeit von P_{ab}

$$P_{v,g} = P_{an} - P_{ab} = \frac{P_{ab}}{\eta_g} - P_{ab} = \frac{P_{ab} - P_{ab}\,\eta_g}{\eta_g} = P_{ab}\frac{1 - \eta_g}{\eta_g} . \qquad\qquad (7.43b)$$

Beispiel 7.8. Fortsetzung von Beispiel 7.7: Die Kupfer-Verluste sollen nun mit Hilfe eines Getriebes auf 20 W reduziert werden. Diese Forderung führt auf

$$P_{CU} = \left(\frac{\tau_{an}}{k_M}\right)^2 \le 20\,\text{W} \quad\Longrightarrow\quad \tau_{an} \le k_M\,\sqrt{20\,\text{W}} = 1.34\,\text{Nm} .$$

Für das geforderte abtriebsseitige Moment $\tau_{ab} = 10\,\text{Nm}$ folgt damit aus (7.42)

$$N\,\eta_g = \frac{\tau_{ab}}{\tau_{an}} \overset{!}{\geq} \frac{10\,\text{Nm}}{1.34\,\text{Nm}} = 7.46\,.$$

Wählt man beispielsweise ein Getriebe mit Übersetzung $N = 12$ und Getriebewirkungsgrad $\eta_g = 81\,\%$, so wird damit wegen

$$N\,\eta_g = 12\cdot 0.81 = 9.7 > 7.46$$

die Anforderung erfüllt.   ◁

Obiges Wirkungsgradmodell versagt für Betriebsfälle, die nicht (7.41a) erfüllen. In diesen Fällen sind erweiterte Getriebemodell notwendig, siehe zum Beispiel die Projektierungsanleitung von Harmonic Drive [14]. Dies soll im Folgenden kurz erläutert werden:

- Leerlauf-Vorwärtsbetrieb: $P_{an} > 0 \;\wedge\; P_{ab} = 0 \iff \tau_{ab} = 0 \;\wedge\; \tau_{an} \neq 0 \;\wedge\; \omega_{an} \neq 0$.
  Das Getriebe bewegt sich mit unbelasteter Abtriebsseite. Die Antriebsseite muss zur Aufrechterhaltung dieser Bewegung die im Getriebe verursachte Reibung überwinden, so dass die antriebsseitige Leistung nicht Null ist. Nach (7.41b) müsste in diesem Fall $\eta_g = 0$ gelten.
  Die Getriebehersteller geben für diesen Betriebsfall das Reibmoment an, welches man als *lastfreies Laufdrehmoment* bezeichnet.
- Leerlauf-Vorwärtsbetrieb im Stillstand: Betriebsfall $\tau_{ab} = 0 \wedge \tau_{an} \neq 0 \wedge \omega_{an} = 0$: Hier verbleibt das Getriebe in Ruhe bei unbelasteter Abtriebsseite. Wegen $\tau_{ab} = 0$ würde aus (7.42) auch $\tau_{an} = 0$ folgen. Dies stellt aber nur eine Möglichkeit dar. Tatsächlich halten Haftreibungskräfte und Momente das Getriebe im Stillstand, auch für von Null verschiedene eingangsseitige Momente.
  Die Getriebehersteller geben für diesen Betriebsfall das betragsmäßig kleinste eingangsseitige Drehmoment an, für das die Haftreibung im Getriebe gerade überwunden wird, so dass sich das Getriebe zu bewegen beginnt. Man bezeichnet dieses Moment als *lastfreies Losbrechmoment* bzw. als *lastfreies Anlaufdrehmoment*.
- Rückwärtsbetrieb $P_{an} < 0$: In diesem Fall treibt die Last den Antrieb an; das Getriebe befindet sich im sogenannten *Rückwärtsbetrieb*. Dies tritt auf, wenn das Getriebe, zum Beispiel durch eine externe Kraft am Endeffektor oder durch Gewichtskräfte, an der Abtriebsseite des Getriebes angetrieben wird und der Motor dabei Leistung aufnimmt. Wegen der Umkehr der Richtung des Leistungsflusses müssten P_{ab} und P_{an} in Definition (7.41b) vertauscht werden – sonst ergäbe sich ein Getriebewirkungsgrad größer eins.
- Leerlauf-Rückwärtsbetrieb: $P_{ab} < 0 \;\wedge\; P_{an} = 0 \iff \tau_{ab} \neq 0 \;\wedge\; \tau_{an} = 0 \;\wedge\; \omega_{an} \neq 0$: In diesem selten vorkommenden Fall ist die Antriebsseite unbelastet. Wegen $P_{an} = 0$ ist der Wirkungsgrad nach (7.41b) nicht definiert.
  Die Getriebehersteller geben für diesen Fall ein Getriebereibmoment an, welches man *lastfreies Rückdrehmoment* nennt.
  Analog zu obigem Fall des Leerlauf-Vorwärtsbetriebs im Stillstand definiert man auch hier den Leerlauf-Rückwärtsbetrieb im Stillstand für $\omega_{an} = 0$.

Abb. 7.39 Abhängigkeit des Getriebewirkungsgrads von der Zahl der Getriebestufen am Beispiel des Getriebe-Typs GP42C der Fa. Maxon. Plateaus entsprechen Getriebestufen

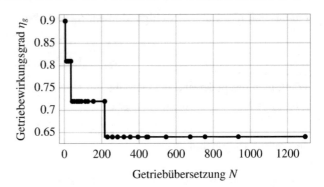

Im Folgenden wird mit obigem Getriebe-Wirkungsgradmodell (7.41b) gerechnet. Dies führt zu

Annahme 7.10. *über den Betriebsfall des Getriebes: Das Getriebe soll nur im Vorwärtsbetrieb gemäß (7.41a) betrieben werden.*

Bei Vorgelegegetrieben hängt der Wirkungsgrad stark von der Zahl der Getriebestufen ab. Dabei gilt: Je mehr Getriebestufen, desto geringer der Wirkungsgrad. Dieser Effekt soll am Beispiel eines Getriebes der Fa. Maxon verdeutlicht werden. Abb. 7.39 zeigt den Wirkungsgrad des Getriebes GP42C nach Katalogangaben. Dieses Getriebe wird in Ausführungen mit bis zu vier Getriebestufen angeboten:

Stufenzahl 1: $3.5 \leq N \leq 6,\ \eta_g = 0.9$

Stufenzahl 2: $12 \leq N \leq 36,\ \eta_g = 0.81$

Stufenzahl 3: $43 \leq N \leq 216,\ \eta_g = 0.72$

Stufenzahl 4: $150 \leq N \leq 1296,\ \eta_g = 0.64$

Anmerkung 7.11. Detailliertere Getriebemodelle: Nach (7.41b) ist der Getriebewirkungsgrad konstant. Die Ursache für die Getriebeverluste und damit das Auftreten eines Getriebewirkungsgrads sind Reibungskräfte und -momente an verschiedenen Stellen des Getriebes. Gleitreibung und viskose Reibung sind von der Geschwindigkeit abhängig, siehe zum Beispiel das Reibungsmodell aus Abschn. 5.4.2. Haftreibung ist von der Normalkraft zwischen den Kontaktflächen abhängig. Daneben ergibt sich auch eine deutliche Abhängigkeit der Reibung von der Temperatur: In fettgeschmierten Getriebelagern verursachen die Getriebekugeln Arbeit beim Wälzen im Fett. Je wärmer das Fett, desto geringer diese Arbeit. Aus diesen Gründen geben detaillierte Getriebemodelle den Getriebewirkungsgrad in Abhängigkeit von Drehmoment, Drehgeschwindigkeit und Temperatur an.☐

Ist der Getriebewirkungsgrad nicht nur von N abhängig, sondern auch von weiteren Größen wie zum Beispiel von Momenten und Geschwindigkeiten, so ist das Wirkungs-

gradmodell in der dargestellten Weise nicht mehr verwendbar. Vielmehr werden dann
aufwendigere Reibungsmodelle notwendig. Dies sprengt jedoch den Rahmen des vorliegenden Buchs und führt so zur

Annahme 7.11. *Der Getriebewirkungsgrad sei konstant oder hänge nur von der Getriebeübersetzung ab.*

Anmerkung 7.12. Drehzahl- und Drehmomentgrenze des Getriebes:

- Im Bereich der Robotik sind Getriebe wegen ihrer fettgeschmierten Lagerung hinsichtlich der eingangsseitigen Drehzahl begrenzt; typisch sind hierfür ca. $8000 \, \mathrm{U/min}$. Aus
  Keramik gefertigte Getriebe kommen ohne Fettschmierung aus, so dass hier deutlich
  höhere Drehgeschwindigkeiten möglich sind.
- Das maximal zulässige abtriebsseitige Moment ist in der Regel durch die Bruchgrenze
  der abtriebsseitigen Verzahnung begrenzt.   □

7.7 Systematische Antriebsstrang-Auslegung

In den vorangegangenen Abschnitten wurde ein Modell für permanenterregte Synchronmaschinen mit Umrichter sowie für Getriebe entwickelt. Die Kombination dieser beiden
Komponenten bezeichnet man als *Antriebsstrang*. Dieser muss ein gefordertes Lastfall-
kollektiv abdecken. Dabei müssen diverse, in der Regel äußerst einschränkende Randbedingungen beachtet werden. Solche Randbedingungen entstehen beispielsweise auf Seiten
des Motors durch maximal zulässige Werte folgender Parameter:

- Kupfer-Verlustleistung
- Zwischenkreisspannung
- Umrichter-Strom
- Motorenmasse und -volumen

Aber auch das Getriebe setzt enge Rahmenbedingungen, zum Beispiel durch maximal
zulässige Werte folgender Parameter:

- Eingangsdrehzahl
- Abtriebsseitiges Drehmoment
- Getriebemasse und -volumen

Um geeignete Komponenten auswählen zu können, muss eine Vielzahl an Parametern
so bestimmt werden, dass das Lastfallkollektiv erfüllt wird und dabei alle einschränkenden
Rahmenbedingungen eingehalten werden. Man bezeichnet diesen Entwicklungsprozess
als *Antriebsstrang-Auslegung*. Die relativ große Zahl dabei zu bestimmender Parameter führt zu einer entsprechend großen Variationsvielfalt. In vielen Unternehmen ist es

derzeit immer noch gängige ingenieurtechnische Praxis, im Rahmen von trial-and-error möglichst viele Variationen auszuprobieren. Dies zieht einen relativ großen zeitlichen wie finanziellen Aufwand nach sich. Jedes zusätzliche Optimierungskriterium, wie zum Beispiel die Forderung nach möglichst hoher Drehzahlreserve oder nach möglichst geringer Verlustleistung, führt zu einer exponentiellen Aufwandserhöhung bzw. zur Kostenexplosion.

Basierend auf den Modellen der vorangegangenen Abschnitte wird daher im vorliegenden Abschnitt ein *systematisches Antriebsstrang-Auslegungsverfahren* entwickelt. Trial-and-error-Verfahren werden so vermieden und es können zusätzliche Optimierungskriterien einfließen.

7.7.1 Formulierung des Auslegungsproblems

Mit der im vorangegangenen Abschnitt eingeführten Motor- und Induktivitätskonstante sowie dem Getriebemodell liegen nun alle Voraussetzungen zur Formulierung der Aufgabenstellung für die Antriebsstrang-Auslegung vor.

Gegeben:
- Motortyp mit Motorkonstante k_M und Induktivitätskonstante k_L
- Elektrische Begrenzungen: Maximal mögliche Zwischenkreisspannung U_D
- Umrichter mit Spannungserhöhungsfaktor μ und maximal zulässigem Motorstrom I_{max}
- Abtriebsseitiger mechanischer Lastfall (τ_{ab}, ω_{ab})
- Maximal zulässige Kupfer-Verlustleistung $P_{CU,max}$
- Maximal zulässige Getriebeeingangsdrehzahl $\omega_{an,max}$

Gesucht:
- Drehmomentkonstante k_i
- Getriebeübersetzung N

Die Forderung nach einer Begrenzung von Motorstrom und Zwischenkreisspannung führt mit (7.7) und den Zusammenhängen aus Tab. 7.2 zu

$$
\begin{aligned}
I_{max} &\geq \frac{\tau_{an}}{k_i} \\[2mm]
U_D &\geq \mu \sqrt{(R_{DC}\, I + k_i\, \omega_{an})^2 + (Z_p\, \omega_{an}\, L_{DC}\, I)^2}\,.
\end{aligned}
\tag{7.44}
$$

Die *an*triebsseitigen mechanischen Größen in (7.44) können durch die gegebenen *ab*triebsseitigen Größen über Getriebegleichungen (7.39) und (7.42) ausgedrückt werden zu

$$
\tau_{an} = \frac{\tau_{ab}}{N\,\eta_g}\,, \quad \omega_{an} = N\,\omega_{ab}\,, \quad \omega_{an}\,\tau_{an} = \frac{\omega_{ab}\,\tau_{ab}}{\eta_g}\,.
$$

Zusammen mit k_L, k_M und Drehmomentgleichung

$$I = \frac{\tau_{\text{an}}}{k_i} = \frac{\tau_{\text{ab}}}{N \, \eta_g \, k_i}$$

formen sich beide Ungleichungen aus (7.44) um in

$$I_{\text{max}} \geq \frac{\tau_{\text{ab}}}{N \, \eta_g \, k_i} \qquad \text{(Strombegrenzungsgleichung)} \tag{7.45a}$$

$$U_D \geq \mu \sqrt{\left(\frac{R_{\text{DC}}}{k_i} \frac{\tau_{\text{ab}}}{N \, \eta_g} + k_i \, N \, \omega_{\text{ab}} \right)^2 + \left(Z_{\text{p}} \frac{L_{\text{DC}}}{k_i} \frac{\omega_{\text{ab}} \, \tau_{\text{ab}}}{\eta_g} \right)^2}.$$

Mit $R_{\text{DC}} = k_i{}^2/k_M{}^2$ und $L_{\text{DC}} = k_i{}^2/k_L{}^2$, folgt Spannungsbegrenzungsgleichung

$$U_D \geq \mu \sqrt{\left(\frac{k_i}{k_M{}^2} \frac{\tau_{\text{ab}}}{N \, \eta_g} + k_i \, N \, \omega_{\text{ab}} \right)^2 + \left(Z_{\text{p}} \frac{k_i}{k_L{}^2} \frac{\omega_{\text{ab}} \, \tau_{\text{ab}}}{\eta_g} \right)^2}. \tag{7.45b}$$

Neben der Strom- und Spannungsbeschränkung ist in obiger Aufgabenstellung auch eine maximal zulässige Getriebeeingangdrehzahl $\omega_{\text{an,max}}$ gefordert. Diese führt mit (7.39) und Drehgeschwindigkeit ω_{ab} des gegebenen Lastfalls zu einem maximal zulässigen Getriebeübersetzungsverhältnis

$$N_{\text{max}} = \frac{\omega_{\text{an,max}}}{|\omega_{\text{ab}}|}. \tag{7.45c}$$

Während damit eine obere Grenze der Getriebeübersetzung gegeben ist, führt die Forderung nach einer maximal zulässigen Kupfer-Verlustleistung $P_{\text{CU,max}}$ auf ein minimal zulässiges Getriebeübersetzungsverhältnis. Zusammen mit (7.37) stellt sich hierfür Optimierungsproblem

$$N_{\text{min}} = \min N$$

$$\text{u.B.v. } P_{\text{CU}} \geq \left(\frac{\tau}{k_M} \right)^2 = \left(\frac{\tau_{\text{ab}}}{k_M \, N \, \eta_g} \right)^2. \tag{7.45d}$$

Unter Annahme eines konstanten Getriebewirkungsgrads η_g lässt sich die Ungleichungsnebenbedingung analytisch nach N auflösen. Dies liefert direkt die Lösung des Optimierungsproblems in Form der minimal zulässigen Getriebeübersetzung

$$N \geq N_{\text{min}} = \frac{|\tau_{\text{ab}}|}{k_M \, \eta_g \, \sqrt{P_{\text{CU,max}}}} \qquad \text{falls } \eta_g = \text{const}. \tag{7.45e}$$

Diese Grenze wird im Folgenden als *thermische Grenze* bezeichnet, da sie die Kupfer-Verluste im Motor beschränkt.

In Abschn. 7.6 wurde dargestellt, dass Getriebewirkungsgrad η_g von der Zahl der Getriebestufen und damit von der Getriebeübersetzung N abhängen kann. In diesem Fall ist

Abb. 7.40 Graphisches Lösungsverfahren für N_{min} im Beispiel 7.9. Der *grau ausgefüllte kleine Kreis* kennzeichnet den Schnittpunkt der Graphen bei $N_{min} = 9.2$

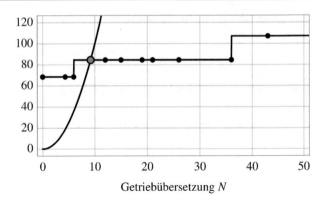

Getriebübersetzung N

nicht gewährleistet, dass die in (7.45d) enthaltene Ungleichungsnebenbedingung nach N analytisch auflösbar ist. Optimierungsproblem (7.45d) muss dann zum Beispiel graphisch oder numerisch gelöst werden.

Beispiel 7.9. Betrachtet wird Getriebetyp GP42C mit Wirkungsgradverlauf $\eta_g(N)$ nach Abb. 7.39. Die Ungleichungsnebenbedingung aus (7.45d) ergibt umgestellt

$$N^2 \le \frac{1}{P_{CU}} \left(\frac{\tau_{ab}}{k_M \, \eta_g(N)} \right)^2 .$$

Setzt man die Werte $\tau_{ab} = 10\,\text{Nm}$, $k_M = 0.3\,^{\text{Nm}}/\sqrt{\text{w}}$ und $P_{CU} = 20\,\text{W}$ ein, so folgt

$$N^2 \le \frac{1}{20\,\text{W}} \left(\frac{10\,\text{Nm}}{0.3\,^{\text{Nm}}/\sqrt{\text{w}}} \right)^2 \frac{1}{\eta_g(N)^2} = 55.\overline{5} \, \frac{1}{\eta_g(N)^2} .$$

Beide Seiten dieser Ungleichung werden als eigenständige Funktion von N angesehen. Deren Graphen zeigt Abb. 7.40. Am Schnittpunkt der Graphen tritt die gesuchte optimale Lösung N_{min} auf. Ein numerisches Lösungsverfahren liefert dafür $N_{min} \approx 9.2$.   ◁

Das aus Gleichungen und Ungleichungen bestehende System (7.45) kann algebraisch nicht ohne weiteres gelöst werden. Im folgenden Abschnitt wird daher ein graphisches Lösungsverfahren ausgearbeitet.

7.7.2 Graphisches Lösungsverfahren im k_i-N-Diagramm

Ungleichungen (7.45a) und (7.45b) lassen sich nach k_i auflösen. So erhält man zwei Ungleichungen, die in einem k_i-N-Diagramm zulässige Bereiche definieren. Die Schnittmenge dieser Bereiche liefert dann auf $N_{min} \le N \le N_{max}$ die Lösungsmenge:

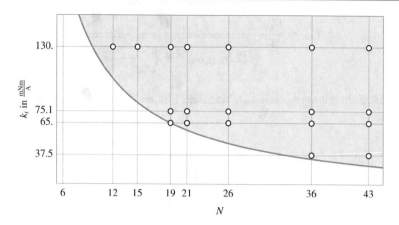

Abb. 7.41 Zulässiger Bereich (*grau markiert*) für (k_i, N) aus Strombegrenzungsungleichung (7.46). Zulässige und lieferbare Wertepaare (k_i, N) sind durch *kleine Kreise* markiert. Der zugrundeliegende Datensatz ist in Beispiel 7.7 gegeben

Nach k_i aufgelöst, ergibt Strombegrenzungsgleichung (7.45a)

$$k_i(N) \geq \underline{k}_i(N) = \frac{|\tau_{ab}|}{\eta_g \, I_{max}} \frac{1}{N} \tag{7.46}$$

mit einer Hyperbel als Grenzlinie im k_i-N-Diagramm. Der zulässige Bereich von (k_i, N) liegt dann oberhalb dieser Hyperbel. Ein Beispiel dafür zeigt Abb. 7.41, wobei der zulässige Bereich grau markiert ist. Die zugrunde liegende Auslegung bezieht sich auf Beispiel 7.7. Für Getriebeübersetzung N, wie auch Drehmomentkonstante k_i, können vom jeweiligen Hersteller immer nur einzelne Werte realisiert werden. Diese lieferbaren Werte werden im k_i-N-Diagramm als Hilfslinien bzw. Grid-Linien eingetragen. Die Schnittpunkte dieser Hilfslinien stellen damit lieferbare Kombinationen von (k_i, N) dar. In Abb. 7.41 sind lieferbare und zulässige Kombinationen mit kleinen Kreisen markiert.

Auch Spannungsbegrenzungsungleichung (7.45b) kann nach k_i aufgelöst werden gemäß

$$k_i(N) \leq \overline{k}_i(N) = \frac{U_D}{\mu} \frac{1}{\sqrt{\left(\dfrac{\tau_{ab}}{k_M{}^2 \, N \, \eta_g} + N \, \omega_{ab}\right)^2 + \left(\dfrac{Z_p}{k_L{}^2} \dfrac{\tau_{ab} \, \omega_{ab}}{\eta_g}\right)^2}} \, . \tag{7.47}$$

Bei der Kurvendiskussion der dadurch definierten Grenzkurve stellt man ein Maximum mit Flachstelle fest bei

$$N_{flach} = \frac{1}{k_M} \sqrt{\frac{\tau_{ab}}{\eta_g \, \omega_{ab}}} ,$$

$$k_{i,\text{flach}} = \frac{U_D}{\mu} \, \frac{1}{\sqrt{(2 \, N_{\text{flach}} \, \omega_{\text{ab}})^2 + \left(\dfrac{Z_{\text{p}}}{k_L{}^2} \, \dfrac{\tau_{\text{ab}} \, \omega_{\text{ab}}}{\eta_g} \right)^2}} \, .$$

Obere Schranken mit asymptotischen Verhalten für den Verlauf der Grenzkurve sind gegeben durch

$$\overline{k}_i(N) \le
\begin{cases}
\dfrac{U_D}{\mu} \left(\left(\dfrac{\tau_{\text{ab}}}{k_M{}^2 \, N \, \eta_g} \right)^2 + \left(\dfrac{Z_{\text{p}}}{k_L{}^2} \, \dfrac{\tau_{\text{ab}} \, \omega_{\text{ab}}}{\eta_g} \right)^2 \right)^{-1/2} & \text{für } N < N_{\text{flach}} \\[4mm]
\dfrac{U_D}{\mu} \left((N \, \omega_{\text{ab}})^2 + \left(\dfrac{Z_{\text{p}}}{k_L{}^2} \, \dfrac{\tau_{\text{ab}} \, \omega_{\text{ab}}}{\eta_g} \right)^2 \right)^{-1/2} & \text{für } N > N_{\text{flach}} \, .
\end{cases}$$

Abb. 7.42 zeigt beispielhaft den Verlauf dieser Schranken (gestrichelte Linie und Strich-Punkt-Linie), sowie die Grenzkurve und den zulässigen Bereich unterhalb der Grenzkurve (grau markiert). Analog zu Abb. 7.41 sind die zulässigen und lieferbaren Kombinationen (k_i, N) mit kleinen Kreisen gekennzeichnet. Der große Kreis markiert die Flachstelle $(k_{i,\text{flach}}, N_{\text{flach}})$.

Die Schnittmenge der Bereiche von Abb. 7.41 und Abb. 7.42 liefert auf $N_{\min} \le N \le N_{\max}$ die Menge zulässiger Wertepaare (k_i, N). Sie erfüllen alle eingangs gestellten Forderung. In Abb. 7.43 ist dieser zulässige Bereich grau markiert. Der zulässige Bereich $N_{\min} \le N \le N_{\max}$ wird dabei durch zwei senkrechte Geraden (gestrichelt dargestellt) begrenzt. Aus Abb. 7.43 ergeben sich so insgesamt sieben zulässige Wertepaare für (k_i, N).

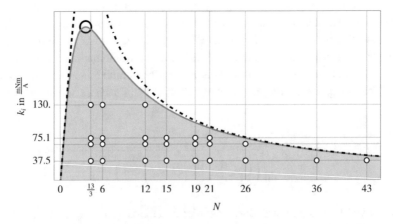

Abb. 7.42 Zulässiger Bereich (*grau markiert*) für (k_i, N) aus Spannungsbegrenzungsungleichung (7.47). Zulässige und lieferbare Wertepaare (k_i, N) sind durch *kleine Kreise* markiert. Der zugrundeliegende Datensatz ist in Beispiel 7.7 gegeben. Die *gestrichelte Linie* stellt die Asymptote $\overline{k}_i(N)$ für $N < N_{\text{flach}}$ dar, die *Strich-Punkt-Linie* die Asymptote für $N > N_{\text{flach}}$

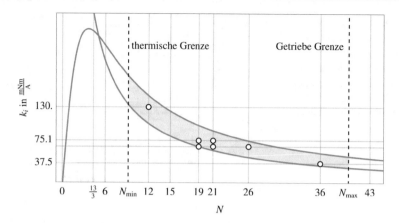

Abb. 7.43 Schnittmenge (*grau markiert*) der zulässigen Bereiche für (k_i, N) von Abb. 7.41, Abb. 7.42 und $N_{min} \leq N \leq N_{max}$. Zulässige und lieferbare Wertepaare (k_i, N) sind durch *kleine Kreise* markiert. Der zugrundeliegende Datensatz ist in Beispiel 7.7 gegeben

Anmerkung 7.13 liefert weitere Auswahlkriterien, um ein Wertepaar aus der zulässigen Menge auszuwählen.

Anmerkung 7.13. Zusatzauswahlkriterien, die zu einer weiteren Einschränkung der zulässigen (k_i, N)-Wertepaare führen können:

Geräuschentwicklung: Tendenziell gilt hier die Daumenregel: Je größer N, desto lauter der Antriebsstrang. Es kann aber auch Resonanz auftreten, die durch eine geringfügig höhere Drehzahl (und damit höheres N) vermieden werden kann.

Energieeffizienz: Betrachtet man den Motor, so sinken die Kupfer-Verluste P_{CU} mit steigendem N. Ist der Getriebewirkungsgrad von N abhängig, so steigen die Getriebeverluste mit steigendem N. Die Gesamtverlustleistung ergibt sich aus (7.42), (7.43b) und (7.37) zu

$$
\begin{aligned}
P_{v,gesamt}(N) &= P_{CU}(N) + P_{v,g}(N) \\
&= \left(\frac{\tau_{ab}}{N\, \eta_g(N)\, k_M} \right)^2 + P_{ab}\, \frac{1 - \eta_g(N)}{\eta_g(N)} .
\end{aligned} \tag{7.48}
$$

Das asymmetrische Zuwachsverhalten der Verluste im Getriebe und Motor lässt ein Minimum der Gesamtverluste zu. Dies führt zu einem Optimierungsproblem, welches in der Regel nur numerisch lösbar ist, siehe Beispiel 7.11 und Aufgabe 7.4.

Auslegungs-Reserven: Je näher das gewählte Wertepaar (k_i, N) an einer der Grenzen liegt, desto weniger Reserven bestehen hinsichtlich dieser Grenze.

Abb. 7.44 Zusammenset-
zung der Verlustleistung im
Antriebsstrang aus Getriebe-
und Motorenverluste für Beispiel 7.10. Die *kleinen grauen
Punkte* markieren lieferbare
Werte für die Getriebeübersetzung

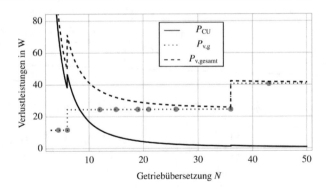

Lieferbarkeit: Bestimmte Werte von k_i und N werden von den Herstellern in größerer
Stückzahl gefertigt und sind Lagerware. Sie sind daher günstiger und schneller
lieferbar.

Sicherheit: Mit steigenden Werten für die Drehmomentkonstante steigen auch die EMK-
Spannungen. Wird der Motor (ungewollt) generatorisch betrieben, so können hier
eventuell lebensgefährliche Spannungen generiert werden.

Regelbarkeit: Je höher die Getriebeübersetzung, desto geringer der Einfluss der Massenträgheit der Last auf die Motorachse, siehe Abschn. 8.4.1. Dies ist bei der
dezentralen Regelung des Motorachswinkels von Vorteil, siehe Abschn. 8.4. Aus
Sicht der Regelung ist typischerweise ein relativ großes N günstig.   □

Beispiel 7.10. Für Drehmoment $\tau_{ab} = 10\,\text{Nm}$, Drehzahl $\omega_{ab} = 100\,\text{U/min}$, Motorkonstante $k_M = 0.3\,\text{Nm}/\sqrt{\text{w}}$ und Getriebewirkungsgrad-Verlauf $\eta_g(N)$ nach Abb. 7.39, ergibt
sich der in Abb. 7.44 dargestellte Verlauf für $P_{CU}(N)$, $P_{v,g}(N)$ und $P_{v,\text{gesamt}}(N)$. Daraus
erkennt man, dass die Verluste im Motor mit steigendem N abnehmen. Die Verluste im
Getriebe steigen hingegen an. Aus dem Verlauf der Gesamtverlustleistung liest man ab:
Bei der höchsten zweistufigen Übersetzung $N = 36$ tritt das Minimum der Gesamtverlustleistung auf.   ◁

7.7.3 Antriebsstrang-Auslegung für ein Lastfall-Kollektiv

Bislang wurde nur ein einzelner Lastfall (τ_{ab}, ω_{ab}) betrachtet. Ein solcher konstanter Lastfall tritt bei Manipulatoren nur im statischen Fall auf. Bewegt sich der Manipulator, so
ergeben sich zeitabhängige Lastfälle. Wie bereits zu Beginn des Kapitels in Abschn. 7.2
dargestellt, ist die Dynamik der elektrischen Größen im Motor sehr viel schneller als die
Dynamik der Mechanik. Dies führte zu Annahme 7.3 konstanter Drehgeschwindigkeiten.
Unter dieser Annahme wird der zeitliche Lastfallverlauf in kurzen Zeitabständen abgetastet. Während dieser Abtastzeit kann der Lastfall als konstant angenommen werden. Dabei

gilt Daumenregel

$$T_{\text{abtast}} \ll T_{\text{mech}}$$

mit T_{mech} als kleinste Zeitkonstante der Mechanik. Diese ist in der Robotik nicht einfach zu ermitteln oder abzuschätzen, da die zugrunde liegende Mechanik hochgradig nichtlinear ist und Zeitkonstanten nur für lineare Systeme definiert sind. Als Abhilfe kann man sich an der PWM-Zykluszeit des Umrichters orientieren, das heißt

$$T_{\text{abtast}} \approx T_{\text{PWM}} \, .$$

Mit einer solchen Abtastung erhält man eine Menge an Lastfällen

$$\mathcal{LK} = \{(\tau_{\text{ab},1}, \omega_{\text{ab},1}), \ (\tau_{\text{ab},2}, \omega_{\text{ab},2}), \cdots\} \, ,$$

die man *Lastfall-Kollektiv* nennt.

Der gesuchte Antriebsstrang muss alle in $\mathcal{LK}$ enthaltenen Lastfälle erfüllen. Das darin vorkommende, betragsmäßig maximale Drehmoment werde mit $\tau_{\text{ab,absmax}}$ bezeichnet; die betragsmäßig maximale Drehgeschwindigkeit mit $\omega_{\text{ab,absmax}}$. Aus (7.46) und

$$k_i(N) \geq \frac{\tau_{\text{ab,absmax}}}{N \, \eta_g \, I_{\text{max}}}$$

ergibt sich damit eine untere Schranke für die Drehmomentkonstante. Berücksichtigt man nur den EMK-Spannungsanteil, so folgt aus (7.45)

$$U_D \geq \mu \, k_i \, N \, \omega_{\text{ab}} \, .$$

Für $\tau_{\text{ab}} = 0$ gelte darin das Gleichheitszeichen. Für $\tau_{\text{ab}} \neq 0$ handelt es sich dabei hingegen um eine konservative Abschätzung, so dass das $\geq$-Zeichen durch ein $>$-Zeichen ersetzt werden kann. Mit $\omega_{\text{ab,absmax}}$ folgt daraus Schranke

$$k_i(N) \leq \frac{U_D}{\mu \, N \, \omega_{\text{ab,absmax}}} \, .$$

Untere und obere Schranke liefern zusammen Doppelungleichung

$$\frac{\tau_{\text{ab,absmax}}}{N \, \eta_g \, I_{\text{max}}} \leq k_i(N) \leq \frac{U_D}{\mu \, N \, \omega_{\text{ab,absmax}}}$$

$$\implies \quad \frac{\tau_{\text{ab,absmax}}}{N \, \eta_g \, I_{\text{max}}} \leq \frac{U_D}{\mu \, N \, \omega_{\text{ab,absmax}}}$$

$$\iff \quad \frac{\tau_{\text{ab,absmax}} \, \omega_{\text{ab,absmax}}}{\eta_g} \leq \frac{U_D \, I_{\text{max}}}{\mu} \, . \tag{7.49}$$

Dies stellt eine notwendige Existenzbedingung für die Antriebsstrang-Auslegung dar. In frühen Stadien der Entwicklung liegen noch keine Werte für η_g und μ vor. Für Machbarkeits-Aussagen werden dann diese Werte zu 1 gesetzt und man erhält

$$\tau_{\mathrm{ab,absmax}} \, \omega_{\mathrm{ab,absmax}} \leq U_D \, I_{\max} \,. \tag{7.50}$$

Wegen $\eta_g < 1$ und $\mu > 1$ ist (7.50) weniger einschränkend als (7.49) und stellt damit ein konservatives notwendiges Existenzkriterium dar.

Anmerkung 7.14. Beide Seiten von (7.49) stellen von der Einheit her Leistungen dar. Mechanische Leistung $\tau_{\mathrm{ab,absmax}} \, \omega_{\mathrm{ab,absmax}}$ (linke Seite von (7.49)) tritt dabei nur im Sonderfall auf, dass $(\tau_{\mathrm{ab,absmax}}, \, \omega_{\mathrm{ab,absmax}})$ im Lastfall-Kollektiv $\mathcal{LK}$ enthalten ist. Im Normalfall ist daher die im Lastfall enthaltene, maximale mechanische Leistung geringer.

Analog gilt für die rechte Seite von (7.49): Die elektrische Leistungsgröße $(U_D \, I_{\max})/\mu$ tritt nur bei Lastfall $(\tau_{\mathrm{ab,absmax}}, \, \omega_{\mathrm{ab,absmax}})$ auf. □

Jeder Lastfall liefert im k_i-N-Diagramm eigene zulässige Bereiche. Da ein und derselbe Antriebsstrang alle Lastfälle aus $\mathcal{LK}$ abdecken muss, muss von allen diesen zulässigen Bereichen die Schnittmenge gebildet werde. Praktisch realisiert man dies, indem man die untere Grenze $\underline{k}_i(N)$ nach (7.46) bei fester Getriebeübersetzung N für alle Lastfälle des Kollektivs $\mathcal{LK}$ berechnet. Das Maximum dieser Wertemenge ist damit am konservativsten und wird für das zugehörige N im k_i-N-Diagramm des Lastfall-Kollektivs als untere Grenze verwendet:

$$\underline{k}_i^{\mathcal{LK}}(N) = \max_{\mathcal{LK}} \underline{k}_i(N) \tag{7.51a}$$

Analog folgt mit $\overline{k}_i(N)$ aus (7.47) obere Grenze

$$\overline{k}_i^{\mathcal{LK}}(N) = \min_{\mathcal{LK}} \overline{k}_i(N) \,. \tag{7.51b}$$

Analog müssen auch die Grenzen $N_{\min}$ und $N_{\max}$ der Getriebeübersetzung für das Lastfall-Kollektiv bestimmt werden. Aus (7.45c) folgt damit

$$N_{\max}^{\mathcal{LK}} = \frac{\omega_{\mathrm{an,max}}}{\omega_{\mathrm{ab,absmax}}} \,. \tag{7.51c}$$

Für die untere thermische Grenze der Getriebeübersetzung ergibt sich

$$N_{\min}^{\mathcal{LK}} = \begin{cases} \dfrac{\tau_{\mathrm{ab,absmax}}}{k_M \, \eta_g \, \sqrt{P_{\mathrm{CU,max}}}} & \text{für } \eta_g = \mathrm{const} \\[2ex] \max_{\mathcal{LK}} N_{\min}(\tau_{\mathrm{ab}}) \quad (\text{nach (7.45d)}) & \text{für } \eta_g = \eta_g(N) \,. \end{cases} \tag{7.51d}$$

Anmerkung 7.15. Die Rechenkosten zur numerischen Berechnung der k_i-Grenzen für ein Lastfall-Kollektiv steigen mit dessen Größe. Die dabei auftretende Rechenzeit kann signifikant reduziert werden durch Parallelrechnung der Lastfälle des Kollektivs. □

Die Auslegung geeigneter Komponenten eines Antriebsstrangs im Rahmen eines Manipulator-Entwicklungsprojekts stellt einen iterativen Prozess dar und ist geprägt von einer Vielzahl von Kompromissen innerhalb der beteiligten Fachbereiche. Algorithmus 7.1 stellt den Prozess der Auslegung in Form eines Ablaufdiagramms zusammen. Der Auslegung liegen viele Annahmen zugrunde, die sukzessive im Zuge der Herleitung in den voran-

Prozess Antriebsstrang-Auslegung

Schritt 1 Bestimmung des Lastfallkollektivs $\mathcal{LK}$ sowie der enthaltenen betragsmäßig absoluten Maxima $\tau_{\text{ab,absmax}}$ und $\omega_{\text{ab,absmax}}$.

> **Schritt 2** Verhandlung mit dem Fachbereich Elektronik über möglichst große maximal zulässige Werte für Zwischenkreisspannung U_D und Motorstrom $I_{\max}$.
>
> Wiederhole, bis notwendige Existenzbedingung (7.50) erfüllt ist.

Schritt 3 Verhandlung mit Fachbereich Konstruktion über möglichst große maximal zulässige Werte für Verlustleistung P_{CU} und Motorenmasse m.
Verhandlung der Kostengrenze für den Motortyp, zum Beispiel mit dem Projektleiter.

Schritt 4 Auswahl einer Motorentechnologie unter Zuhilfenahme eines Technologievergleichs wie in Abb. 7.29 dargestellt; dabei Maximierung der Motorkonstante k_M im Rahmen der Kosten-Masse-Grenze.
Innerhalb der gewählten Motorentechnologie Auswahl des größtmöglichen Motortyps, der gerade noch die in Schritt 3 spezifizierte Masseobergrenze m einhält.

Schritt 5 Bestimmung der thermischen Grenze $N_{\min}$ für die Getriebeübersetzung nach (7.51d) und typische Werte des Getriebewirkungsgrads, zum Beispiel $\eta_g \in \{0.5, 0.6, \cdots, 0.9\}$.
Auswahl eines Getriebetyps durch den Fachbereich Konstruktion. Eventuell ist $N_{\min}$ so groß, dass kein für die Konstruktion passendes Getriebe gefunden werden kann.

Wiederhole, bis $N_{\min}$ ausreichend klein ist.

Schritt 6 Numerische Berechnung der k_i-Grenzverläufe $\underline{k}_i^{\mathcal{LK}}(N)$ und $\overline{k}_i^{\mathcal{LK}}(N)$ nach (7.51). Darstellung des zulässigen Bereichs im k_i-N-Diagramm. Berechnung der maximal und minimal zulässigen Getriebeübersetzung $N_{\max}$ nach (7.51c) und $N_{\min}$ nach (7.51d).

Wiederhole, bis Lösungen im k_i-N-Diagramm existieren.

Schritt 7 Auswahl einer (k_i, N)-Kombination unter möglicher Berücksichtigung von Zusatzauswahlkriterien nach Anmerkung 7.13.

Algorithmus 7.1 Prozess Antriebsstrang-Auslegung; gültig für die Annahmen aus Tab. 7.5

Tab. 7.5 Zusammenfassung der im Kap. 7 getroffenen Annahmen zur Auslegung von Antriebs-strängen

Referenz	Inhalt der Annahme
7.1	Motorregelung so, dass der Ankerstellbereich vorliegt.
7.2	Motorkomponenten linear und zeitinvariant.
7.3	Drehgeschwindigkeit eines Lastfalls kann als konstant angenommen werden.
7.4	Symmetrische Stator-Phasen.
7.5	Sinusförmige EMK.
7.6	Ideale Spannungsquelle im Zwischenkreis.
7.7	Einfluss von Oberwellen und Subharmonischen vernachlässigbar.
7.8	Vernachlässigung von Eisensättigung, Eisenverlusten, Temperatureinflüssen, Schalt-verlusten im Umrichter, Wärmeverlusten im Zwischenkreiskondensator.
7.9	Konstantes k_M und k_L innerhalb der Spannungsreihe eines Motortyps.
7.10	Lastfälle sind für das einfache Getriebe-Wirkungsgradmodell geeignet.
7.11	Der Getriebewirkungsgrad ist konstant oder von der Getriebeübersetzung abhängig.

gegangenen Abschnitten dieses Kapitels getroffen wurden. Diese Annahmen sind für die meisten Antriebsstränge von Manipulatoren gültig. Falls nicht alle Annahmen getroffen werden können, führt der Auslegungsprozess aus Algorithmus 7.1 zumindest zu einer Grobauslegung. Diese können als Startpunkt für nachgelagerte Feinauslegungen dienen, in denen dann die in der Grobauslegung vernachlässigten Effekte im Detail berücksichtigt werden.

Da die Annahmen auf das gesamte vorangegangene Kapitel verteilt sind, werden sie zur besseren Übersicht in Tab. 7.5 nochmals zusammengefasst.

Beispiel 7.11. Fortsetzung von Beispiel 7.7

Schritt 1: Das Lastfallkollektiv sei durch einen einzigen Punkt

$$(\tau_{ab}, \omega_{ab}) = (10\,\text{Nm}, 100\,{}^{\text{U}}/\text{min})$$

gegeben. In Standardeinheit folgt daraus Drehgeschwindigkeit

$$100\,{}^{\text{U}}/\text{min} \mathrel{\hat{=}} 100\,\frac{2\,\pi}{60}\,\text{rad}/\text{s} = 10\,\frac{\pi}{3}\,\text{rad}/\text{s},$$

siehe auch Anmerkung 6.5 zur Umrechnung von Drehzahl nach Drehgeschwindigkeit.

Schritt 2: In Absprache mit der Elektronik-Abteilung werden folgende Grenzwerte fest-gelegt:
– maximale Zwischenkreisspannung: 24V
– maximaler Motorstrom: 10A

Wegen

$$\tau_{ab,absmax}\, \omega_{ab,absmax} = 10\,\text{Nm}\, \frac{10\,\pi}{3}\, \text{rad}/\text{s} = \frac{100\,\pi}{3}\,\text{W} \approx 105\,\text{W}$$

$$U_D\, I_{max} = 24\,\text{V}\, 10\,\text{A} = 240\,\text{W}$$

ist notwendige Bedingung (7.50) erfüllt und es kann mit Schritt 3 fortgesetzt werden.

Schritt 3: In Absprache mit dem Fachbereich Konstruktion werden folgende Grenzwerte festgelegt:
- Maximal zulässige Verlustleistung des Motors: $P_{CU} = 20\,\text{W}$
- Maximale Motorenmasse: 400 g

Nach Verhandlungen mit dem Projektmanagement wird zunächst keine Kostengrenze für die Motorentechnologie festgesetzt, da ein möglichst effizienter Antriebsstrang realisiert werden soll.

Schritt 4: Auswahl Motorentechnologie nach bestem Verhältnis zwischen Motorenmasse und Motorkonstanten: Hersteller A. Auswahl des größtmöglichen Motortyps innerhalb der spezifizierten Masse-Obergrenze:
- Masse: $m = 370\,\text{g}$
- Motor- und Induktivitätskonstante:

$$k_M = 0.3\,\text{Nm}/\sqrt{\text{W}}, \quad k_L = 6.9\,\text{Nm}/\sqrt{\text{Ws}}$$

- Polpaarzahl $Z_p = 10$
- verfügbare Drehmomentkonstanten: $k_i \in \{37.5, 65, 130\}\,\text{mNm}/\text{A}$
- Modulationsart des Umrichters: SV-PWM

Schritt 5: Die thermisch zulässige Untergrenze der Getriebeübersetzung nach (7.45e) führt zu Tab. 7.6. Dabei wurde auf drei gültige Ziffern gerundet.

Auswahl eines Getriebetyps durch den Fachbereich Konstruktion. Datenblatt-Werte:
- Maximal zulässiges abtriebsseitiges Moment: 15 Nm
- Maximal zulässige Eingangsdrehzahl: 4000 U/min
- Verfügbare Getriebeübersetzungen: $N \in \{6, 12, 18, 24, 30, 36, 42\}$

Der Getriebewirkungsgrad des ausgewählten Getriebetyps sei vereinfachend als konstant angenommen mit $\eta_g = 81\,\%$.

Tab. 7.6 Minimale Getriebeübersetzung in Abhängigkeit vom Getriebewirkungsgrad in Beispiel 7.11

η_g	0.5	0.6	0.7	0.8	0.9
N_{min}	14.9	12.4	10.6	9.32	8.28

Da es ein Getriebe gibt, das die Werte aus Tab. 7.6 einhält, ist an dieser Stelle keine Iteration im Auslegungsprozess notwendig; es kann mit Schritt 6 fortgefahren werden.

Schritt 6: Aus der maximalen Getriebeeingangsdrehzahl folgt mit (7.45c) die maximal zulässige Getriebeübersetzung

$$N_{max} = \frac{\omega_{an,max}}{|\omega_{ab}|} = 40 \, .$$

Da der Getriebewirkungsgrad als konstant angenommen wird, kann die thermisch zulässige Untergrenze der Getriebeübersetzung direkt aus (7.45e) berechnet werden zu

$$N_{min} = \frac{10 \, \mathrm{Nm}}{0.3 \, \mathrm{Nm}/\sqrt{\mathrm{w}} \cdot 0.81 \, \sqrt{20 \, \mathrm{W}}} \approx 9.20 \, .$$

Siehe auch Beispiel 7.9 für den Fall, dass der Getriebewirkungsgrad vom Übersetzungsverhältnis abhängt.

Aus (7.46) und (7.47) ergibt sich die untere und obere Begrenzungskurve im k_i-N-Diagramm zu

$$\underline{k}_i(N) = \frac{10 \, \mathrm{Nm}}{N \cdot 0.81 \cdot 10 \, \mathrm{A}} \approx 1.235 \, \mathrm{Nm}/\mathrm{A} \cdot \frac{1}{N}$$

$$\overline{k}_i(N) = \frac{24 \, \mathrm{V}}{2/\sqrt{3}} \frac{1}{\sqrt{(137.2 \cdot \frac{1}{N} + N \cdot 100 \cdot \frac{2\pi}{60})^2 + 727.2}}$$

Eine Skizze des $k_i - N$-Diagramms findet sich in Abb. 7.43. Darin sind Lösungen (k_i, N) enthalten, so dass mit dem nächsten Auslegungsschritt 7 fortgefahren wird.

Schritt 7: Um aus der zulässigen Menge im k_i-N-Diagramm eine eindeutige Lösung herauszufiltern, wird als Zusatzauswahlkriterium Energieeffizienz des Motors gefordert. Damit wird der zulässige Punkt mit der größten Getriebeübersetzung gewählt, um die Kupferverluste zu reduzieren. Dies führt zu $N = 36$, $k_i = 37.5 \, \mathrm{mNm}/\mathrm{A}$.

In Beispiel 7.10 wird der erweiterte Fall betrachtet, dass der Getriebewirkungsgrad vom Übersetzungsverhältnis abhängt und die Gesamtverlustleistung minimiert werden soll.   ◁

Aufgaben

Musterlösungen finden sich unter www.springer.com auf der Seite des vorliegenden Werks.

7.1 Drehmomentkonstante

Eine permanenterregte Synchronmaschine soll ein Motorwellenmoment von $\tau_{an} = 1\,\text{Nm}$ erzeugen. Der Umrichter liefert einen betragsmäßig maximalen Strom von $I_{eff} = 10\,\text{A}$ (Effektivwert).

a) Geben Sie die Drehmomentkonstante bezogen auf die Stromamplitude an.
b) Wiederholen Sie die Aufgabe für einen Umrichter, der eine Stromamplitude von $\hat{I} = 10\,\text{A}$ liefert.

7.2 Einphasiges Ersatzmodell für Motor und Umrichter

Bei einem Master-Slave-System mit kinästhetischem Feedback soll das Gelenk Hand-Drehen mit einem Direct-Drive-Antriebsstrang ausgerüstet werden. Als Motor wird eine permanenterregte Synchronmaschine mit Umrichtung nach SV-PWM gewählt. Die permanenterregte Synchronmaschine liegt in Sternschaltung vor und besitzt laut Datenblatt folgende Kennwerte:

- Phasenwiderstand: $327.5\,\text{m}\Omega$
- Phaseninduktivität: $675\,\mu\text{H}$
- Polpaarzahl: 10
- Drehmomentkonstante (bezogen auf Stromamplitude): $180\,\text{mNm}/\text{A}$

Damit soll der konstante Lastfall ($800\,\text{U}/\text{min}$, 1 Nm) realisiert werden.

a) Wie können Sie den Phasenwiderstand messtechnisch nachweisen? Welches Messergebnis ist damit zu erwarten?
b) Welchen Strom muss der Motorcontroller für das geforderte Drehmoment liefern?
c) Berechnen Sie die Kupfer-Verlustleistung, die bei dem geforderten Drehmoment entsteht.
d) Geben Sie im einphasigen Ersatzmodell von Motor und Umrichter die Amplituden des drehmomentbildenden Spannungsanteils, des EMK-Spannungsanteils sowie des induktiven Spannungsanteils an.
e) Bestimmen Sie die notwendige Zwischenkreisspannung.
f) Geben Sie die Leistungsaufnahme und den Wirkungsgrad im Betriebspunkt an.

Nun soll der Motor bei gleichem Moment auch mit einer geringeren Drehzahl von $100\,\text{U}/\text{min}$ fahren. Die Zwischenkreisspannung wird zu 30 V festgelegt.

g) Geben Sie für jeden Lastfall den Zwischenkreisstrom an.

h) Mit welcher minimalen Zwischenkreisspannung können beide Lastfälle abgedeckt werden?

   Geben Sie für diese minimale Zwischenkreisspannung den maximalen Zwischenkreisstrom an.

7.3 Motorkonstante

a) Bestimmen Sie aus Technologievergleichs-Diagramm 7.29 die Motorkonstanten aller darin enthaltenen Hersteller A bis D für einen Motor der Masse $m = 1$ kg.

b) Sie wählen Hersteller A. Berechnen Sie die Kupferverlust-Leistung für zwei parallel arbeitende Motoren mit je 500 g Masse, deren Moment sich über ein verlustfreies Leistungssummiergetriebe addiert.

   Berechnen Sie zum Vergleich auch die Kupferverlust-Leistung eines einzelnen Motors mit 1 kg Masse, der gegenüber den leichteren Motoren das doppelte Moment aufbringen muss.

   Welche Schlussfolgerung können Sie ziehen?

7.4 Energieoptimale Auslegung bei beschränkter Gesamtmasse von Motor und Getriebe

Ein Antriebsstrang soll 1 Nm bei 100 $^U/_{min}$ erbringen. Es wird Motorhersteller A gewählt. Die Gesamtmasse aus Motor und Getriebe soll 500 g nicht überschreiten. Das Getriebe besitzt nach Datenblatt folgende Wirkungsgradstufen:

$$\eta_g(N) = \begin{cases} 0.95 & \text{für } 1 < N \le 2 \quad \text{(Sonderbauform)} \\ 0.9 & \text{für } 2 < N \le 6 \quad \text{(1-stufig)} \\ 0.81 & \text{für } 6 < N \le 36 \quad \text{(2-stufig)} \\ 0.72 & \text{für } 36 < N \le 216 \quad \text{(3-stufig)} \\ 0.64 & \text{für } 216 < N \le 1296 \quad \text{(4-stufig)} \end{cases}$$

Die zugehörigen Getriebemassen betragen:

$$m_g(N) = \begin{cases} 150\,\text{g} & \text{für Sonderbauform} \\ 260\,\text{g} & \text{für 1-stufig} \\ 360\,\text{g} & \text{für 2-stufig} \\ 460\,\text{g} & \text{für 3-stufig} \\ 560\,\text{g} & \text{für für 4-stufig} \end{cases}$$

Berechnen Sie die Getriebeübersetzung sowie Massenverteilung zwischen Motor und Getriebe für den energieoptimalen Fall. Berücksichtigen Sie dabei auch den Direct-Drive-Fall.

7.5 k_i-N-Diagramm

Lastfall $(\tau_{ab}, \omega_{ab}) = (10\,\text{Nm}, 100\,\text{U/min})$ aus Beispiel 7.11 soll nun mit einem anderen Motortyp realisiert werden. Aus konstruktiven Gründen soll dabei der lange, dünne Motor EC-4pole 30, 100 W verwendet werden, siehe Abb. 7.28 für den notwendigen Datenblatt-Auszug. Für die Motor- und Induktivitätskonstante soll jeweils der in Beispiel 7.6 berechnete Mittelwert $\overline{k}_M$ und $\overline{k}_L$ verwendet werden. Beide Konstanten sollen auf vier gültige Ziffern gerundet werden. Weitere Angaben sind:

- Maximale Kupfer-Verlustleistung: 10 W
- Maximale Stromamplitude des Motorcontrollers: 10 A
- Umrichtart: SV-PWM
- Zwischenkreisspannung: 24 V
- Polpaarzahl: 2
- Für das Getriebe stehen Übersetzungsverhältnisse

$$N \in \{113, 128, 156, 216\}$$

bei konstantem Wirkungsgrad $\eta_g = 0.81$ zur Verfügung. Die maximale Eingangsdrehzahl des Getriebes beträgt $4000\,\text{U/min}$.

a) Berechnen Sie die drehzahlbegrenzte, maximale Getriebeübersetzung sowie die thermisch begrenzte, minimale Getriebeübersetzung. Welche Schlussfolgerung ziehen Sie aus dem Ergebnis?

Nun liege die maximale Getriebeeingangsdrehzahl durch die Verwendung von Keramikwellen bei $20\,000\,\text{U/min}$.

b) Geben Sie die damit maximal erzielbare, drehzahlbegrenzte Getriebeübersetzung an.
c) Führen Sie eine Auslegung des Antriebsstrangs durch. Berechnen Sie dafür die Grenzlinien der Spannungs- und Strombegrenzung für die gegebenen Getriebeübersetzungen im $k_i - N$-Diagramm.
   Geben Sie die Menge der zulässigen Wertepaare (k_i, N) an und wählen Sie ein Paar aus, so dass in erster Priorität die Geräuschbelastung minimal ist und in zweiter Priorität eine möglichst große Drehmomentreserve besteht.
d) Geben Sie für diese Auslegung den Lastfall auf der Motorwelle an.
e) Geben Sie für diese Auslegung die Gesamtverlustleistung aus Motor und Getriebe an.

Der ausgelegte Antriebsstrang erweist sich in einem Praxistest als immer noch zu laut.

f) Schlagen Sie zwei qualitative Änderungen der Spezifikationen vor, die jeweils die Geräuschbelastung weiter reduzieren könnten.

Literatur

1. Aimonen, P.: Cycloidal drive.gif (2009). https://commons.wikimedia.org/wiki/File:Cycloidal_ drive.gif, zugegriffen: 26. Sept. 2018. public domain via Wikimedia Commons
2. Bartenschlager, J., Hebel, H., Georg, S.: Handhabungstechnik mit Robotertechnik – Funktion, Arbeitsweise, Programmierung, 1. Aufl. Friedrich Vieweg & Sohn Verlagsgesellschaft mbH, Braunschweig, Wiesbaden (1998)
3. Eagle, A.: A Practical Treatise on Fourier's Theorem and Harmonic Analysis for Physicists and Engineers. Longmans, Green, and Co, New York (1925)
4. Fischer, R.: Elektrische Maschinen, 7. Aufl. Hanser, München, Wien (1989)
5. Hagl, R.: Elektrische Antriebstechnik, 2. Aufl. Hanser, München (2015)
6. Holmes, D.G., Lipo, T.A.: Pulse Width Modulation for Power Converters – Principles and Practice. IEEE Press, John Wiley, Piscataway NJ (2003)
7. Jahobr: Harmonicdriveani.gif   (2016).   https://commons.wikimedia.org/wiki/File: HarmonicDriveAni.gif, zugegriffen: 26. Sept. 2018. lizenziert unter Creative Commons CC0 1.0 Universal Public Domain Dedication, via Wikimedia Commons
8. Lindegger, M., Biner, H.P., Evéquoz, B., Salathé, D.: Wirtschaftlichkeit, Anwendungen und Grenzen von effizienten Permanent-Magnet-Motoren – Zusammenfassung und Update (2009). https://www.aramis.admin.ch/Default.aspx?DocumentID=63109&Load=true, zugegriffen: 7. Dez. 2018
9. Looman, J.: Zahnradgetriebe: Grundlagen, Konstruktionen, Anwendungen in Fahrzeugen. In: Pahl, G. (Hrsg.) Konstruktionsbücher, 3. Aufl. Bd. 26, Springer, Berlin (1996)
10. Meyberg, K., Vachenauer, P.: Höhere Mathematik 2, 4. Aufl. Springer, Berlin, Heidelberg, New York (2006)
11. Nuß, U.: Hochdynamische Regelung elektrischer Antriebe. VDE-Verlag, Berlin, Offenbach (2010)
12. Papula, L.: Mathematik für Ingenieure und Naturwissenschaftler – Band 1: Ein Lehr- und Arbeitsbuch für das Grundstudium, 14. Aufl. Springer-Vieweg Verlag, Berlin, Heidelberg, New York (2014)
13. Peikert, R.: Dichteste Packung von gleichen Kreisen in einem Quadrat. Elem. Math. **49**, 16–26 (1994). https://www.researchgate.net/profile/Ronald_Peikert/
14. Projektierungsanleitungen für Units, Getriebeboxen und Planetengetriebe von Harmonic Drive. https://harmonicdrive.de/de/service-downloads/downloads/, zugegriffen: 21. Febr. 2018
15. Schröder, D.: Elektrische Antriebe – Regelung von Antriebssystemen, 2. Aufl. Springer, Berlin, Heidelberg, New York (2001)
16. Siciliano, B., Khatib, O.: Springer Handbook of Robotics, 2. Aufl. Springer, Berlin, Heidelberg (2016)
17. Clarke & Park Transforms on the TMS320C2xx (1997). http://focus.ti.com/lit/an/bpra048/ bpra048.pdf, zugegriffen: 18. Apr. 2019. Texas Instruments Incorporated, Application Report, Literature Number: BPRA048
18. Umlaufrädergetriebe. https://de.wikipedia.org/wiki/Umlaufr%C3%A4dergetriebe, zugegriffen: 28. Febr. 2018. (By user Wapcaplet; public domain via Wikimedia Commons under the CreativeCommons Attribution-Share Alike 3.0 Unported license)
19. Yu, Z.: Space-Vector PWM With TMS320C24x/F24x Using Hardware and Software Switching Patterns (1999). http://focus.ti.com/lit/an/spra524/spra524.pdf, zugegriffen: 18. Apr. 2019. Texas Instruments Incorporated, Application Report SPRA524

Regelung

8

Zusammenfassung Aufgabenstellung der Regelung ist es, einem dynamischen System (kurz: System) ein gewünschtes Verhalten einzuprägen und dabei unempfindlich gegenüber Störgrößeneinflüssen zu sein. Hierzu beaufschlagt man das System mit Steuergrößen, die vom aktuellen Zustand abhängen. In einem Signalflussplan ergeben sich damit geschlossene Signalschleifen vom Ausgang zum Eingang. Dieses Prinzip der Signal-Rückkopplungen ist kennzeichnend für Regelung.

Je nach Art des Systems existieren unterschiedliche Regelungs-Entwurfsverfahren, die unterschiedliche mathematische Methoden zur Beschreibung der Dynamik heranziehen: So wird bei linearen Systemen über eine Integraltransformation (zum Beispiel Laplace-Transformation) der Zeitbereich in den einfacher handhabbaren Frequenzbereich umgerechnet. Modernere Regelungsverfahren basieren auf der Optimierung eines Gütefunktionals über einem Zeitverlauf. Liegen dabei lineare Systeme zugrunde, so kann das Optimierungsproblem analytisch gelöst werden, woraus sich die Regler ergeben. Für nichtlineare Systeme existieren unterschiedliche Entwurfsansätze, zum Beispiel basierend auf Passivität oder Differenzialgeometrie.

Die Fülle unterschiedlicher Arten von zu betrachtenden Systemen und der Fokus auf Dynamik erfordern ein hohes Maß an Abstraktion. Regelung ist damit theorielastig und benötigt umfangreiche mathematische Kenntnisse.

Für die Großzahl der in der Automatisierung eingesetzten Manipulatoren werden jedoch seit jeher einfachste Regler sehr erfolgreich eingesetzt. Daher konzentriert sich das vorliegende Kapitel auf dieses einfache Regelungskonzept. Es besitzt ein Analogon im gefedert-gedämpften linearen Einmassenschwinger. Damit wird die Regler-Auslegung intuitiv verständlich; der Umfang mathematischer Formalismen kann auf ein Minimum beschränkt werden.

Eine zentrale Eigenschaft von Regelung besteht in der Fähigkeit zur Kompensation von Störeinflüssen, der sogenannten Robustheitseigenschaft. Die Störgrößen ergeben sich bei der hier betrachteten, antriebsseitigen, dezentralen PD-Regelung aus zwei Quellen: Zum einen sind die Mechanik-Parameter der Antriebsachsen nicht exakt bekannt. Zum ande-

© Springer-Verlag GmbH Deutschland, ein Teil von Springer Nature 2020

J. Mareczek, *Grundlagen der Roboter-Manipulatoren – Band 2*,

https://doi.org/10.1007/978-3-662-59561-9_3

ren wird die Rückwirkung des Manipulators auf die Antriebsachsen nicht im Regelungs-Entwurfsmodell berücksichtigt.

Eine wesentliche Grundlage zur erfolgreichen Regler-Auslegung besteht in einer profunden Kenntnis dieser Robustheitseigenschaften. Hierfür wird das System in drei Modellierungsstufen mit anwachsendem Detaillierungsgrad betrachtet: In der ersten Modellierungsstufe werden keine Störeinflüsse berücksichtigt. Die Dynamiken der einzelnen, geregelten Gelenke sind damit vollständig voneinander entkoppelt und entsprechen linearen Einmassenschwingern. In diesem Fall ist das geregelte System global asymptotisch stabil.

Im nächsten Detaillierungsgrad werden Störeinflüsse durch nicht exakt bekannte Mechanik-Parameter der Antriebswellen berücksichtigt. Damit sind die Gelenk-Dynamiken immer noch voneinander entkoppelt. Die erzielbare Stabilitätsform ist jedoch geprägt von Restregelbewegungen. Man bezeichnet sie als global letztendlich begrenzt.

Im letzten und ausführlichsten Detaillierungsgrad wird die Rückkopplung der Manipulator-Mechanik auf die Antriebsachsen berücksichtigt. Die Dynamik der Gelenke ist damit nichtlinear und verkoppelt. Als Stabilität ergibt sich wieder letztendliche Begrenztheit.

Drei technologische Faktoren beschränken die Regelgüte signifikant und werden daher näher untersucht: Quantisierungsrauschen, Stellgrößenbeschränkungen und Resonanzen.

Abschließend wird die dargestellte Theorie in einem iterativen 6-Schritt-Algorithmus zur Auslegung der Reglerparameter zusammengefasst.

8.1 Thematische Einbettung von Regelung

In Abschn. 2.1 wurde *Manipulation* als die gezielte Positionierung und Orientierung (kurz: Lage[1]-Einstellung) von Objekten (zum Beispiel Greifer, Werkzeuge) definiert. Für diese grundlegende Aufgabenstellung eines Manipulators wurden in den vorangegangenen Kapiteln bereits viele Themen eingehend betrachtet. Zur Einbettung des Themas *Regelung* werden diese Themen kurz rekapituliert:

Ausgangspunkt ist eine in der Regel symbolische Beschreibung einer Manipulationsaufgabe. Daraus erzeugt ein Pfadplaner im Arbeits- oder Gelenkraum einen Pfad. Der Manipulator (genauer: der Endeffektor) soll sich entlang dieses Pfads von seiner Start- in die Endlage bewegen. Zur vollständigen Bestimmung dieser Bewegung weist ein Bahnplaner den Punkten des Pfads Zeitstempel zu. Die so erzeugten Bahnen müssen eventuell noch in den Gelenkraum umgerechnet werden. Dies erfordert jeweils die inverse Kinematik der Lage, Geschwindigkeit sowie Beschleunigung. Am Ende dieser Kette von Planungen und Berechnungen stehen für alle Gelenke des Manipulators Bahnen ($\theta(t)$, $\dot{\theta}(t)$, $\ddot{\theta}(t)$) zur Verfügung. Zur Vereinfachung der Darstellungen werden im gesamten vorliegenden Kapitel nur Drehgelenke betrachtet. Eine Erweiterung auf Linearachsen ist, bis auf wenige, ausgewiesene Ausnahmen, ohne Einschränkung möglich.

---

[1] Lage ist als Position und Orientierung definiert, siehe Abschn. 2.1.

Damit sich die Gelenke des Manipulators entlang der Bahn bewegen, müssen die zugehörigen Antriebe dynamische Effekte, wie mechanische Trägheiten, Kreisel-, Reibungs- und Gewichtskräfte, kompensieren. Dafür notwendige Drehmomentverläufe in den Gelenkantrieben werden mit Hilfe der Manipulator-Dynamik (genauer: Mechanik) berechnet. Eine Zusammenfassung liefert Signalflussplan 7.1 und Signalflussplan 7.2, je nachdem ob der Pfad im Gelenk- oder Arbeitsraum geplant wurde.

Antriebsstränge unterliegen ebenfalls einer Dynamik, aufgrund mechanischer Trägheiten und Reibungseinflüssen von Rotoren und Getrieben sowie elektrischer Trägheiten induktiver Lasten im Stromkreis der Motoren. Analog zur Mechanik des Manipulators kann auch die Dynamik der Antriebsstränge bei der Berechnung der Drehmomentverläufe mitberücksichtigt werden.

Die dynamischen Modelle enthalten Parameter, die nur bis zu einer gewissen Genauigkeit bekannt sind. Eine Beaufschlagung der Gelenke mit rein modellbasierten Drehmomentverläufen bezeichnet man als *Steuerung*. Diese ist geprägt durch Bahnabweichungen, verursacht durch Parameterfehler in den zugrunde liegenden Berechnungsmodellen.

Zur Kompensation werden die Bahnabweichungen skaliert und auf die Drehmomentverläufe der Steuerung hinzu addiert. Diesen Vorgang bezeichnet man als *Regelung* (Englisch: *compensator* oder *control*), die auftretenden Bahnabweichungen als *Regelfehler*, die Skalierungsfaktoren als *Reglerparameter* bzw. *Rückführverstärkungen*. Im Unterschied zur Steuerung werden bei Regelung also die interessierenden Größen (hier zum Beispiel die Endeffektorlage) rückgeführt. Die Lehre dieser Rückführung bezeichnet man als *Regelungstheorie* bzw. *Regelungstechnik*. Sie stellt ein reichhaltiges und derzeit intensiv beforschtes Themengebiet dar, mit Ursprung in den Fachbereichen Elektrotechnik und Mathematik[2]. Da damit das dynamische Verhalten maßgeblich beeinflusst wird, weist die Regelungstheorie einen ausgeprägt theoretischen Charakter auf und ist von abstrakten Formalismen geprägt. Dabei ist eine große Lücke zwischen aktuellem Stand der Forschung und tatsächlich in der Praxis zum Einsatz kommenden Regelungsmethoden zu verzeichnen. Insbesondere genügt bei einer vorwiegenden Zahl an Manipulatoren der Automatisierungstechnik die wohl einfachste Regelungsmethode in Form einer dezentralen PD-Regelung.

Leichtbaumanipulatoren, die derzeit im Bereich der Mensch-Roboter-Kollaboration verstärkt Einsatz finden, benötigen hingegen komplexere Regelungsmethoden wie zum Beispiel *Zustands- und Impedanzregelung*.

Das vorliegende Kapitel konzentriert sich auf die Grundlagen der Regelung von Manipulatoren und betrachtet daher eingehend die Methode der *dezentralen PD-Regelung*. Definitionen und mathematische Formalismen werden möglichst auf ein Minimum be-

---

[2] In der Mathematik bezeichnet man Regelungstheorie auch als *Kontrolltheorie*.

schränkt. Sie sind Gegenstand des nachfolgenden Abschn. 8.2 und werden im darauf folgenden Abschn. 8.3 auf das hier vorliegende System eines Manipulators mit Antriebssträngen angewendet. Der eigentliche Reglerentwurf wird im letzten Abschn. 8.4 behandelt und in Form eines Auslegungsprozesses zusammengefasst.

8.2 Grundlagen

Im vorliegenden Abschnitt werden wichtige Fachbegriffe der Regelungstechnik, wie zum Beispiel Regelung, Steuerung, Regelfehler, Zustand, Vorsteuerung etc. eingeführt. Außerdem werden grundlegende Konzepte zur Darstellung, Realisierung und Analyse dynamischer Systeme vorgestellt. Dies umfasst unter anderem die Darstellung eines dynamischen Systems in Form eines Signalflussplans, die zeitdiskrete Reglerrealisierung sowie Definitionen unterschiedlicher Formen von Stabilität. Diese Grundlagen werden zum Verständnis der nachfolgenden Abschnitte benötigt.

8.2.1 Steuerung

Der in der Einleitung dargestellte Planungs- und Berechnungs-Prozess, an dessen Ende ein Drehmomentverlauf für jedes Gelenk bekannt ist, wird in Signalflussplan 8.1 im linken und mittleren Block modellbasierte Planung und modellbasierte Steuerung zusammengefasst.

Die Parameter des kinematischen Modells sind in der Praxis sehr genau bekannt. Daher kann davon ausgegangen werden, dass darin praktisch keine Modellfehler vorliegen. Die Parameter des Mechanikmodells von Manipulator und Antriebssträngen sind hingegen immer mit signifikanten Schätzfehlern behaftet. Dies führt zu Bahn-Abweichungen. Aus diesem Grund kennzeichnet man in der Regelungstechnik die gewünschte Bahn als

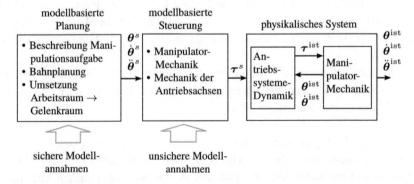

Signalflussplan 8.1 Modellbasierte Manipulator-Steuerung. Das für die Planung notwendige kinematische Modell kann als fehlerfrei angenommen werden. Im Steuerungsblock werden Teile von Mechanikmodellen benötigt. Diese sind mit signifikanten Fehlern behaftet

Soll-Bahn (hochgestelltes *s*: $\bullet^s$) und die tatsächlich realisierte Bahn als *Ist-Bahn* (hochgestelltes *ist*: $\bullet^{ist}$). Die Blöcke modellbasierte Planung und modellbasierte Steuerung aus Signalflussplan 8.1 liefern daher Soll-Größen.

Für *Soll-Antriebsmomente* $\tau^s(t)$ erzeugen die Antriebssysteme *Ist-Antriebsmomente* $\tau^{ist}(t)$. Dies führt zur Bewegung des Manipulators gemäß seiner Mechanik und damit zum *Ist-Bahnverlauf*

$$(\theta^{ist}(t),\ \dot{\theta}^{ist}(t),\ \ddot{\theta}^{ist}(t)),$$

siehe rechter Block physikalisches System in Signalflussplan 8.1. Die Mechaniken der Antriebsstränge sind mit der Mechanik des Manipulators verkoppelt. Dies wird im Block physikalisches System durch den nach links gerichteten Signalfluss berücksichtigt.

Man bezeichnet den mittleren Block aus Signalflussplan 8.1, der aus der Soll-Bahn im Gelenkraum die Soll-Momente berechnet, als *modellbasierte Steuerung*. Mit Hilfe einer möglichst realitätsnahen bzw. fehlerfreien Modellbildung versucht man dabei, die Drehmomente so zu berechnen, dass keine Abweichungen von der Soll-Bahn auftreten. Eine vollständige Übereinstimmung zwischen Soll- und Ist-Bahn wird jedoch nur im Idealfall einer fehlerfreien Modellbildung erreicht. Die so auftretende Differenz aus Soll- und Ist-Größe stellt den *Regelfehler* dar.

Beispiel 8.1. Handlungen des Menschen, die einer Steuerung entsprechen:

- Durchschreiten eines Raums mit Hindernissen in Dunkelheit: Zunächst soll der Raum beleuchtet sein. Dabei prägt man sich die Position der Hindernisse und eine mögliche Route bzw. einen Pfad gut ein. Dann wird das Licht ausgeschaltet. In völliger Dunkelheit versucht man, die vorher geplante Route abzuschreiten. Ändert sich an der Position der Hindernisse etwas, werden Details der Hindernisse vergessen oder sind diese von vornherein falsch eingeprägt oder gar nicht wahrgenommen worden, so treten Kollisionen auf. Abweichungen von der geplanten Bahn entstehen durch Fehler bei der Einschätzung der Länge und Richtung der eigenen Schritte (*Odometrie*), siehe Abb. 8.1. Das eingeprägte Bild von Hindernissen sowie die gelernte Odometrie der eigenen Schritte entspricht der Modellbildung und Identifikation zugehöriger Parameter (sogenannte Modellparameter). Die geplante Route stellt den Soll-Pfad dar, die tatsächlich durchgeführte Route den Ist-Pfad. In Abb. 8.1 endet der Ist-Pfad in einer Kollision mit dem unten rechts gelegenen Hindernis.

- Mit geschlossenen Augen die ausgestreckten Arme so zusammenführen, dass sich die Zeigefinger an der Spitze berühren: Der Mensch kann die Mechanik der eigenen Gliedmaßen bis zu einem gewissen Grad erlernen. Verbleibende Modellfehler (und weitere Effekte) führen aber dazu, dass er die Arme nicht exakt entlang des gewünschten Pfads bewegen kann. Daher weichen am Ende die Positionen der Fingerspitzen leicht voneinander ab.   ◁

Abb. 8.1 Gesteuerte mensch-
liche Handlung: Durchqueren
eines Raums mit Hindernissen.
Bei Dunkelheit: *dünne gestrichelte Linie*; mit Beleuchtung:
dünne durchgezogene Linie

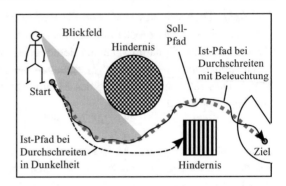

8.2.2 Regelung

Schaltet man in Beispiel 8.1 bei der Durchquerung des Zimmers die Beleuchtung ein,
so erhält man eine visuelle Rückmeldung über die eigene Position, also die Ist-Position.
Erst durch diese Information kann man Pfad-Abweichungen mit ausreichender Genauigkeit kompensieren. In Abb. 8.1 ist der Soll-Pfad grau, fett, gestrichelt markiert, der rein
gesteuerte Pfad ist schwarz, dünn, gestrichelt, der Pfad bei visueller Rückmeldung ist
schwarz und durchgezogen.

Das Prinzip der Rückführung der Pfadabweichung bzw. allgemein des Regelfehlers
bezeichnet man als *Regelung*[3]. Durch die Rückführung des Ist-Signals entsteht eine sogenannte *Regelschleife*. Das Thema Regelungstechnik ist ein aktuell intensiv beforschtes
Gebiet. Es existieren sehr komplexe Reglerstrukturen, [1, 2, 4, 5, 9, 11, 24, 27, 29].
Bei den meisten Manipulatoren genügt jedoch die wohl einfachste Reglerstruktur aus Signalflussplan 8.2. Kleine Kreise stellen in einem Signalflussplan Additionsknoten für die
einlaufenden Signale dar. Negativ eingehende Signale werden mit einem Minus-Zeichen
am Pfeil gekennzeichnet.

Die zu regelnde Größe bezeichnet man als *Ausgangsgröße* bzw. als *Regelgröße*, im
vorliegenden Fall x. *Eingangsgröße* x^s gibt den *Sollwert* bzw. die *Führungsgröße* für die
Regelgröße vor. Die Eingangsgröße u der Regelstrecke bezeichnet man als *Stellgröße*.
Sie ergibt sich aus einer eventuell vorhandenen, modellbasierten Vorsteuerung und einer
Regelung.

Die modellbasierte Steuerung generiert aus Sollwert x^s Stellgröße u^s. Im Idealfall
wird dadurch die Ausgangsgröße fehlerfrei auf den Sollwert eingestellt. Störeinflüsse,
Modellfehler und anfängliche Abweichungen führen in der Praxis jedoch stets zu einer

---

[3] Manche englische Fachbücher verwenden für Regelung den Begriff „compensation", da die Regelfehler „kompensiert" werden. Weit verbreitet ist jedoch der Begriff „control". Er ist mehrdeutig,
da er auch für „Steuerung" verwendet wird.

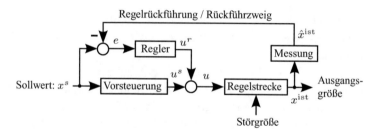

Signalflussplan 8.2 Typischer Aufbau und Bestandteile einer Regelschleife mit Vorsteuerung und konstantem Sollwert

nicht verschwindenden Differenz $e = x^s - x$ zwischen Ausgang und Sollwert. Diese Differenz bezeichnet man als *Regelfehler*. Die Aufgabe eines Reglers mit *Regelvorschrift* bzw. *Regelalgorithmus* $u^r = r(e)$ besteht darin, diesen Regelfehler möglichst schnell zu Null zu bringen.

Die Steuerung ist dem Regler vom Wirkprinzip her gesehen vorgelagert und wird daher als *Vorsteuerung* bezeichnet. Sinn der Vorsteuerung ist es also, die Regelgröße möglichst nahe an den Sollwert heranzuführen, und damit den Regler zu „entlasten". Der Regler muss idealerweise nur noch kleine Auslenkungen von e um Null herum kompensieren.

Bevor die Istgröße in den Regler rückgeführt werden kann, muss sie überhaupt erst erfasst bzw. gemessen werden. Bei dieser Messung treten ebenfalls Fehler auf, so dass anstelle von x^{ist} der gemessene Wert $\hat{x}^{\text{ist}}$ rückgeführt wird.

Liegt, wie in Signalflussplan 8.2 dargestellt, als Eingangsgröße lediglich ein konstanter Sollwert x^s vor, so spricht man von einem *Lage- bzw. Positionsregler* (Englisch: *setpoint-control*). In diesem Fall ist der Weg zwischen Start- und Endpunkt (Sollwert) nicht einstellbar. Diese Form der Regelung kommt oft zum Einsatz, wenn Start- und Endpunkt verhältnismäßig nahe beieinander liegen. Der zurückzulegende Weg ist damit so kurz, dass seine genaue Festlegung tendenziell unbedeutend ist. Wird hingegen eine Soll-Bahn von Start- zu Endpunkt vorgegeben, so spricht man von einer *Bahnregelung*, siehe Signalflussplan 8.6.

8.2.3 Digitale Regler-Realisierung

Regler werden heute fast ausschließlich auf einem digitalen System, wie zum Beispiel einem PC oder einem Signalprozessor, *zeitdiskret* implementiert. Dabei wird in äquidistanten Zeitschritten die Regelgröße abgetastet. Die Dauer zwischen zwei Abtastzeitpunkten bezeichnet man als *Regler-Zykluszeit bzw. -Abtastzeit*. Zwischen den Abtastzeitpunkten werden die abgetasteten Werte gespeichert. Abtastung und Speicherung bezeichnet man

als *Sample-&-Hold* (0. Ordnung[4]). Mit dem abgetasteten Ist-Wert wird die neue Stellgröße aus Vorsteuerung und Regelung berechnet. Diese wird dann für einen Abtastzeitschritt
konstant ausgegeben.

Aufgrund der digitalen Realisierung muss bei der Wahl der Abtastzeit das *Abtasttheorem* eingehalten werden: Abtastfrequenz $1/\Delta T$ muss damit mindestens doppelt so groß
sein, wie die größte im abzutastenden Signal vorkommende Frequenz.

Ist die Abtastzeit zudem sehr viel kleiner als die Hälfte der kleinsten Zeitkonstante der
geregelten Strecke, so vernachlässigt man oft die Auswirkungen der Zeitdiskretisierung
und spricht von einer *quasi-kontinuierlichen Regelung*. Dies wird im Folgenden vorausgesetzt. Weiterführende Literatur findet man zum Beispiel in [13, 24].

Die Darstellung von Zahlenwerten auf einem digitalen Rechner erfolgt heute nahezu vollständig im binären Zahlenformat. Mit Hilfe der *Fließkommadarstellung* (synonym
zu *Gleitkommadarstellung*) können auch gebrochenrationale Zahlen näherungsweise im
Dezimalsystem dargestellt werden. Bei ausreichender Anzahl an Bits zur Speicherung
einer Zahl ergeben sich dabei große Zahlenbereiche. Beispielsweise liefert der IEEE Stan-
dard 754 für das Zahlenformat vom Typ *double precision* (entspricht einer Speichertiefe
von 64 Bits) einen Wertebereich von $[-1.7977 \cdot 10^{308}; \ 1.7977 \cdot 10^{308}]$, siehe zum Beispiel [18]. Da allen Zahlen eine binäre Darstellung zugrunde liegt, lassen sich nur endlich
viele Zahlen darstellen. Es besteht also stets ein Abstand zwischen darstellbaren Zahlen.
Dieser Abstand ist aufgrund der Fließkommadarstellung von der Größe der Zahl abhängig. Beispielsweise beträgt der Abstand zwischen 0 und der nächsten darstellbaren Zahl
$2.2251 \cdot 10^{-308}$. Zwischen 1 und der nächsten darstellbaren Zahl erhöht sich dieser Abstand
bereits auf $2.2204 \cdot 10^{-16}$. Je größer der Zahlenwert, desto größer ist auch der Abstand zur
nächsten darstellbaren Zahl. Bei $1 \cdot 10^{16}$ liegt beispielsweise ein Abstand von 2 vor.

Bei einer Zahlendarstellung im *Festkommaformat* liegt hingegen die Zahl der Ziffern
und die Position des Kommas fest. Man findet diese Methode der Zahlendarstellung in
eher kleinen, einfachen Prozessoren, die keine Berechnungseinheit für Fließkommazah-
len besitzen (sogenannte *Fließkommaeinheit*, Englisch: *floating-point unit*, kurz FPU).
Problematisch wird diese Darstellung unter anderem dann, wenn sehr große und kleine Zahlen miteinander verrechnet werden sollen. Im Bereich der Robotik kann man im
Allgemeinen von Fließkommadarstellungen mit ausreichender Genauigkeit ausgehen. Im
Folgenden wird daher eine ideale Zahlendarstellung angenommen.

Auch bei einer Wandlung von Analog-Signalen in digitales Format (durch sogenannte
AD-Wandler) und vice versa entstehen Quantisierungen, die von der Zahl der Bits abhän-
gen (sogenanntes *Quantisierungsrauschen*). Beispielsweise ergibt sich bei einem 10-Bit-
Wandler eine Quantisierung von $2^{-10} \approx 10 \cdot 10^{-4}$. Dieser Effekt tritt im Bereich der Re-

---

[4] Höhere Ordnungen ergeben sich, wenn zwischen Abtastwerten interpoliert wird. Bei 1. Ordnung
ist diese Interpolation linear, bei 2. Ordnung quadratisch etc.

gelung von Manipulatoren insbesondere bei der Messung von Winkelpositionen auf und kann die erzielbare Regelgüte deutlich einschränken, siehe Abschn. 8.4.6.3.

8.2.4 Zustandsdarstellung

Die Mechanik eines Manipulators wurde in Kap. 5 in Form von Differenzialgleichungs-System (kurz: *System*) (5.44) hergeleitet. Besitzt der zugrunde liegende Manipulator n Gelenke, so besteht (5.44) aus ebenso vielen Differenzialgleichungen zweiter Ordnung. Die höchste vorkommende zeitliche Ableitung ist damit die Beschleunigung. Aus diesem Grund kann man System (5.44) in ein äquivalentes System mit $2n$ Differenzialgleichungen erster Ordnung umwandeln: Hierfür werden zunächst neue Variablen definiert gemäß

$$x_1 = q_1, \ x_2 = \dot{q}_1$$
$$x_3 = q_2, \ x_4 = \dot{q}_2$$
$$\vdots$$
$$x_{2n-1} = q_n, \ x_{2n} = \dot{q}_n.$$

$$(8.1)$$

Daraus folgt

$$\dot{x}_1 = \dot{q}_1 = x_2$$
$$\dot{x}_3 = \dot{q}_2 = x_4$$
$$\vdots$$
$$\dot{x}_{2n-1} = \dot{q}_n = x_{2n}.$$

Es wurde in Kap. 5 dargestellt, dass System (5.44) stets nach $\ddot{q}$ auflösbar ist. Die so erzeugte Systemdarstellung (5.45) kann man mit den beiden Hilfsgrößen

$$p(q, \dot{q}) = -\tilde{M}^{-1}(q)\Big(\tilde{C}(q, \dot{q})\,\dot{q} + g(q) + F_r(\dot{q})\Big),$$
$$\tilde{Y}(q) = \tilde{M}^{-1}(q)$$

in einer übersichtlicheren Form

$$\ddot{q}(q, \dot{q}) = p(q, \dot{q}) + \tilde{Y}(q)\,\tau$$

zusammenfassen. Stellt p_i die i-te Komponente von p dar und y_i der i-te Zeilenvektor von $\tilde{Y}$, so folgt wegen

$$\dot{x}_2 = \ddot{q}_1$$
$$\dot{x}_4 = \ddot{q}_2$$
$$\vdots$$
$$\dot{x}_{2n} = \ddot{q}_n$$

Darstellung

$$\dot{x}_1 = x_2$$
$$\dot{x}_2 = p_1(x) + y_1(x)\,\tau$$
$$\dot{x}_3 = x_4$$
$$\dot{x}_4 = p_2(x) + y_2(x)\,\tau$$
$$\vdots$$
$$\dot{x}_{2n-1} = x_{2n}$$
$$\dot{x}_{2n} = p_n(x) + y_n(x)\,\tau\,.$$

Mit *Driftfeld*[5] f und *Einkoppelmatrix* $\tilde{G}$ gemäß

$$
f(x) = \begin{pmatrix} x_2 \\ p_1(x) \\ \vdots \\ x_{2n} \\ p_n(x) \end{pmatrix}
\quad \text{und} \quad
\tilde{G}(x) = \begin{pmatrix} 0 \\ y_1(x) \\ \vdots \\ 0 \\ y_n(x) \end{pmatrix}
$$

folgt schließlich die gesuchte Zustandsdarstellung als System von Differenzialgleichungen erster Ordnung gemäß

$$\dot{x} = f(x) + \tilde{G}(x)\,\tau \tag{8.2}$$

mit $x = \begin{pmatrix} x_1 & \cdots & x_{2n} \end{pmatrix}^T$. Es handelt sich dabei um eine Standard-Darstellung nichtlinearer dynamischer Systeme der Regelungstechnik. Anfangswerte x_0 sind vorgegebene Größen, Motormomente stellen die Eingangsgrößen dar. Der dynamische Zustand des Systems wird damit zu jedem Zeitpunkt von x vollständig bestimmt. Aus diesem Grund bezeichnet man x als *Zustandsvektor* und die darin enthaltenen Variablen als *Systemzustände* bzw. *Zustandsgrößen* (kurz: *Zustände*). Nach Transformationsvorschrift (8.1) sind daher auch q und $\dot{q}$ Zustandsgrößen.

Anmerkung 8.1. Systemzustände (hier Positionen und Geschwindigkeiten) stellen im Signalflussplan die Ausgangsgrößen der Integratoren dar, vergleiche auch Signalflussplan 5.2. □

---

[5] Ohne Steuerung wird für gegebene Anfangsbedingungen die Dynamik des Systems alleine durch Vektorfeld f bestimmt. In der Schifffahrt bezeichnet man den nicht durch Steuerung herbeigeführten Anteil der Bewegung eines Schiffs als *Driften*. Daraus leitet sich wohl die in der Systemtheorie für f anzutreffende Bezeichnung *Driftfeld* ab.

Begründung: Die von q und $\dot{q}$ abhängende Beschleunigung $\ddot{q}(q,\dot{q})$ aus (5.45) wird zweifach nach der Zeit integriert:

$$\dot{q}(t) = \int\limits_{\xi=t_0}^{\xi=t} \ddot{q}(\xi,\dot{\xi})\,\mathrm{d}\xi$$

$$q(t) = \int\limits_{\xi=t_0}^{\xi=t} \left(\int\limits_{\xi=t_0}^{\xi=t} \ddot{q}(\xi,\dot{\xi})\,\mathrm{d}\xi \right)\,\mathrm{d}\xi \,.$$

Diese Integrale lassen sich natürlich nicht analytisch lösen, da die Integranden selbst vom Ergebnis der Integration abhängen. Für eine näherungsweise numerische Berechnung der Lösung stellt dies jedoch prinzipiell den Lösungsweg dar: Wie im Signalflussplan 5.2 dargestellt, berechnet man dabei zu jedem Integrationszeitschritt den zugehörigen Wert von $\ddot{q}$. Unter der Annahme ausreichend kurzer Integrationszeitschritte kann der so berechnete Wert von $\ddot{q}$ während eines Zeitschritts als näherungsweise konstant angenommen werden. Durch zweifache Integration über diesen Zeitschritt erhält man Werte für $\dot{q}$ und q mit ausreichender numerischer Genauigkeit. Damit kann für den nächsten Zeitschritt $\ddot{q}$ berechnet werden und der Berechnungszyklus wiederholt sich. Die integrierten Größen bestimmen also zu jedem Zeitpunkt die Beschleunigung und damit den weiteren zeitlichen Verlauf der Lösung. Sie stellen damit die Systemzustände dar.

Beispiel 8.2. Eine Schwungscheibe werde, wie in Abb. 8.2 dargestellt, von einer Antriebsachse angetrieben. Als Unwucht sei an der Schwungscheibe eine als punktförmig angenommene Zusatzmasse m bei Radius r montiert. Antriebsachse, Schwungscheibe und Zusatzmasse sollen zusammen Massenträgheitsmoment I aufweisen. Weiterhin trete viskose Reibung mit Reibkoeffizient μ_v auf. Die Schwungscheibe sei parallel zum Erdbeschleunigungsvektor g_0 ausgerichtet. Bei Drehwinkel $\theta = 0$ befinde sich die Zusatzmasse in der stabilen Gleichgewichtslage. Mit Antriebsmoment τ und Erdbeschleunigung g_0 folgt damit Bewegungsgleichung

$$I\,\ddot{\theta} + \mu_v\,\dot{\theta} + m\,g_0\,r\,\sin\theta = \tau\,.$$

Sie kann wegen $I > 0$ stets umgeformt werden in

$$\ddot{\theta} = \frac{1}{I}\left(\tau - \left(\mu_v\,\dot{\theta} + m\,g_0\,r\,\sin\theta\right)\right)\,. \tag{8.3}$$

Abb. 8.2 Modell der angetriebenen Schwungscheibe mit punktförmiger Zusatzmasse aus Beispiel 8.2

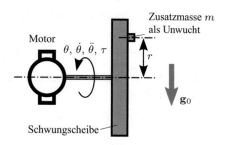

Signalflussplan 8.3
Realisierung von (8.3) mit zwei
kaskadierten Integratoren. Die
Systemzustände sind
Ausgangsgrößen der
Integratorblöcke

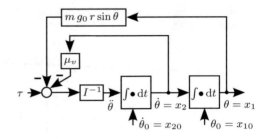

Transformationsvorschrift 8.1 ergibt $x_1 = \theta$, $x_2 = \dot{\theta}$. Setzt man (8.3) in

$$\dot{x}_1 = x_2$$
$$\dot{x}_2 = \ddot{\theta}$$

ein, so folgt Zustandsdarstellung

$$\dot{x} = \begin{pmatrix} \dot{x}_1 \\ \dot{x}_2 \end{pmatrix} = \begin{pmatrix} x_2 \\ \frac{1}{I}\left(\tau - (\mu_v\,x_2 + m\,g_0\,r\,\sin x_1)\right) \end{pmatrix}$$

$$= \underbrace{\begin{pmatrix} x_2 \\ -\frac{1}{I}\left(\mu_v\,x_2 + m\,g_0\,r\,\sin x_1\right) \end{pmatrix}}_{f(x)} + \underbrace{\begin{bmatrix} 0 \\ \frac{1}{I} \end{bmatrix}}_{\tilde{G}(x)}\tau\,.$$

System (8.3) lässt sich damit durch zwei kaskadierte Integratoren darstellen, siehe Signalflussplan 8.3. Man bezeichnet dies als *Doppelintegrator-System*. Dabei stellt jeder Systemzustand θ, $\dot{\theta}$ die Ausgangsgröße eines Integratorblocks $\int \bullet\, \mathrm{d}t$ dar.   ◁

8.2.5   Stabilität

Wie bereits im vorangegangenen Abschnitt erläutert, ist es die Aufgabe des Reglers, den Regelfehler möglichst schnell möglichst nahe an Null zu bringen. Wie gut dieses Ziel erreicht wird, wird durch verschiedene Ausprägungen des Begriffs *Stabilität*[6] charakterisiert.

Setzt man einen Regelalgorithmus $\tau = r(e)$ in die Dynamik der zugrundeliegenden Regelstrecke in Zustandsdarstellung (8.2) ein, so ergibt sich die Dynamik der *geregelten Strecke* zu

$$\dot{x} = f(x) + \tilde{G}(x)\,r(e)\,. \tag{8.4}$$

Mit $x = x^s(t) - e$ folgt daraus die Zustandsdarstellung mit dem Regelfehler e als Zustandsgröße gemäß

$$\dot{e} = \dot{x}^s(t) - \dot{x} = \dot{x}^s(t) - f(x^s(t) - e) - \tilde{G}(x^s(t) - e)\,r(e)\,. \tag{8.5}$$

---

[6] Aus dem Lateinischen *stabilitas*: das Feststehen.

Dies bezeichnet man als *Regelfehler-Differenzialgleichungssystem* bzw. kurz als *Fehler-Differenzialgleichung*. Für allgemeines $x^s(t)$ hängt die rechte Seite von (8.5) explizit von t ab, so dass das Differenzialgleichungssystem *nichtautonom* ist. Lösungen bzw. Trajektorien hängen somit von t und Anfangszeitpunkt t_0 ab.

Für die in der Praxis anzutreffenden Soll-Bahnen gilt jedoch die folgende

Annahme 8.1. *Soll-Bahn x^s ist eine Funktion von $\Delta t = t - t_0$.*

Dadurch sind die Lösungen von (8.5) ebenfalls nur von Δt – und nicht mehr explizit von t_0 – abhängig. Dies führt zu Vereinfachungen bei Stabilitätsbetrachtungen, wie weiter unten noch genauer ausgeführt wird.

Zur Reduktion des Schreibaufwands wird im Folgenden ohne Beschränkung der Allgemeinheit $t_0 = 0$ angenommen: Anstelle von $x(\Delta t)$ bzw. $x^s(\Delta t)$ kann damit kurz $x(t)$ bzw. $x^s(t)$ geschrieben werden.

In Darstellung (8.4) der geregelten Strecke mit Zustand x besteht die Regelungsaufgabe im Allgemeinen darin, $x(t)$ einer Soll-Bahn $x^s(t)$ folgen zu lassen bzw. $x(t)$ auf einen konstanten Punkt x^s zu bringen.

Bei der äquivalenten Darstellung (8.5) als Fehler-Differenzialgleichung vereinfacht sich, zumindest formal gesehen, die Regelungsaufgabe dazu, Zustand e in den Ursprung zu überführen. Dies bezeichnet man als *Regulator-Problem*. Damit soll im Idealfall

$$\lim_{t \to \infty} e(t) = e^\infty = 0 = \text{const} \tag{8.6}$$

erreicht werden. Dies impliziert aber $\lim_{t \to \infty} \dot{e}(t) = \dot{e}^\infty = 0 = \text{const}$, so dass aus (8.5) Bedingung

$$e^\infty = 0 \overset{!}{=} \lim_{t \to \infty} \left(\dot{x}^s(t) - f(x^s(t) - e^\infty) - \tilde{G}(x^s(t) - e^\infty) r(e^\infty) \right)$$

folgt. Falls dafür eine Lösung e^∞ existiert, so bezeichnet man diese als *Gleichgewichtspunkt*, *Gleichgewichtslage* oder *stationären Punkt*.

Falls x^s zeitvariabel ist (also zum Beispiel im Fall einer Soll-Bahn) und nicht durch eine Vorsteuerung vollständig kompensiert werden kann (zum Beispiel wegen Modellfehler bzw. Perturbationen, siehe 8.4.2), existieren im Allgemeinen jedoch keine solche Gleichgewichtslagen. Die Existenz von Gleichgewichtslagen ist also nicht gesichert.

Das unterschiedliche Verhalten des Regelfehlers für $t \to \infty$ wird in Anlehnung an [11, Definition 3.1] durch folgende Stabilitäts-Definitionen 8.1 und 8.2 beschrieben:

Abb. 8.3 Stabilität im Sinne
von Ljapunov: Jede Trajekto-
rie, die im Bereich $\mathcal{B}$ startet,
tritt nach einer endlichen Zeit
in ein Gebiet $\mathcal{G}$ ein und verbleibt dort. Anfangsbereich $\mathcal{B}$
beinhaltet nicht den äußeren
Rand; Bereich $\mathcal{G}$ der Restregelbewegung ist *grau unterlegt*

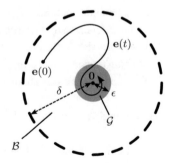

Definition 8.1. *Das geregelte System* (8.4) *besitze eine Gleichgewichtslage* e^∞. *Diese
Gleichgewichtslage und das zugrundeliegende geregelte System bezeichnet man als*

- *stabil im Sinne von Ljapunov[7] bzw. kurz stabil, wenn es für jedes* $\epsilon > 0$ *ein* $\delta(\epsilon) > 0$
  gibt, so dass

$$\|e(0)\| < \delta \quad \Longrightarrow \quad \|e(t)\| < \epsilon \quad \forall\, t \geq 0\,,$$

- *asymptotisch stabil, wenn es stabil ist und es ein* δ *gibt, so dass*

$$\|e(0)\| < \delta \quad \Longrightarrow \quad \lim_{t\to\infty} \|e(t)\| = 0 \quad (\textit{entspricht} \ (8.6)).$$

Bei Stabilität im Sinne von Ljapunov wird also gewährleistet, dass $\|e\|$ unter einen
vorgegebenen Wert sinkt. Dieser Wert ϵ kann damit als Regelgüte aufgefasst werden:
Je kleiner ϵ, desto geringer die Abweichung des Regelfehlers von Null. Mit δ wird ein
Bereich $\mathcal{B} = \{e \mid \|e\| < \delta\}$ zulässiger Anfangsregelfehler eingeschränkt. In der Regel gilt
dabei $\delta \gg \epsilon$, das heißt von einem anfänglich großen Wert wird der Regelfehler durch den
Regelalgorithmus in die ϵ-Umgebung $\mathcal{G} = \{e \mid \|e\| \leq \epsilon\}$ nahe des Ursprungs überführt
und dort gehalten. Damit stellt $\mathcal{G}$ ein sogenanntes *Invarianzgebiet* dar, siehe Abschn. 8.4.4.
Die in $\mathcal{G}$ dann noch ausgeführte Bewegung wird als *Restregelbewegung* bezeichnet, $\mathcal{G}$
selbst als *Bereich der Restregelbewegung*. Abb. 8.3 skizziert die Situation im typischen
Fall, dass $\mathcal{B}$ weiter ausgedehnt als $\mathcal{G}$ ist. Die gestrichelte Linie kennzeichnet, dass $\mathcal{B}$ *offen*
ist, also keinen Rand beinhaltet.

Im Sonderfall eines konstanten Regelfehlers für $t \to \infty$ spricht man von einem *bleibenden Regelfehler*.

---

[7] Benannt nach Aleksandr Mikhailovich Ljapunov, (aus dem Russischen, in kyrillischer Schrift:
Ляпунов, 1857–1918. Es existieren unterschiedliche Schreibweisen des Namens in lateinischer
Schrift, wie zum Beispiel Liapunov, Lyapunov oder Ljapunov.

Ljapunov entwickelte Ende des 19. Jahrhunderts eine bahnbrechende Theorie zur Stabilitäts-
analyse nichtlinearer dynamischer Systeme, die „in den 1980er-Jahren (...) fast alle Bereiche der
Wissenschaft (...) [durchdringt]", frei übersetzt nach [14, S. V]. Siehe auch Stabilitätsbeweis nach
Ljapunov in Abschn. 8.4.4.

Die Eigenschaft der Stabilität im Sinne von Ljapunov ist durchaus anspruchsvoll, da damit jeder auch noch so kleine Bereich an Restregelbewegungen durch einen ausreichend kleinen Bereich des Startpunkts erreicht werden muss.

Anmerkung 8.2. Globale asymptotische Stabilität: Falls in Definition 8.1 ein Gleichgewichtspunkt für jedes $\delta > 0$ asymptotisch stabil ist, so ist er *global asymptotisch stabil*. In diesem Fall ist also der Einzugsbereich des betrachteten Gleichgewichtspunkts unbegrenzt; es kann keinen anderen Gleichgewichtspunkt geben. $\square$

Falls kein Gleichgewichtspunkt existiert, kann das System nicht stabil im Sinne von Ljapunov sein. Für diesen Fall wird in Anlehnung an [11, Definition 5.1], ein weniger restriktiver Stabilitätsbegriff formuliert. Anders als bei Stabilität im Sinne von Ljapunov muss hier Bereich $\mathcal{G}$ der Restregelbewegung nicht beliebig reduzierbar sein:

Definition 8.2. *Geregeltes System* (8.4) *bezeichnet man als*

- *letztendlich begrenzt, wenn es positive Konstanten b und c gibt, so dass für jedes $\alpha \in {]}0, c[$ ein Zeitpunkt $t_1(\alpha) \geq 0$ mit folgender Eigenschaft existiert:*

$$\|e(0)\| < \alpha \implies \|e(t)\| \leq b \quad \forall\, t \geq t_1 ,$$

- *global letztendlich begrenzt, wenn es für $\alpha \in {]}0, \infty[$ und damit für alle Anfangswerte letztendlich begrenzt ist,*
- *instabil, wenn es nicht letztendlich begrenzt ist.*

Zur anschaulichen Interpretation letztendlicher Begrenztheit sei der Bereich zulässiger Anfangswerte wieder mit $\mathcal{B} = \{e|\ \|e\| < \alpha\}$ und der Bereich der Restregelbewegung mit $\mathcal{G} = \{e|\ \|e\| \leq b\}$ bezeichnet. Außerdem sei $\alpha > b$, so dass $\mathcal{B}$ weiter ausgedehnt als $\mathcal{G}$ ist. Liegt Startzustand $e(0)$ außerhalb $\mathcal{G}$, aber innerhalb $\mathcal{B}$, so konvergiert der Regelfehler gegen $\mathcal{G}$ und trifft zu Zeitpunkt t_1 auf dessen Rand $\partial\mathcal{G} = \{e|\ \|e\| = b\}$. Mit fortschreitender Zeit verbleibt e dann innerhalb $\mathcal{G}$ und führt dort Restregelbewegungen aus[8], siehe Abb. 8.4. Eintrittszeitpunkt t_1 kann dabei von Radius α des Anfangswertgebiets $\mathcal{B}$ abhängen.

Anmerkung 8.3. Uniforme Stabilität: In der allgemeinen Theorie der Dynamik nichtlinearer nichtautonomer Systeme ist Stabilität im Allgemeinen auch von t_0 abhängig, siehe zum Beispiel [11, Abschn. 3.4, S. 133]. Falls aber eine von t_0 unabhängige Stabilität vorliegt, spricht man von *uniformer* bzw. *gleichmäßiger* Stabilität.

Wie bereits weiter oben erläutert, sind im vorliegenden Fall Lösungen und damit auch Stabilitätseigenschaften stets unabhängig von t_0. Eine Unterscheidung in Stabilität und

---

[8] In diesem Fall stellt $\mathcal{G}$ ein Invarianzgebiet dar.

Abb. 8.4 Letztendliche Begrenztheit: Jede Trajektorie, die in $\mathcal{B}$ startet, trifft zu einem endlichen Zeitpunkt t_1 in $\mathcal{G}$ ein und verbleibt dort. Anfangsbereich $\mathcal{B}$ beinhaltet nicht den äußeren Rand und nicht den Ursprung; Bereich $\mathcal{G}$ der Restregelbewegung ist *grau unterlegt*

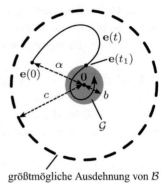

größtmögliche Ausdehnung von $\mathcal{B}$

gleichmäßige bzw. uniforme Stabilität ist demnach nicht notwendig, so dass in obigen Stabilitäts-Definitionen der Zusatz uniform weggelassen wurde.   □

8.3 Regelstrecke: Manipulator mit Antriebsachsen

Wie bereits oben dargestellt, dient eine Vorsteuerung dazu, den Regelfehler durch Modellwissen betragsmäßig möglichst gering zu halten. Je realitätsnäher das dabei zugrunde liegende Modell der Regelstrecke ist, desto geringer fallen die verbleibenden Regelabweichungen aus. Diese sollen vom nachgeschalteten Regler weiter kompensiert werden. Typische Verfahren zur Auslegung der Reglerparameter nutzen dabei ebenfalls Modellwissen. Aus diesem Grund wird im vorliegenden Abschnitt ein Modell der Regelstrecke entwickelt. Dabei wird die Dynamik von Manipulator und Antriebssträngen betrachtet.

Ein Antriebsstrang besteht nach Kap. 7 aus einer Kombination von Motorcontroller, Motor und Getriebe. Zur Modellbildung der Regelstrecke ist dabei nur der Mechanik-Anteil der Dynamik von Bedeutung. Dieser beinhaltet die Komponenten Motor und Getriebe, die zusammen kurz als *Antriebsachse* bezeichnet werden.

8.3.1 Stromregelung des Motors

Nach Drehmomentgleichung (7.7) ist beim Motor das Drehmoment proportional zum Strom. Dieser kann jedoch nicht direkt eingestellt werden. Als Stellgröße steht vielmehr nur die Spannung zur Verfügung. Elektrisch gesehen, stellt die permanenterregte Synchronmaschine eine Ohmsch-Induktive Last (alternative Bezeichnung: RL-Glied) dar. Daher folgt der Strom nicht instantan der angelegten Spannung. Vielmehr muss er die elektrische Trägheit der Phasen überwinden, so dass sich das bekannte träge Tiefpassverhalten einstellt. Ein im Motorcontroller realisierter *Stromregler* kompensiert dieses träge Verhalten, so dass der Strom möglichst instantan seinem Sollwert folgen kann.

Dabei stellt die EMK-Spannung eine Verkopplung zwischen der elektrischen Dynamik des Motors und der Mechanik des Manipulators dar: Die EMK-Spannung ist nach (7.10) proportional zur Drehgeschwindigkeit. Diese hängt aber von der Mechanik des Rotors sowie der Mechanik des angeschlossenen Manipulators ab. Die so auftretende Rückwirkung der Mechanik auf die Stromregelung wird oft nur als Störgröße im Stromregelkreis betrachtet. Dies ist gerechtfertigt, da die elektrische Trägheit der Motorphasen sehr viel geringer ausfällt als die mechanischen Trägheiten. Aus Sicht der schnellen Stromregelung ist die EMK-Spannung daher nahezu konstant. Diese Störgröße kann damit relativ leicht durch die Stromregelung kompensiert werden.

Dem Stromregler ist oft ein Positions- oder Geschwindigkeitsregelkreis überlagert. Die Regler-Zykluszeit des unterlagerten Stromreglers ist dabei typischerweise um einen Faktor 10 kürzer als beim überlagerten Geschwindigkeitsregler. Aus Sicht der überlagerten Regelkreise verhält sich der sehr viel schnellere Stromregelkreis also nahezu ideal, das heißt der Strom-Istwert folgt nahezu instantan seinem Sollwert. Zudem ist die Stromregelung oft in den Motorcontrollern bereits fertig implementiert. Die Auslegung der Stromregler-Parameter erfolgt dabei automatisch für den jeweils angeschlossenen Motor. Aus diesem Grund wird im Folgenden die Stromregelung nicht näher betrachtet. Besonders interessierte Leser finden zum Beispiel in [25, 26] weiterführende Literatur.

Annahme 8.2. *Der Stromregelkreis eines Motors im Gelenkantrieb eines Manipulators realisiert ein ideales (instantanes) Folgeverhalten zwischen Soll- und Ist-Wert des Stroms. Damit gilt für das Motor-Drehmoment ebenfalls* $\tau_M{}^s = \tau_M{}^{\text{ist}}$.

Nach dieser Annahme entfällt die Notwendigkeit einer Unterscheidung in Soll- und Ist-Größe des Motormoments. Im Folgenden wird daher für beide Größen dasselbe Symbol τ_M verwendet. Der stromgeregelte Motor wird quasi als ideale „Drehmomentquelle" modelliert.

8.3.2 Mechanik der Antriebsachse

Im Folgenden werden, zur Reduzierung des Schreibaufwands, abtriebsseitige Größen ohne Index geschrieben; antriebsseitige Größen behalten hingegen Index $\bullet_{\text{an}}$.

Neben der elektrischen Trägheit tritt beim Motor auch eine mechanische Trägheit durch die Rotormasse auf. Außerdem entstehen Reibungskräfte und -momente in der Lagerung. Ein angeschlossenes Getriebe weist ebenfalls mechanische Trägheit und Reibung auf. Diese Einflüsse führen – wie bereits bei der Manipulator-Mechanik in Kap. 5 – zu einer Bewegungsgleichung. Abb. 8.5 zeigt das hier zugrunde liegende mechanische Mo-

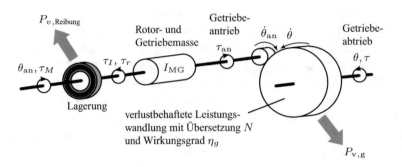

Abb. 8.5 Mechanikmodell der Antriebsachse

dell der Antriebsachse. Darin ist das Massenträgheitsmoment des Getriebes mit einer dem Getriebesymbol (Reibradgetriebe) vorgelagerten virtuellen Masse mit Massenträgheit I_G berücksichtigt. Das dargestellte Reibradgetriebe ist damit trägheitsfrei und modelliert nur das Übersetzungsverhältnis N.

Bei der Kombination aus Motor und Getriebe sind Motor- bzw. Rotor-Massenträgheitsmoment I_M, getriebeeingangsseitiges Massenträgheitsmoment I_G sowie ein Reibmoment aus Lagerung und Zahneingriffen zu berücksichtigen. Das Getriebe mit Übersetzung N führt zur Leistungswandlung von Antriebsgrößen ($\omega_{\mathrm{an}}, \tau_{\mathrm{an}}$) zu Abtriebsgrößen ($\omega, \tau$). Beide Massenträgheitsmomente erzeugen bei einer Beschleunigung ein Trägheitsmoment

$$\tau_I = I_{\mathrm{MG}}\,\ddot{\theta}_{\mathrm{an}}$$

mit $I_{\mathrm{MG}} = I_M + I_G$. Dieses wirkt dem Antriebsmoment τ_{an} entgegen. Ebenfalls τ_{an} entgegenwirkend ist Reibmoment $\tau_r = \mu_{\mathrm{vMG}}\,\dot{\theta}_{\mathrm{an}}$, für das vereinfachend nur ein viskoser Reibungsanteil berücksichtigt wird. Das vom Motor durch einen Stromfluss erzeugte Moment bezeichnet man als Motormoment bzw. *Luftspaltmoment* τ_M. Damit soll herausgestellt werden, dass dieses Moment von Außerhalb des Motors nicht direkt zugänglich bzw. nutzbar ist. Das Luftspaltmoment muss erst die Summe aus Trägheitsmoment und Reibmoment überwinden. Der verbleibende Momentenanteil stellt dann das getriebeantriebsseitige Moment τ_{an} dar, das heißt

$$\tau_{\mathrm{an}} = \tau_M - \left(I_{\mathrm{MG}}\,\ddot{\theta}_{\mathrm{an}} + \mu_{\mathrm{vMG}}\,\dot{\theta}_{\mathrm{an}}\right). \tag{8.7}$$

Im Folgenden wird das vereinfachte Wirkungsgradmodell des Getriebes im Vorwärtsbetrieb nach Abschn. 7.6.2 verwendet. Dieses genügt, um den grundsätzlichen Einfluss des Getriebes auf den Regelkreis darzustellen und zu diskutieren. In realen Szenarien treten jedoch auch die in Abschn. 7.6.2 angesprochenen anderen Betriebsfälle des Getriebes, insbesondere aber der Rückwärtsbetrieb auf. Ein entsprechend realistischeres Getriebemodell ist aber so aufwendig, dass es den Rahmen des vorliegenden Kapitels bei Weitem sprengen würde.

Mit Übersetzungsverhältnis N und Wirkungsgrad η_g des Getriebes folgt nach Wirkungsgradmodell (7.42) Bewegungsgleichung

$$\tau = N\,\eta_g\left(\tau_M - (I_{\mathrm{MG}}\,\ddot{\theta}_{\mathrm{an}} + \mu_{v_{\mathrm{MG}}}\,\dot{\theta}_{\mathrm{an}})\right).\tag{8.8}$$

8.3.3   Darstellungsformen der Regelstrecke von Manipulator mit Antriebsachsen

Die Bewegungsgleichung einer Antriebsachse benötigt die antriebsseitige Geschwindigkeit und Beschleunigung $(\dot{\theta}_{\mathrm{an}}, \ddot{\theta}_{\mathrm{an}})$ des zugehörigen Gelenks. Diese Größen ergeben sich aus Bewegungsgleichung (5.44) des Manipulators. Die Bewegungsgleichung von Antriebsachsen und Manipulator sind also verkoppelt.

Je nach Wahl der Systemzustände ergeben sich unterschiedliche, jedoch äquivalente Systemdarstellungen: Die Zustände der Bewegungsgleichung von Antriebsachse i lauten $(\theta_{\mathrm{an},i}, \dot{\theta}_{\mathrm{an},i})$. Sie sind über das Getriebeübersetzungsverhältnis mit den abtriebsseitigen Größen „starr" verkoppelt, das heißt $N_i\,\theta_i = \theta_{\mathrm{an},i}$, $N_i\,\dot{\theta}_i = \dot{\theta}_{\mathrm{an},i}$. Man kann also die in der Manipulator-Bewegungsgleichung enthaltenen Zustände $(\theta, \dot{\theta})$ nutzen, um damit auch die Mechanik der Antriebsachsen vollständig zu beschreiben. Dies ist in Signalflussplan 8.4 dargestellt. Alternativ kann aber auch umgekehrt die Mechanik des Manipulators mit den Zuständen $(\theta_{\mathrm{an}}, \dot{\theta}_{\mathrm{an}})$ der Antriebsachsen beschrieben werden. Dies führt zu Signalflussplan 8.5. Während die erste Darstellung nach Signalflussplan 8.4 die

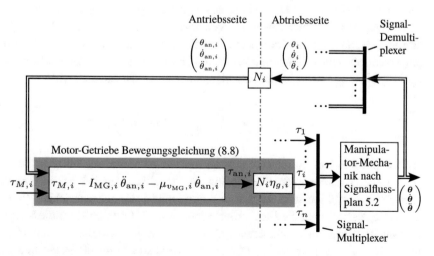

Signalflussplan 8.4 Interpretation der Regelstrecke als Manipulator mit Antriebsachsen. Die Systemzustände bestehen aus den **ab**triebsseitigen Gelenkgrößen

physikalische Betrachtungsweise intuitiver widerspiegelt, ist die zweite Darstellung nach Signalflussplan 8.5 im Kontext der Regelung besser geeignet.

Signalflussplan 8.4 zeigt das verkoppelte Gesamtsystem mit Zustandsgrößen $(\boldsymbol{\theta}, \dot{\boldsymbol{\theta}})$, wobei nur die i-te Antriebsachse ausdetailliert ist (grau unterlegt). Index-Zusatz i kennzeichnet dabei die i-te Gelenk- bzw. Antriebsachse. Im Signalflussplan werden mehrere Signale durch einen *Signal-Multiplexer* zu einem vektoriellen Signal zusammengefasst; ein *Signal-Demultiplexer* zerlegt ein vektorielles Signal wieder in Einzelsignale. Vektorielle Signale werden dabei durch fette Doppellinien von normalen Signalen unterschieden. Die Mechanik des Manipulators nach (5.44) wird in abtriebsseitigen Größen dargestellt, die Mechanik der Antriebsachsen in antriebsseitigen Größen, siehe Strich-Punkt-Linie in Signalflussplan 8.4.

Die Mechanik des Manipulators besitzt als Eingangsgröße die abtriebsseitigen Drehmomente $\boldsymbol{\tau}$ der Antriebsachsen. Daraus ergeben sich Ausgangsgrößen $(\boldsymbol{\theta}, \dot{\boldsymbol{\theta}}, \ddot{\boldsymbol{\theta}})$. Deren i-te Komponente stellt die abtriebsseitigen Gelenkwinkelgrößen für die i-te Antriebsachse dar. Skaliert mit Getriebeübersetzungsverhältnis N_i folgen die entsprechenden antriebsseitigen Gelenkwinkelgrößen. Zusammen mit Motormoment $\tau_{M,i}$ liefert Bewegungsgleichung (8.8) der i-ten Antriebsachse damit das abtriebsseitige Moment τ_i. Dieses stellt wiederum die Eingangsgröße der Mechanik des Manipulators dar, so dass der geschlossene Signalkreis in Signalflussplan 8.4 entsteht.

In Signalflussplan 8.4 bestehen die Systemzustände aus den abtriebsseitigen Positionen und Geschwindigkeiten $(\boldsymbol{\theta}, \dot{\boldsymbol{\theta}})$. Sie sind im Block `Manipulator-Mechanik` verborgen. In dessen ausführlicher Darstellung aus Signalflussplan 5.2 erkennt man die zugehörigen Integratoren, hinter denen die Systemzustände zu finden sind. Die eingangs bereits erwähnte, dazu alternative Systemdarstellung verwendet stattdessen die antriebsseitigen Positionen und Geschwindigkeiten $(\boldsymbol{\theta}_{\mathrm{an}}, \dot{\boldsymbol{\theta}}_{\mathrm{an}})$ als Systemzustände. Hierzu wird Bewegungsgleichung (8.8) nach der Beschleunigung aufgelöst und man erhält

$$\ddot{\theta}_{\mathrm{an}} = \frac{1}{I_{\mathrm{MG}}} \left(\tau_M - \left(\frac{\tau}{N\,\eta_g} + \mu_{v_{\mathrm{MG}}}\,\dot{\theta}_{\mathrm{an}} \right) \right) .$$

Durch Integrationen der Beschleunigung $\ddot{\theta}_{\mathrm{an}}$ erhält man die zugehörigen Zustände $(\theta_{\mathrm{an}}, \dot{\theta}_{\mathrm{an}})$, siehe Signalflussplan 8.5. Analog zu Signalflussplan 8.4 ist die Trennung zwischen An- und Abtriebsseite durch eine Strich-Punkt-Linie gekennzeichnet. Betrachtet man als Regelstrecke nur die i-te Antriebsachse, so stellt Lastmoment τ_i die Störgröße dar. Die antriebsseitig korrespondierende Größe ist in Signalflussplan 8.5 mit $\tau_{\mathrm{an},i}^{\mathrm{st}}$ bezeichnet. Mit Umbenennung $\tau_{\mathrm{an}} = \tau_{\mathrm{an},i}^{\mathrm{st}}$ erhält man aus (8.7) für die Regelstrecke der i-ten Antriebsachse

$$I_{\mathrm{MG}}\,\ddot{\theta}_{\mathrm{an},i} + \mu_{v_{\mathrm{MG}},i}\,\dot{\theta}_{\mathrm{an},i} + \tau_{\mathrm{an},i}^{\mathrm{st}} = \tau_{M,i} . \tag{8.9}$$

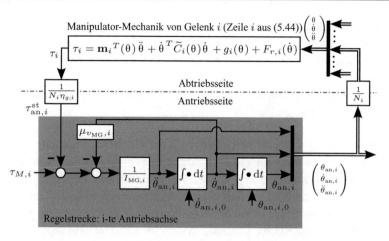

Signalflussplan 8.5 Interpretation der Antriebsachsen als vom Manipulator gestörte Regelstrecke; m_i bezeichnet dabei den i-ten Spaltenvektor der Massenmatrix $\widetilde{M}$

Die Manipulator-Dynamik und damit $\tau^{\text{st}}_{\text{an},i}$ für Gelenk Nr. i wird durch die entsprechende Zeile aus (5.44) bestimmt. Daher gilt $(\boldsymbol{\theta}, \dot{\boldsymbol{\theta}}, \ddot{\boldsymbol{\theta}}) \mapsto \tau^{\text{st}}_{\text{an},i}$ oder wegen $(\theta_{\text{an},i}, \dot{\theta}_{\text{an},i}, \ddot{\theta}_{\text{an},i})$ $= N_i\,(\theta, \dot{\theta}, \ddot{\theta})$ alternativ $(\boldsymbol{\theta}_{\text{an}}, \dot{\boldsymbol{\theta}}_{\text{an}}, \ddot{\boldsymbol{\theta}}_{\text{an}}) \mapsto \tau^{\text{st}}_{\text{an},i}$.

Der grundlegende Unterschied zwischen den äquivalenten Darstellungen aus Signalflussplan 8.4 und Signalflussplan 8.5 besteht also in der Interpretation der Regelstrecke: In Signalflussplan 8.4 besteht die Regelstrecke aus der Gesamtheit von Manipulator und Antriebsachsen. Demgegenüber stellen in Signalflussplan 8.5 nur die Antriebsachsen die Regelstrecke dar. Der Manipulator wird dabei als Störung der Antriebsachsen interpretiert.

8.4 Dezentrale Regelung

Der einfachste Ansatz einer Regelung resultiert aus der Überlegung, jedes Gelenk *unabhängig* von allen anderen zu betrachten. Man nennt dieses Regelungskonzept *dezentrale Regelung*, da es keine zentrale, das heißt allen Gelenken übergeordnete Instanz gibt, die dynamische Verkopplungen der Gelenke (kurz: Gelenkverkopplungen) berücksichtigen könnte. Diese werden bei einer dezentralen Regelung lediglich als Störgrößen interpretiert, deren Störeinfluss von der Regelung kompensiert werden muss. Die so erzielte Regelgüte hängt natürlich stark von den Amplituden der Störgrößen ab.

Im folgenden Abschn. 8.4.1 wird zunächst gezeigt, dass der Einfluss der Manipulator-Störmomente auf die Antriebsachsen durch Getriebe stark reduziert werden kann. Aus diesem Grund werden gemäß Signalflussplan 8.5 zur dezentralen Regelung die antriebsseitigen Gelenkwinkel als Regelgrößen betrachtet. Das Regelungskonzept besteht dabei aus einer Kombination von Sollwertaufschaltung als Vorsteuerung und einem einfachen PD-Regler. Hierfür wird in Abschn. 8.4.2 die resultierende Fehler-Differenzialgleichung aufgestellt.

Zur Analyse des Regelungskonzepts wird die Komplexität der Modellierung der Regelstrecke in drei Stufen erhöht:

Stufe 1: In Abschn. 8.4.3 wird von einem idealen, das heißt fehlerfreien Modell von Antriebsachsen ausgegangen. Der Störeinfluss des Manipulators auf die Antriebsachsen wird vernachlässigt. Die resultierenden Fehler-Differenzialgleichungen der Gelenke sind damit vollständig voneinander entkoppelt und entsprechen der Mechanik eines Feder-Dämpfer-Masse-Systems. Dabei besteht ein global stabiler Gleichgewichtspunkt im Ursprung. Mögliche Einschwingverhalten sind aus der Physik bekannt und können durch entsprechende Auslegung der Reglerparameter eingestellt werden.

Stufe 2: In Abschn. 8.4.4 wird weiterhin der Einfluss des Manipulators vernachlässigt. Die Parameter des Modells der Antriebsachsen sollen nun aber fehlerbehaftet sein. Hierfür wird das Konzept der Perturbation von Parametern mit Hilfe relativer Schätzfehler eingeführt.

Die fehlerbehafteten Parameter führen zu einer vom Sollwertverlauf abhängigen Störfunktion in der Fehler-Differenzialgleichung der Gelenke. Damit existieren keine Gleichgewichtspunkte mehr. Die erzielbare Stabilitätsform besteht in globaler letztendlicher Begrenztheit eines Bereichs um den Ursprung. Mit der Stabilitäts-Theorie von Ljapunov werden die Auswirkungen diverser Parameter auf die Ausdehnung des Bereichs der Restregelbewegungen untersucht.

Stufe 3: In Abschn. 8.4.5 wird Stufe 2 ergänzt um den Einfluss des Manipulators mit fehlerbehafteten Parametern. In diesem Fall tritt eine verkoppelte Fehler-Differenzialgleichung auf. Analog zur Situation in Stufe 2, kann hier ebenfalls nur letztendliche Begrenztheit erzielt werden. Diese ist jedoch nicht globaler Natur.

Die erzielbare Regelgüte wird durch Stellgrößenbeschränkungen, Resonanzen und Quantisierungsrauschen reduziert, siehe Abschn. 8.4.6. Unter Berücksichtigung dieser technologischen Einschränkungen ergibt sich abschließend in Abschn. 8.4.7 ein iterativer Auslegungsprozess für die Regler.

8.4.1 Einflussanalyse der Störgrößen

Aus Signalflussplan 8.5 erkennt man, dass sich die Störgröße mit Getriebeübersetzung N_i herab skaliert gemäß

$$\tau_{\text{an},i}^{\text{st}} = \frac{\tau_i}{N_i\,\eta_{g,i}} \,. \tag{8.10}$$

Mit *Getriebeübersetzungsmatrix*

$$\tilde{N} = \mathrm{diag}\{N_1, N_2, \cdots, N_n\}$$

folgt für die Umrechnung zwischen an- und abtriebsseitigen Gelenkwinkeln in vektorieller Form

$$
\begin{aligned}
\boldsymbol{\theta}_{\mathrm{an}} &= \tilde{N}\,\boldsymbol{\theta} &&\Longleftrightarrow& \boldsymbol{\theta} &= \tilde{N}^{-1}\,\boldsymbol{\theta}_{\mathrm{an}} \\
\dot{\boldsymbol{\theta}}_{\mathrm{an}} &= \tilde{N}\,\dot{\boldsymbol{\theta}} &&\Longleftrightarrow& \dot{\boldsymbol{\theta}} &= \tilde{N}^{-1}\,\dot{\boldsymbol{\theta}}_{\mathrm{an}} \\
\ddot{\boldsymbol{\theta}}_{\mathrm{an}} &= \tilde{N}\,\ddot{\boldsymbol{\theta}} &&\Longleftrightarrow& \ddot{\boldsymbol{\theta}} &= \tilde{N}^{-1}\,\ddot{\boldsymbol{\theta}}_{\mathrm{an}}\,.
\end{aligned}
\tag{8.11}
$$

Setzt man in (8.10) für τ_i die i-te Zeile aus (5.44) ein, so folgt in antriebsseitigen Gelenkwinkeln Störgröße

$$
\tau_{\mathrm{an},i}^{\mathrm{st}}(\boldsymbol{\theta}_{\mathrm{an}}, \dot{\boldsymbol{\theta}}_{\mathrm{an}}, \ddot{\boldsymbol{\theta}}_{\mathrm{an}})
\tag{8.12}
$$

$$
= \frac{1}{N_i\,\eta_{g,i}}\left(\boldsymbol{m}_i{}^T(\bullet)\,\tilde{N}^{-1}\,\ddot{\boldsymbol{\theta}}_{\mathrm{an}} + \dot{\boldsymbol{\theta}}_{\mathrm{an}}{}^T\,\tilde{N}^{-1}\,\tilde{C}_i(\bullet)\,\tilde{N}^{-1}\,\dot{\boldsymbol{\theta}}_{\mathrm{an}} + g_i(\bullet) + F_{r,i}(\bullet) \right)\,.
$$

Dabei steht $\bullet$ abkürzend für $\tilde{N}^{-1}\,\boldsymbol{\theta}_{\mathrm{an}}$, das hochgestellte st für <u>St</u>örgröße bzw. <u>St</u>örterm. Aus dieser Darstellung erkennt man, dass sich die abtriebsseitig auftretenden Gelenkmomente auf Antriebsseite in Abhängigkeit von $\eta_{g,i}$ sowie den Getriebeübersetzungen herabskalieren. Am stärksten reduziert sich so der Anteil aus Kreiselkräften und -momenten: Hier treten Skalierungsfaktoren $(N_i\,N_j\,N_k\,\eta_{g,i})^{-1}$, $j, k \in \{1, \cdots, n\}$ auf. Demgegenüber fallen mit $(N_i\,N_j\,\eta_{g,i})^{-1}$, $j \in \{1, \cdots, n\}$ die Skalierungsfaktoren der Trägheitsanteile etwas geringer aus. Am wenigsten werden Gewichts- und Reibanteile reduziert: Hier ergibt sich lediglich ein Skalierungsfaktor von $(N_i\,\eta_{g,i})^{-1}$.

Beispiel 8.3. Reduzierung der antriebsseitigen Wirkung des Trägheitsmoments mit dem Quadrat der Getriebeübersetzung: Ein 1 m langer, dünner Zylinder der Masse $m_{\mathrm{arm}} = 1\,\mathrm{kg}$ wird durch einen Motor mit Rotorträgheitsmoment $I_M = 0.6\,\mathrm{kg\,cm^2}$ und einem Getriebe mit $N = 113$, $\eta_g = 72\,\%$, $I_G = 10\,\mathrm{g\,cm^2}$ (I_G bezogen auf Antriebsachse) angetrieben. Am Ende des Arms sei eine Punktmasse mit $m_{\mathrm{Punkt}} = 10\,\mathrm{kg}$ befestigt, siehe Abb. 8.6.

Das Massenträgheitsmoment des Getriebes sowie des Rotors berechnet sich nach Standardeinheiten um gemäß:

$$
\begin{aligned}
I_G &= 10\,\mathrm{g\,cm^2} = 10 \cdot 10^{-3}\,\mathrm{kg} \cdot 10^{-4}\,\mathrm{m^2} = 10 \cdot 10^{-7}\,\mathrm{kg\,m^2} \\
I_M &= 0.6\,\mathrm{kg\,cm^2} = 0.6\,\mathrm{kg} \cdot 10^{-4}\,\mathrm{m^2} = 0.6 \cdot 10^{-4}\,\mathrm{kg\,m^2}
\end{aligned}
$$

Das antriebsseitig wirkende Trägheitsmoment von Rotor und Getriebe beträgt damit zusammen $I_{\mathrm{MG}} = 0.61\,\mathrm{kg\,m^2}$. Das Trägheitsmoment der Last bezüglich der abtriebsseitigen

Abb. 8.6 Skizze für das in
Beispiel 8.3 betrachte Sys-
tem: Ein dünner, durch eine
Punktmasse abgeschlossener
Stab wird durch einen Motor-
Getriebe-Satz angetrieben

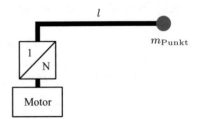

Achse berechnet sich[9] zu

$$I_{\text{arm}} = \frac{m_{\text{arm}} \, l_{\text{arm}}{}^2}{3} + l_{\text{arm}}{}^2 \, m_{\text{Punkt}} \approx 10.3 \, \text{kg m}^2 \, .$$

Damit wirkt auf die Antriebsachse ein resultierendes Trägheitsmoment

$$I_{\text{an,ges}} = I_{\text{MG}} + \frac{I_{\text{arm}}}{113^2 \cdot 0.72} \approx 0.61 \cdot 10^{-4} \, \text{kg m}^2 + 11.24 \cdot 10^{-4} \, \text{kg m}^2$$
$$= 11.85 \cdot 10^{-4} \, \text{kg m}^2 \, .$$

In diesem Fall beträgt der Anteil des Arms am gesamten Trägheitsmoment etwa $^{11.24}/_{11.85} \approx$
95 %.

Mit einer höheren Getriebeübersetzung von zum Beispiel $N = 2000$ mit $\eta_g = 60\,\%$
reduziert sich das antriebsseitig wirksame Arm-Trägheitsmoment auf

$$\frac{I_{\text{arm}}}{2000^2 \cdot 0.6} \approx 0.0431 \cdot 10^{-4} \, \text{kg m}^2 \, .$$

Damit ergibt sich als gesamtes Trägheitsmoment

$$I_{\text{an,ges}} \approx 0.61 \cdot 10^{-4} \, \text{kg m}^2 + 0.0431 \cdot 10^{-4} \, \text{kg m}^2 = 0.6531 \cdot 10^{-4} \, \text{kg m}^2$$

sowie ein Anteil von ca. $^{0.0431}/_{0.6531} \approx 7\,\%$. Das Arm-Trägheitsmoment übt also nur einen
relativ geringen Einfluss auf die Mechanik der Antriebsachse aus.   ◁

Neben der herabskalierenden Wirkung der Getriebeübersetzungen sind oft noch weitere begünstigende Faktoren zu verzeichnen:

Da die Kreiselkomponente immer vom Produkt zweier Geschwindigkeiten $\dot{\theta}_i \, \dot{\theta}_j$
abhängt, fallen zugehörige abtriebsseitige Momente bei geringen Geschwindigkeiten
ebenfalls gering aus. Reibung ist typischerweise bereits abtriebsseitig aufgrund reibungs-
armer Lagerungen vernachlässigbar.

---

[9] Siehe Formelsammlung für Trägheitsmomente von Standardkörpern, zum Beispiel [23, Appen-
dix 2, S. 402–404].

In der Regel übt nur die Gewichtskomponente einen signifikanten Störgrößen-Einfluss auf die Regelung aus. Aus diesem Grund wird die Gewichtskomponente oft durch eine zusätzliche, modellbasierte *Störgrößenaufschaltung*, die man *Gewichtsaufschaltung* nennt, kompensiert, siehe Abschn. 8.4.5.4.

8.4.2   PD-Bahnregelung mit Sollwertaufschaltung

Gemäß Signalflussplan 8.2 setzt sich Eingangsgröße $\tau_{M,i}$ der Strecke (i-te Antriebsachse) additiv zusammen aus einem Vorsteuermoment $\tau^s_{\mathrm{an},i}$ und einem Regelungsmoment $\tau^r_{\mathrm{an},i}$ gemäß

$$\tau_{M,i} = \tau^s_{\mathrm{an},i} + \tau^r_{\mathrm{an},i} \,. \tag{8.13}$$

Mit abtriebsseitiger Soll-Bahn $(\theta^s_i(t), \dot{\theta}^s_i(t), \ddot{\theta}^s_i(t))$ und Modell (8.9) der Antriebsachse ergibt sich die als *Sollwert-Aufschaltung* bezeichnete Vorsteuerung

$$\tau^s_{\mathrm{an},i} = \hat{I}_{\mathrm{MG},i}\, N_i\, \ddot{\theta}^s_i + \hat{\mu}_{v_{\mathrm{MG}},i}\, N_i\, \dot{\theta}^s_i \,. \tag{8.14}$$

Perturbation und relative Schätzfehler   Obige Vorsteuerung erfordert Modellwissen über die Antriebsachse in Form der Schätzgrößen $\hat{I}_{\mathrm{MG},i}$ und $\hat{\mu}_{v_{\mathrm{MG}},i}$. Das hochgestellte Dach $\hat{\bullet}$ kennzeichnet dabei, dass es sich um einen geschätzten Wert handelt. Allgemein bezeichnet man die Abweichung einer Schätzgröße vom exakten Wert in der Regelungstechnik als *Perturbation*[10]. Soll mit einer Simulation das Verhalten eines Reglers getestet werden, so müssen konkrete Werte für die exakten (unbekannten) Parameter sowie für deren Schätzwerte vorliegen. Eine mögliche Realisierung besteht darin, für die exakten (und nur dem Orakel bekannten, kurz: unbekannten) Modellparameter X und für die zugehörigen relativen Schätzfehler r_X jeweils einen Wert vorzugeben. Daraus berechnet sich dann Schätzwert $\hat{X}$.

Hierfür wird die Perturbation eines allgemeinen Modellparameters $X \neq 0$ durch *relativen Schätzfehler*[11] r_X definiert gemäß

$$r_X = \frac{\hat{X} - X}{X} = \frac{\Delta X}{X} \iff \hat{X} = (1 + r_X)\, X \,.$$

Dies bezieht also den absoluten Schätzfehler ΔX auf den exakten (aber nur dem Orakel bekannten) Wert X. Angewendet auf beide Parameter der betrachteten Regelstrecke ergibt

$$\begin{aligned} \hat{I}_{\mathrm{MG},i} &= (1 + r_{I_{\mathrm{MG},i}})\, I_{\mathrm{MG},i} \\ \hat{\mu}_{v_{\mathrm{MG}},i} &= (1 + r_{\mu_{v_{\mathrm{MG}},i}})\, \mu_{v_{\mathrm{MG}},i} \,. \end{aligned} \tag{8.15}$$

---

[10] Aus dem Lateinischen *perturbare* für *stören*.

[11] Davon abweichende Definitionen in der Literatur ergeben sich, wenn man die absolute Abweichung mit anderem Vorzeichen definiert. Außerdem kann man die absolute Abweichung auch auf den geschätzten Wert beziehen. In der Messtechnik wird so der relative Messfehler durch den Quotienten aus absoluter Abweichung und gemessenem Wert definiert.

Anmerkung 8.4. Verwendung perturbierter und unperturbierter Parameter in Simulation und Experiment: Im Idealfall unterscheidet sich ein Experiment gegenüber der zugehörigen Simulation lediglich darin, dass die simulierte, gegen die echte Regelstrecke ausgetauscht wird. Aus diesem Grund verwendet man in der Simulation in modellbasierten Blöcken wie Vorsteuerung und Gewichtskompensation bestmögliche Schätzwerte („Dach-Größen") für die Parameter, siehe Abb. 8.6. Die relativen Schätzfehler spiegeln die Genauigkeit der dabei zugrunde liegenden Schätzungen wider. Die simulierte Regelstrecke enthält hingegen nur nichtperturbierte Parameter („Nicht-Dach-Größen"), siehe auch Aufgaben 8.1 und 8.3.   □

PD-Regelgesetz Aus dem Regelfehler der Position ergibt sich durch zeitliches Ableiten der Regelfehler der Geschwindigkeit. Nochmaliges zeitliches Ableiten liefert daraus den Regelfehler der Beschleunigung. Zusammen erhält man so

$$
\begin{aligned}
e_i &= N_i\, \theta_i^s(t) - \theta_{\mathrm{an},i} \\
\dot{e}_i &= N_i\, \dot{\theta}_i^s(t) - \dot{\theta}_{\mathrm{an},i} \\
\ddot{e}_i &= N_i\, \ddot{\theta}_i^s(t) - \ddot{\theta}_{\mathrm{an},i}\ .
\end{aligned}
\tag{8.16a}
$$

Auf alle Gelenkwinkel angewandt, folgt mit Getriebeübersetzungsmatrix $\tilde{N}$ in vektorieller Darstellung

$$
\begin{aligned}
\boldsymbol{e} &= \tilde{N}\,\boldsymbol{\theta}^s(t) - \boldsymbol{\theta}_{\mathrm{an}} & \boldsymbol{\theta}_{\mathrm{an}} &= \tilde{N}\,\boldsymbol{\theta}^s(t) - \boldsymbol{e} \\
\dot{\boldsymbol{e}} &= \tilde{N}\,\dot{\boldsymbol{\theta}}^s(t) - \dot{\boldsymbol{\theta}}_{\mathrm{an}} & \dot{\boldsymbol{\theta}}_{\mathrm{an}} &= \tilde{N}\,\dot{\boldsymbol{\theta}}^s(t) - \dot{\boldsymbol{e}} \\
\ddot{\boldsymbol{e}} &= \tilde{N}\,\ddot{\boldsymbol{\theta}}^s(t) - \ddot{\boldsymbol{\theta}}_{\mathrm{an}} & \ddot{\boldsymbol{\theta}}_{\mathrm{an}} &= \tilde{N}\,\ddot{\boldsymbol{\theta}}^s(t) - \ddot{\boldsymbol{e}}\ .
\end{aligned}
\tag{8.16b}
$$

Damit ergibt sich das PD-Regelgesetz als gewichtete Summe von antriebsseitiger Positions- und Geschwindigkeitsabweichung zu

$$
\tau_{\mathrm{an},i}^r = k_{p,i}\, e_i + k_{d,i}\, \dot{e}_i\ .
\tag{8.17}
$$

Die Gewichtungsfaktoren bezeichnet man als *Proportionalverstärkung* $k_{p,i}$ in Nm/rad und *Geschwindigkeitsverstärkung* $k_{d,i}$ in Nm·s/rad. Folglich nennt man das Regelgesetz *PD-Regler*.

Vorsteuerung (8.14) und Regelung (8.17) ergeben zusammen nach (8.13) Stellgröße $\tau_{M,i}$, siehe Signalflussplan 8.6. Zur Übersichtlichkeit ist dabei nur eine Antriebsachse eingetragen.

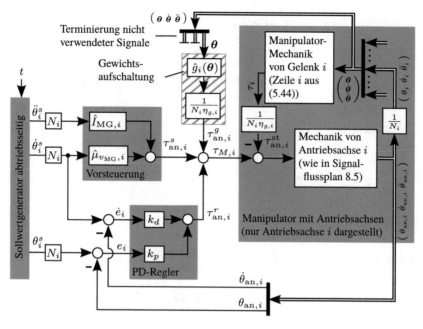

Signalflussplan 8.6 Dezentral PD-geregelter Manipulator mit Vorsteuerung. Zur Übersichtlichkeit ist nur Antriebsachse i dargestellt. Der *schraffiert unterlegte Block* stellt die in Abschn. 8.4.5.4 behandelte Gewichtsaufschaltung dar

Fehler-Differenzialgleichung Setzt man Stellgröße $\tau_{M,i}$ in Regelstrecke (8.9) ein, so ergibt sich Differenzialgleichung

$$
\underbrace{I_{\mathrm{MG},i}\,\ddot{\theta}_{\mathrm{an},i} + \mu_{v_{\mathrm{MG}},i}\,\dot{\theta}_{\mathrm{an},i} + \tau_{\mathrm{an},i}^{\mathrm{st}}(\boldsymbol{\theta}_{\mathrm{an}}, \dot{\boldsymbol{\theta}}_{\mathrm{an}}, \ddot{\boldsymbol{\theta}}_{\mathrm{an}})}_{\text{Regelstrecke nach (8.9)}}
$$

$$
= \underbrace{\hat{I}_{\mathrm{MG},i}\,N_i\,\ddot{\theta}_i^s(t) + \hat{\mu}_{v_{\mathrm{MG}},i}\,N_i\,\dot{\theta}_i^s(t)}_{\text{Vorsteuerung nach (8.14)}} + \underbrace{k_{p,i}\,e_i + k_{d,i}\,\dot{e}_i}_{\text{PD-Regler nach (8.17)}}. \tag{8.18}
$$

Mit (8.16b) lässt sich Störmoment $\tau_{\mathrm{an},i}^{\mathrm{st}}$ nach (8.12) in Abhängigkeit vom Regelfehler und der Zeit in einer entsprechend modifizierten Funktion $\tau_{\mathrm{an},i}^{\mathrm{st}*}$ darstellen gemäß

$$
\tau_{\mathrm{an},i}^{\mathrm{st}*}(t, \boldsymbol{e}, \dot{\boldsymbol{e}}, \ddot{\boldsymbol{e}}) = \tau_{\mathrm{an},i}^{\mathrm{st}}(\tilde{N}\,\boldsymbol{\theta}^s(t) - \boldsymbol{e},\ \tilde{N}\,\dot{\boldsymbol{\theta}}^s(t) - \dot{\boldsymbol{e}},\ \tilde{N}\,\ddot{\boldsymbol{\theta}}^s(t) - \ddot{\boldsymbol{e}}). \tag{8.19}
$$

Drückt man in (8.18) die geschätzten Parameter durch relative Schätzfehler nach (8.15) aus und verwendet die Definition der zeitlichen Ableitungen der Regelfehler nach (8.16), so folgt

$$
I_{\mathrm{MG},i}\,\ddot{\theta}_{\mathrm{an},i} + \mu_{v_{\mathrm{MG}},i}\,\dot{\theta}_{\mathrm{an},i} + \tau_{\mathrm{an},i}^{\mathrm{st}*}(t, \boldsymbol{e}, \dot{\boldsymbol{e}}, \ddot{\boldsymbol{e}})
$$

$$
= (1 + r_{I_{\mathrm{MG},i}})\,I_{\mathrm{MG},i}\,N_i\,\ddot{\theta}_i^s(t) + (1 + r_{\mu_{v_{\mathrm{MG}},i}})\,\mu_{v_{\mathrm{MG}},i}\,N_i\,\dot{\theta}_i^s(t) + k_{p,i}\,e_i + k_{d,i}\,\dot{e}_i.
$$

Elementare Umstellungen ergeben weiter

$$- I_{\mathrm{MG},i}\, r_{I_{\mathrm{MG},i}}\, N_i\, \ddot{\theta}_i^s(t) - \mu_{v\mathrm{MG},i}\, r_{\mu_{v\mathrm{MG},i}}\, N_i\, \dot{\theta}_i^s(t) + \tau_{\mathrm{an},i}^{\mathrm{st}*}(t,e,\dot{e},\ddot{e})$$

$$\overset{!}{=} k_{p,i}\, e_i + k_{d,i}\, \dot{e}_i + I_{\mathrm{MG},i}\, \underbrace{(N_i\, \ddot{\theta}_i^s(t) - \ddot{\theta}_{\mathrm{an},i})}_{\ddot{e}_i} + \mu_{v\mathrm{MG},i}\, \underbrace{(N_i\, \dot{\theta}_i^s(t) - \dot{\theta}_{\mathrm{an},i})}_{\dot{e}_i}$$

$$= I_{\mathrm{MG},i}\, \ddot{e}_i + (k_{d,i} + \mu_{v\mathrm{MG},i})\, \dot{e}_i + k_{p,i}\, e_i$$

$$\Longleftrightarrow$$

$$\ddot{e}_i + \frac{k_{d,i} + \mu_{v\mathrm{MG},i}}{I_{\mathrm{MG},i}}\, \dot{e}_i + \frac{k_{p,i}}{I_{\mathrm{MG},i}}\, e_i = d_i(t,e,\dot{e},\ddot{e}) \tag{8.20a}$$

mit Störterm

$$d_i(t,e,\dot{e},\ddot{e}) = -r_{I_{\mathrm{MG},i}}\, N_i\, \ddot{\theta}_i^s(t) - \frac{\mu_{v\mathrm{MG},i}\, r_{\mu_{v\mathrm{MG},i}}}{I_{\mathrm{MG},i}}\, N_i\, \dot{\theta}_i^s(t) + \frac{\tau_{\mathrm{an},i}^{\mathrm{st}*}(t,e,\dot{e},\ddot{e})}{I_{\mathrm{MG},i}}\,. \tag{8.20b}$$

Darstellung (8.20) des geregelten Systems in Zustandsgrößen e und $\dot{e}$ stellt die *Fehler-Differenzialgleichung* von Gelenk i dar.

Beispiel 8.4. Betrachtet wird ein Manipulator mit nur einem Drehgelenk. Analog zu Beispiel 8.2 soll das Manipulatorsegment aus einer Welle senkrecht zum Gravitationsfeld mit einer exzentrisch angebrachten Masse bestehen. Die Bewegungsgleichung lautet

$$I\,\ddot{\theta} + \mu_v\,\dot{\theta} + G\,\cos\theta = \tau\,, \tag{8.21}$$

mit Massenträgheitsmoment I und viskosem Reibkoeffizient μ_v. Gewichtsparameter G stellt das durch Gravitation maximal auf der Welle wirksame Drehmoment dar. Anders als in Beispiel 8.2 soll die Nullposition von θ nun durch die horizontal ausgerichtete Position gegeben sein. Daher ist der Gewichtsanteil mit $\cos\theta$ gewichtet.

Als Regelstrecke wird die Mechanik der Antriebsachse betrachtet. Sie weist Trägheit I_{MG} und viskose Reibung mit Koeffizient $\mu_{v\mathrm{MG}}$ auf. Damit folgt die Bewegungsgleichung nach (8.9) zu

$$I_{\mathrm{MG}}\,\ddot{\theta}_{\mathrm{an}} + \mu_{v\mathrm{MG}}\,\dot{\theta}_{\mathrm{an}} = \tau_M - \tau_{\mathrm{an}}^{\mathrm{st}}\,. \tag{8.22}$$

Das Getriebe besitzt Getriebeübersetzung N und Wirkungsgrad η_g.

Das Gelenk soll einer abtriebsseitig gegebenen Soll-Bahn $\theta^s(t)$, $\dot{\theta}^s(t)$, $\ddot{\theta}^s(t)$ folgen. Hierfür wird PD-Regler (8.17) mit Sollwertaufschaltung (8.14) verwendet. Stellgröße (8.13) berechnet sich damit zu

$$\tau_M = \tau_{\mathrm{an}}^s + \tau_{\mathrm{an}}^r = \hat{I}_{\mathrm{MG}}\, N\, \ddot{\theta}^s(t) + \hat{\mu}_{v\mathrm{MG}}\, N\, \dot{\theta}^s(t) + k_p\, e + k_d\, \dot{e}\,. \tag{8.23}$$

In Regelstrecke (8.22) eingesetzt liefert

$$I_{\text{MG}}\, \ddot{\theta}_{\text{an}} + \mu_{v_{\text{MG}}}\, \dot{\theta}_{\text{an}} = \hat{I}_{\text{MG}}\, N\, \ddot{\theta}^s(t) + \hat{\mu}_{v_{\text{MG}}}\, N\, \dot{\theta}^s(t) + k_p\, e + k_d\, \dot{e} - \tau_{\text{an}}^{\text{st}*}(t, e, \dot{e}, \ddot{e}).$$

Im nächsten Schritt werden die perturbierten Größen nach (8.15) durch die tatsächlichen, aber unbekannten Modellparameter und relative Schätzfehler ausgedrückt:

$$
\begin{aligned}
I_{\text{MG}}\, \ddot{\theta}_{\text{an}} + \mu_{v_{\text{MG}}}\, \dot{\theta}_{\text{an}} &= I_{\text{MG}}(1 + r_{I_{\text{MG}}})\, N\, \ddot{\theta}^s(t) + \mu_{v_{\text{MG}}}(1 + r_{\mu_{v_{\text{MG}}}})\, N\, \dot{\theta}^s(t) \\
&\quad + k_p\, e + k_d\, \dot{e} - \tau_{\text{an},}^{\text{st}*}(t, e, \dot{e}, \ddot{e})
\end{aligned}
$$

Bringt man $I_{\text{MG}}\, N\, \ddot{\theta}^s(t)$ und $\mu_{v_{\text{MG}}}\, N\, \dot{\theta}^s(t)$ auf die linke Seite, so folgt

$$
\begin{aligned}
I_{\text{MG}} &\underbrace{\left(\ddot{\theta}_{\text{an}} - N\, \ddot{\theta}^s(t) \right)}_{-\ddot{e}} + \mu_{v_{\text{MG}}} \underbrace{\left(\dot{\theta}_{\text{an}} - N\, \dot{\theta}^s(t) \right)}_{-\dot{e}} \\
&= I_{\text{MG}}\, r_{I_{\text{MG}}}\, N\, \ddot{\theta}^s(t) + \mu_{v_{\text{MG}}}\, r_{\mu_{v_{\text{MG}}}}\, N\, \dot{\theta}^s(t) + k_p\, e + k_d\, \dot{e} - \tau_{\text{an}}^{\text{st}*}(t, e, \dot{e}, \ddot{e}).
\end{aligned}
$$

Umsortieren, Zusammenfassen und Teilen durch I_{MG} liefert schließlich Fehler-Differenzialgleichung (8.20) zu

$$
\begin{aligned}
&\ddot{e} + \frac{k_d + \mu_{v_{\text{MG}}}}{I_{\text{MG}}}\, \dot{e} + \frac{k_p}{I_{\text{MG}}}\, e \\
&= \underbrace{-r_{I_{\text{MG}}}\, N\, \ddot{\theta}^s(t) - \frac{\mu_{v_{\text{MG}}}\, r_{\mu_{v_{\text{MG}}}}}{I_{\text{MG}}}\, N\, \dot{\theta}^s(t) + \frac{\tau_{\text{an}}^{\text{st}*}(t, e, \dot{e}, \ddot{e})}{I_{\text{MG}}}}_{d(t, e, \dot{e}, \ddot{e})}.
\end{aligned} \tag{8.24}
$$

Die Regelstrecke wird durch die Mechanik des Manipulatorsegments über Störmoment $\tau_{\text{an}}^{\text{st}}$ gestört. Dieses ergibt sich wegen des Getriebes nach (8.10) zu $\tau_{\text{an}}^{\text{st}} = \frac{\tau}{N\, \eta_g}$. Setzt man τ aus (8.21) ein und rechnet mit (8.11) auf antriebsseitige Größen um, so folgt

$$
\begin{aligned}
\tau_{\text{an}}^{\text{st}*}(t, e, \dot{e}, \ddot{e}) &= \frac{1}{N\, \eta_g}\left(I\, \frac{\ddot{\theta}_{\text{an}}}{N} + \mu_v\, \frac{\dot{\theta}_{\text{an}}}{N} + G\, \cos\frac{\theta_{\text{an}}}{N} \right) \\
&\stackrel{(8.16\text{b})}{=} \frac{1}{N\, \eta_g}\left(I\, \frac{N\, \ddot{\theta}^s(t) - \ddot{e}}{N} + \mu_v\, \frac{N\, \dot{\theta}^s(t) - \dot{e}}{N} + G\, \cos\left(\frac{N\, \theta^s(t) - e}{N} \right) \right) \\
&= \frac{1}{\eta_g}\left(\frac{I\, \ddot{\theta}^s(t)}{N} - \frac{I\, \ddot{e}}{N^2} + \frac{\mu_v\, \dot{\theta}^s(t)}{N} - \frac{\mu_v\, \dot{e}}{N^2} + \frac{G}{N}\, \cos\left(\theta^s(t) - \frac{e}{N} \right) \right).
\end{aligned}
$$

Nun sollen die Parameter des Regelkreises gemäß Tab. 8.1 gegeben sein. Die abtriebsseitige Soll-Bahn sei

$$\theta^s(t) = \hat{\theta}^s\, \cos(\omega\, t)$$

$$\stackrel{\frac{\text{d}}{\text{d}t}}{\Longrightarrow}\quad \dot{\theta}^s(t) = -\hat{\theta}^s\, \omega\, \sin(\omega\, t)$$

$$\stackrel{\frac{\text{d}}{\text{d}t}}{\Longrightarrow}\quad \ddot{\theta}^s(t) = -\hat{\theta}^s\, \omega^2\, \cos(\omega\, t)$$

Tab. 8.1 Parameterwerte zu Beispiel 8.4

Manipulator	μ_v 2 mNm/rad/s	I 440 kg cm²	G 2 Nm		
Antriebsachse	$\mu_{v\text{MG}}$ 1 mNm/rad/s	I_{MG} 1.13 kg cm²	$r_{\mu_{v\text{MG}}}$ 10 %	$r_{I\text{MG}}$ 10 %	η_g 90 %
Regler	k_p 3 Nm/rad	k_d 0.0358239 Nm·s/rad			
Anfangswerte	$e_{0,\text{abtrieb}}$ 1°	$\dot{e}_{0,\text{abtrieb}}$ 0 U/min			

mit Drehgeschwindigkeit $\omega = 15$ U/min und Amplitude $\hat{\theta}^s = 90°$.

Um die Auswirkungen der Getriebeübersetzung auf die Größe der Störfunktion d zu demonstrieren, wurde jeweils eine Simulation für $N = 100$ (Abb. 8.7) und $N = 10$ (Abb. 8.8) durchgeführt.

Im linken oberen Teilbild von Abb. 8.7 ist der Verlauf des Regelfehlers $e(t)$ dargestellt (schwarz, durchgezogen). Zum Vergleich ist zusätzlich $e(t)$ für den unperturbierten bzw. idealen Fall $d(t) = 0$ aufgeführt (grau, fett, gestrichelt). Um das Verhalten im eingeschwungenen Zustand sichtbar zu machen, wurde die Skalierung auf den Bereich $[-1°\,;\,5°]$ eingeschränkt. Der damit nicht sichtbare Anfangsregelfehler beträgt $e(0) = N\,e_{0,\text{abtrieb}} = 100 \cdot 1° = 100°$. Im eingeschwungenen Zustand oszilliert $e(t)$ mit einem Betragsmaximum von ca. $\max|e(t)| \approx 1°$ und der Störterm mit einem Betragsmaximum von ca. $\max|d(t)| \approx 0.4 \cdot 10^3$ rad/s². Im unteren rechten Teilbild von Abb. 8.7 erkennt man, dass Störanteil $\tau_{\text{an}}^{\text{st}}$ klein ist gegenüber dem Stellmoment von Regler und Vorsteuerung.

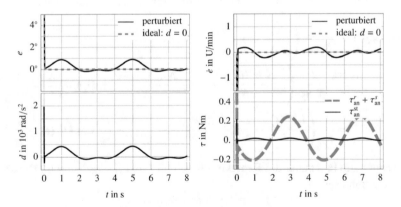

Abb. 8.7 Regelung des einachsigen Manipulators aus Beispiel 8.4 mit Getriebeübersetzung $N = 100$. *Obere Zeile*: Regelfehler $e(t)$ und dessen zeitliche Ableitung $\dot{e}(t)$ für jeweils den Idealfall $d = 0$ und den perturbierten Fall; *untere Zeile links*: Störterm $d(t)$ für den perturbierten Fall; *untere Zeile rechts*: Anteil des Stellmoments $\tau_{\text{an}}^r + \tau_{\text{an}}^s$ von Regler und Sollwertaufschaltung sowie des Störmoments $\tau_{\text{an}}^{\text{st}}$

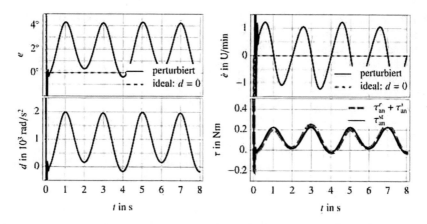

Abb. 8.8 Regelung des einachsigen Manipulators aus Beispiel 8.4 mit Getriebeübersetzung $N =$ 10. Siehe auch Bildunterschrift zu Abb. 8.7

Im Vergleich dazu oszilliert der bleibende Regelfehler im Fall $N = 10$ (siehe Abb. 8.8) mit einem größeren Betragsmaximum von ca. 4.3 °. Wie zu erwarten, tritt auch für den Störterm mit $\max|d(t)| \approx 2 \cdot 10^3\,\mathrm{rad/s^2}$ ein größerer Wert auf. Im unteren rechten Teilbild von Abb. 8.8 erkennt man, dass Störanteil $\tau_{\mathrm{an}}^{\mathrm{st}}$ nahezu den gleichen Wert besitzt wie das Stellmoment von Regler und Vorsteuerung.

Fazit: Die Manipulatordynamik stört die Regelstrecke und damit das gewünschte Einschwingverhalten bei der niedrigen Getriebeübersetzung deutlich mehr als bei der hohen Getriebeübersetzung. Daher ist die Regelgüte (gemessen am Betragsmaximum des Regelfehlers im eingeschwungenen Zustand) bei hoher Getriebeübersetzung deutlich höher.   ◁

Anmerkung 8.5. Wie bereits in Abschn. 8.4.1 dargestellt und im vorangegangenen Beispiel simulativ bestätigt, nimmt die Intensität der Rückwirkung der Manipulatordynamik (in Form der Größe von $\tau_{\mathrm{an},i}^{\mathrm{st}}$) auf die Mechanik der Antriebsachsen mit zunehmenden Getriebeübersetzungen N_i ab. Aus (8.20b) ist jedoch ersichtlich, dass die Amplituden der in d enthaltenen Perturbationsterme

$$-r_{I_{\mathrm{MG},i}}\, N_i\, \ddot{\theta}_i^s(t) - \frac{\mu_{\mathrm{v}_{\mathrm{MG},i}}\, r_{\mu_{\mathrm{v}_{\mathrm{MG},i}}}}{I_{\mathrm{MG},i}}\, N_i\, \dot{\theta}_i^s(t)$$

mit N_i linear anwachsen. Damit existiert für Getriebeübersetzung N_i ein endlicher Wert, bei dem das Betragsmaximum des Regelfehlers im eingeschwungenen Zustand minimal wird:

Um dies zu zeigen, wurde für das geregelte System des vorangegangenen Beispiels 8.4 eine Simulationsreihe für Werte der Getriebeübersetzung im Bereich $N \in$

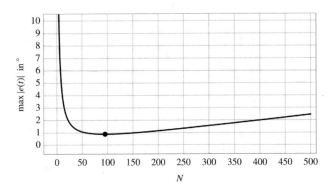

Abb. 8.9 Zusammenhang zwischen Getriebeübersetzung N und Betragsmaximum des Regelfehlers im eingeschwungenen Zustand für das geregelte System aus Beispiel 8.4. Das Minimum bei $N = 91$ ist durch einen *fetten Punkt* markiert

$\{1, 2, \cdots, 500\}$ durchgeführt. Dabei wurde das jeweils auftretende Betragsmaximum des Regelfehlers im eingeschwungenen Zustand bestimmt. In Abb. 8.9 sind diese Betragsmaxima über der Getriebeübersetzung aufgetragen. Daraus geht ein Minimum des Betragsmaximums bei $N = 91$ mit $\max|e(t)| \approx 0.89°$ hervor. $\qquad\square$

Einer dezentralen Regelung liegt die Annahme zugrunde, dass die Rückwirkung bzw. der Störeinfluss der Manipulatordynamik auf die Antriebsachsen so gering ist, dass die Mechanik des Gesamtsystems maßgeblich durch die Mechanik der Antriebsachsen bestimmt wird. Im (nicht erreichbaren) Idealfall $\tau_{\text{an},i}^{\text{st}*} = 0$ wären die Achsen vollständig voneinander entkoppelt. Dies wird im Folgenden angenommen.

Als weitere Vereinfachung sollen die relativen Schätzfehler verschwinden, das heißt es wird der unperturbierte Fall $r_{I_{\text{MG},i}} = 0$, $r_{\mu_{v_{\text{MG},i}}} = 0$ angenommen. Zusammen mit $\tau_{\text{an},i}^{\text{st}*} = 0$ führt dies in (8.20b) zu einem verschwindenden Störterm, das heißt $d_i = 0$. Dieser Fall wird der Auslegung der Reglerparameter zugrunde gelegt und daher im folgenden Abschnitt ausführlich betrachtet.

8.4.3 Modellstufe 1: Dynamik der geregelten, unperturbierten Strecke ohne Störeinfluss durch den Manipulator

Der *homogene* Anteil einer Differenzialgleichung ergibt sich, wenn alle Störterme weggelassen werden. So ergibt sich der homogene Anteil von Fehler-Differenzialgleichung (8.20a) für $d_i = 0$ zu

$$\ddot{e}_i + \frac{k_{d,i} + \mu_{v_{\text{MG}},i}}{I_{\text{MG},i}} \, \dot{e}_i + \frac{k_{p,i}}{I_{\text{MG},i}} \, e_i = 0 \,. \qquad (8.25)$$

Die durch diese Differenzialgleichung beschriebene Dynamik wird im vorliegenden Unterabschnitt analysiert. Ein Hauptaugenmerk liegt dabei darauf, wie die Dynamik durch die beiden Reglerparameter beeinflusst werden kann.

Abb. 8.10 Feder-Dämpfer-
Masse-System

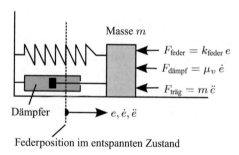

Zunächst wird gezeigt, dass (8.25) mit der Bewegungsgleichung eines gefedert-ge-dämpften Einmassenschwingers übereinstimmt: Hierzu betrachte man eine Masse m, die sich wie in Abb. 8.10 dargestellt, in horizontaler Richtung bewege, so dass keine Gravita-tionskraft wirke. Die horizontale Auflage übe dabei keine Reibung aus. Die Masse sei über eine Feder mit der vertikalen Wand verbunden. Parallel dazu sei die Masse auch über ei-nen Dämpfer mit der Wand verbunden. Der Dämpfer verursache rein viskose Reibung[12]. Die Dynamik eines solchen Feder-Dämpfer-Masse-Systems ohne Anregung bezeichnet man in der Physik und Mechanik als *freie gedämpfte Schwingung* einer Masse.

Die Bewegung der Masse sei in Koordinaten e und $\dot{e}$ gemessen. Bei $e = 0$ sei die Feder im entspannten Zustand. Mittels Kräftegleichgewicht

$$F_{\text{feder}} + F_{\text{dämpf}} + F_{\text{träg}} = 0$$

in horizontaler Richtung, Einsetzen der Kräfte aus Abb. 8.10 sowie elementarer Umfor-mungen gelangt man zur Bewegungsgleichung

$$\ddot{e} + \frac{\mu_v}{m}\dot{e} + \frac{k_{\text{feder}}}{m}e = 0 \, .$$

Setzt man darin *Kreisfrequenz* ω_0 und *Dämpfungsgrad* bzw. *Lehrsches Dämpfungsmaß D* gemäß

$$\omega_0 = \sqrt{\frac{k_{\text{feder}}}{m}} \, , \quad D = \frac{\mu_v}{2\sqrt{m\,k_{\text{feder}}}}$$

ein, so folgt

$$\ddot{e} + 2\,D\,\omega_0\,\dot{e} + \omega_0{}^2\,e = 0 \, . \tag{8.26}$$

Dies stellt in der Physik und Mechanik die Standardform der Bewegungsgleichung ei-ner freien, gedämpften Schwingung einer starren Masse dar, siehe zum Beispiel [8, Ab-schn. 5.1.2.6]. Die zugehörige Periodendauer bezeichnet man mit T_0, sodass für die Kreis-frequenz $\omega_0 = \frac{2\pi}{T_0}$ gilt.

---

[12] Zur Herleitung im Falle von Haft- und Gleitreibung siehe [7, Abschn. 5.2.3].

Im Folgenden soll stets $k_{p,i} > 0$ gelten. Man kann leicht zeigen, dass dies eine notwendige Voraussetzung für asymptotische Stabilität des Gleichgewichtspunkts von (8.25) ist. Der Fall $k_{p,i} \leq 0$ wird daher nicht weiter betrachtet. Außerdem gilt aus physikalischen Gründen stets $\mu_{v_{MG},i} > 0$ und $I_{MG,i} > 0$ sowie per Definition $\omega_0 > 0$. Unter diesen Voraussetzungen liefert ein Koeffizientenvergleich von (8.25) und (8.26) einen eindeutigen Zusammenhang zwischen Reglerparametern $k_{p,i}$, $k_{d,i}$ und Parametern D, ω_0 in Form von Gleichungssystem

$$2\,D\,\omega_0 = \frac{k_{d,i} + \mu_{v_{MG},i}}{I_{MG}} \tag{8.27a}$$

$$\omega_0{}^2 = \frac{k_{p,i}}{I_{MG}} \tag{8.27b}$$

mit Lösungen

$$\omega_0 = \sqrt{\frac{k_{p,i}}{I_{MG,i}}} \qquad k_{p,i} = I_{MG,i}\,\omega_0{}^2$$

$$D = \frac{\mu_{v_{MG},i} + k_{d,i}}{2\,\sqrt{I_{MG,i}\,k_{p,i}}} \qquad k_{d,i} = 2\,D\,\omega_0\,I_{MG,i} - \mu_{v_{MG},i}\,. \tag{8.27c}$$

Damit folgt: Für jeden Satz an Parametern $k_{d,i}$, $k_{p,i} > 0$, $\mu_{v_{MG},i} > 0$ und $I_{MG,i} > 0$ liefert (8.27c) Werte für ω_0 und D so, dass (8.25) mit (8.26) übereinstimmt.

Anmerkung 8.6. In der Praxis mischt man häufig die gegebenen Parameter: So gibt man beispielsweise Dämpfungsgrad D und $k_{p,i} > 0$ vor und berechnet damit

$$k_{d,i} = 2\,D\,\sqrt{k_{p,i}\,I_{MG,i}} - \mu_{v_{MG},i}\,. \tag{8.27d}$$
$$\square$$

Differenzialgleichung (8.26) weist nur zwei Parameter D und ω_0 auf. Demgegenüber benötigt äquivalente Darstellung (8.25) insgesamt vier Parameter: $k_{p,i}$, $k_{d,i}$, $I_{MG,i}$ und $\mu_{v_{MG},i}$. Des Weiteren lässt sich die Art des Einschwingens des Regelfehlers mit nur einem Parameter in Form von Dämpfungsgrad D vollständig klassifizieren (periodischer Fall, aperiodisch Fall und aperiodischer Grenzfall, siehe folgende Abschnitte). Daher wird im Folgenden für die Fehler-Differenzialgleichung Darstellung (8.26) gegenüber (8.25) vorgezogen.

8.4.3.1 Lösung und Stabilität

Das Einschwingverhalten kann entweder durch Dämpfungsgrad D mit Kreisfrequenz ω_0 oder durch Reglerparameter k_p, k_d vorgegeben werden. Welche Einschwingverhalten grundsätzlich möglich sind und wie diese mit den Parametern zusammenhängen, ist Thema des vorliegenden Abschnitts. Dabei wird auf die Theorie der *gewöhnlichen, linearen Differenzialgleichungen mit konstanten Koeffizienten* zurückgegriffen (Grundwissen der Ingenieurmathematik, siehe zum Beispiel [16, 22]).

Lösung von Fehler-Differenzialgleichung (8.26) Als Lösungsansatz verwendet man die komplexwertige Funktion[13]

$$\underline{e}(t) = e^{\lambda t}$$

mit $\lambda, \underline{e} \in \mathbb{C}$. Dabei dient der Unterstrich zur Unterscheidung der komplexwertigen Lösung $\underline{e}(t)$ von einer später noch einzuführenden reellwertigen Lösung $e(t)$. In (8.26) eingesetzt ergibt mit $\dot{\underline{e}} = \lambda\, e^{\lambda t}$ und $\ddot{\underline{e}} = \lambda^2\, e^{\lambda t}$ Bedingung

$$\lambda^2\, e^{\lambda t} + 2\, D\, \omega_0\, \lambda\, e^{\lambda t} + \omega_0{}^2\, e^{\lambda t} = 0$$

$$\Longleftrightarrow \quad \chi(\lambda) = \lambda^2 + 2\, D\, \omega_0\, \lambda + \omega_0{}^2 \overset{!}{=} 0. \tag{8.28}$$

Ist diese Bedingung erfüllt, so stellt obiger Lösungsansatz tatsächlich eine Lösung für (8.26) dar. Polynom $\chi(\lambda)$ bezeichnet man als *charakteristisches Polynom*, Lösungen $\lambda_{1,2}$ als *Eigenwerte*:

$$\lambda_{1,2} = \frac{-2\, D\, \omega_0 \pm \sqrt{4\, D^2\, \omega_0{}^2 - 4\, \omega_0{}^2}}{2} = -D\, \omega_0 \pm \omega_0 \sqrt{D^2 - 1}$$

Falls die Eigenwerte verschieden sind, ergibt sich daraus eine allgemeine, komplexwertige Lösung zu

$$\lambda_1 \neq \lambda_2 \Longleftrightarrow D \neq 1 :$$

$$\underline{e}(t) = \underline{c}_1\, e^{\lambda_1 t} + \underline{c}_2\, e^{\lambda_2 t} = e^{-D\, \omega_0 t}\left(\underline{c}_1\, e^{\omega_0 \sqrt{D^2-1}\, t} + \underline{c}_2\, e^{-\omega_0 \sqrt{D^2-1}\, t}\right) \tag{8.29}$$

mit $\lambda_1, \lambda_2, \underline{c}_1, \underline{c}_2 \in \mathbb{C}$. Dabei wird die Art der Lösung maßgeblich durch Diskriminante $D^2 - 1$ beeinflusst, wobei definitionsgemäß stets $D \geq 0$ vorausgesetzt wird:

Fall $D^2 - 1 > 0 \Longleftrightarrow D > 1$: Die Eigenwerte sind reell. Dies stellt den sogenannten *aperiodischen Fall* dar, siehe Abschn. 8.4.3.3. Für gegebene Anfangsbedingungen führt dies auch zu reellen Konstanten $\underline{c}_1 = c_1, \underline{c}_2 = c_2$. (8.29) stellt damit eine reelle Lösung dar, siehe (8.37).

Fall $D^2 - 1 < 0 \vee D = 0 \Longleftrightarrow 0 \leq D < 1$: Die Eigenwerte sind konjungiert komplex, so dass (8.29) eine komplexe Lösung darstellt. Den Fall $0 < D < 1$ bezeichnet man als *periodischen Fall*, siehe Abschn. 8.4.3.2 sowie Fußnote 15. Nach der Eulerschen Formel lassen sich die Exponentialfunktionen gemäß

$$e^{\pm j\, \omega_0 \sqrt{-D^2+1}\, t} = \cos\left(\omega_0 \sqrt{-D^2 + 1}\, t\right) \pm j\, \sin\left(\omega_0 \sqrt{-D^2 + 1}\, t\right)$$

---

[13] Als Basis der (natürlichen) Exponentialfunktion bezeichnet Symbol e die Eulersche Zahl. Dies ist nicht zu verwechseln mit der Zeitfunktion des Regelfehlers $e(t)$. Zur Unterscheidung wird die Eulersche Zahl nicht kursiv geschrieben.

als Summe trigonometrischer Funktionen darstellen. Eingesetzt in (8.29) folgt

$$
\underline{e}(t) = e^{-D\,\omega_0\,t} \left((\underline{c}_1 + \underline{c}_2) \cos\!\left(\omega_0 \sqrt{-D^2 + 1}\, t \right) \right.
$$
$$
\left. + j\,(\underline{c}_1 - \underline{c}_2)\,\sin\!\left(\omega_0 \sqrt{-D^2 + 1}\, t \right) \right).
$$

Da Real- und Imaginärteil einer komplexwertigen Lösung selbst jeweils wieder eine Lösung darstellen, folgt für eine allgemeine reellwertige Lösung

$$
e(t) = \Re(\underline{e}(t)) + \Im(\underline{e}(t))
$$
$$
= e^{-D\,\omega_0\,t} \left(c_1^* \cos\!\left(\omega_0 \sqrt{-D^2 + 1}\, t \right) + c_2^* \sin\!\left(\omega_0 \sqrt{-D^2 + 1}\, t \right) \right) \tag{8.30}
$$

mit $c_1^* = \Re(\underline{c}_1 + \underline{c}_2)$ und $c_2^* = \Im(\underline{c}_1 - \underline{c}_2)$. Man gelangt zu einer kürzeren Form durch Einführung zweier neuer Parameter:

$$
\textit{Abklingkoeffizient:} \qquad \delta = D\,\omega_0 \tag{8.31}
$$
$$
\textit{Eigenfrequenz:} \qquad \omega_d = \omega_0 \sqrt{1 - D^2} = \sqrt{\omega_0^2 - \delta^2} \tag{8.32}
$$

Die Periodendauer der Eigenfrequenz wird dabei mit $T_d = \frac{\omega_d}{2\pi}$ bezeichnet. Sie stellt die Periodendauer der gedämpften Schwingung dar und ist größer als Periodendauer T_0 der ungedämpften Schwingung.

Beide trigonometrischen Terme von (8.30) enthalten dieselbe Frequenz. Daher lässt sich deren Summe (mit Methoden der komplexen Rechnung) zusammenfassen. So ergibt sich schließlich die Lösung in kompakter Form zu

$$
D^2 - 1 < 0 \ \vee \ D = 0 \quad \Longrightarrow \quad e(t) = c_1\,e^{-\delta\,t} \cos(\omega_d\,t - c_2) \tag{8.33}
$$

mit $c_1 = \sqrt{c_1^{*2} + c_2^{*2}}$ und $c_2 = \arctan2(c_1^*, c_2^*)$[14].

Fall $D^2 - 1 = 0 \iff D = 1$: Die Eigenwerte sind identisch. Dies stellt den sogenannten *aperiodischen Grenzfall* dar, siehe Abschn. 8.4.3.4. In diesem Fall ist, anstelle von (8.29), die Lösung durch

$$
e(t) = (c_1 + c_2\,t)\,e^{-\omega_0\,t} \tag{8.34}
$$

gegeben, mit zwei reellen Konstanten c_1, c_2.

---

[14] Argumentenreihenfolge des 4-Quadrant-Arkustangens gemäß $\arctan2(x, y)$, siehe Abschn. 2.3.1 und die Definition in (2.15)

Stabilität Fehler-Differenzialgleichung (8.26) besitzt als Zustandsgrößen e und $\dot{e}$. Die Bedingung für Gleichgewichtslagen liefert damit $\dot{e}^{\infty} = \ddot{e}^{\infty} = 0$. Eingesetzt ergibt sich Gleichgewichtslage $e^{\infty} = 0$. Aus der Theorie linearer Differenzialgleichungen mit konstanten Koeffizienten ist für die Stabilität dieses Gleichgewichtspunkts Folgendes bekannt:

Satz 8.1. *Gleichgewichtspunkt $e^{\infty} = 0$ von (8.26) ist genau dann global asymptotisch stabil, wenn $\delta > 0 \iff D > 0$.*

Beweis Es wird obige Fallunterscheidung hinsichtlich Dämpfung D betrachtet:

Fall $D^2 - 1 > 0 \overset{(D \geq 0)}{\iff} D > 1$: Beide Eigenwerte sind rein reell, das heißt $\Re(\lambda_{1,2}) = \lambda_{1,2}$. Wegen $\delta = D\,\omega_0 > D\,\omega_0\sqrt{1 - 1/D^2} = \omega_0\sqrt{D^2 - 1}$ bestimmt das Vorzeichen von δ das Vorzeichen beider Eigenwerte. Damit klingen die Exponentialfunktionen in der zugehörigen Lösung (8.29) genau dann gegen Null ab, wenn $\delta > 0$ gilt.

Fall $D^2 - 1 < 0 \overset{(D \geq 0)}{\iff} 0 \leq D < 1$: Aus der zugehörigen Lösung (8.33) liest man ab: $e(t)$ klingt genau dann gegen Null ab, wenn $\delta > 0$ gilt.

Fall $D = 1$: Wegen

$$\lim_{t \to \infty} c_2\, t\, e^{-\omega_0 t} = c_2 \lim_{t \to \infty} \frac{t}{e^{\omega_0 t}} \overset{\text{(de l'Hospital)}}{=} c_2 \lim_{t \to \infty} \frac{1}{\omega_0\, e^{\omega_0 t}}$$

klingt $e(t)$ in der zugehörigen Lösung (8.34) genau dann gegen Null ab, wenn $\omega_0 \overset{(D=1)}{=} \delta > 0$ gilt.

Da die Betrachtungen obiger drei Fälle unabhängig vom Anfangspunkt sind, ist die asymptotische Stabilität *global*. ∎

Anmerkung 8.7. Stabilitätskriterien für Reglerparameter $k_{p,i}$ und $k_{d,i}$: Das notwendige und hinreichende Kriterium $D > 0$ für global asymptotische Stabilität des Gleichgewichtspunkts von (8.26) liefert aus (8.27a) Bedingung

$$D = \frac{k_{d_i} + \mu_{v_{\mathrm{MG},i}}}{2\,\omega_0\, I_{\mathrm{MG},i}} \overset{!}{>} 0.$$

Die enthaltenen Parameter ω_0 und $I_{\mathrm{MG},i}$ sind strikt positiv. Damit folgt $k_{d,i} > -\mu_{v_{\mathrm{MG},i}}$. Zusammen mit $k_{p,i} > 0$ stellt dies die notwendige und hinreichende Bedingung für global asymptotische Stabilität des Gleichgewichtspunkts von (8.25) dar. □

Abb. 8.11 Wurzelortskurve
der freien gedämpften Schwingung für $D \geq 0$

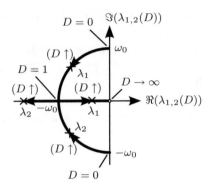

Aus obigen Lösungsansätzen folgen, in Abhängigkeit von Dämpfungsgrad D, drei qualitativ unterschiedliche Arten des Einschwingens:

1. *Periodisches Einschwingen*[15] für $0 < D < 1$,
2. *Schleichendes Einschwingen* (auch als *Kriechfall* bezeichnet) für $D > 1$ sowie
3. *Aperiodisches Einschwingen* (auch als *aperiodischer Grenzfall* bezeichnet) für $D = 1$ (*kritische Dämpfung*).

Dabei hängt das unterschiedliche Einschwingverhalten von der Art der Eigenwerte ab: Für $D > 1$ sind die Eigenwerte rein reell und voneinander verschieden. Für $0 < D < 1$ hingegen wird Diskriminante $D^2 - 1$ negativ, so dass ein konjugiert-komplexes Eigenwertepaar auftritt. Im dritten Fall $D = 1$ verschwindet die Diskriminante, so dass ein doppelter reeller Eigenwert auftritt. Abb. 8.11 zeigt, wie sich die Eigenwerte in Abhängigkeit von D verändern. Man bezeichnet einen solchen Graphen als *Wurzelortskurve*, da die Lösungen $\lambda_{1,2}$ des charakteristischen Polynoms als *Wurzeln* bezeichnet werden.

Für $D = 0$ sind die Eigenwerte rein imaginär und betragen $\lambda_{1,2} = \pm\omega_0$. Von dort aus verlaufen, mit zunehmendem Wert von $D < 1$, die Eigenwerte auf einer Kreisbahn mit Radius ω_0, da Real- und Imaginärteil Kreisgleichung

$$\Re(\lambda_{1,2})^2 + \Im(\lambda_{1,2})^2 \overset{(D<1)}{=} (-\omega_0 D)^2 + \left(\pm\omega_0\sqrt{1-D^2}\right)^2 = \omega_0{}^2$$

erfüllen. Mit Ausnahme des Punkts auf der reellen Achse für $D = 1$ stellt diese Kreisbahn einen Bereich konjugiert-komplexer Eigenwerte dar. Bei $D = 1$ münden beide Eigenwerte in den gemeinsamen Punkt auf der reellen Achse ein. Damit liegt für $D = 1$ ein doppelter Eigenwert $\lambda_{1,2} = -\omega_0$ vor. Mit weiter zunehmendem Dämpfungsgrad, also für $D > 1$, verlaufen beide Eigenwerte auf der negativ reellen Achse: λ_1 in Richtung des Ursprungs, λ_2 in die andere Richtung.

---

[15] Im Sonderfall $D = 0$ tritt rein periodisches Verhalten und damit kein Einschwingen auf einen konstanten Wert auf. Daher wird dieser Fall nicht beim periodischen Einschwingen mit aufgenommen.

Tab. 8.2 Qualitativ mögliche Einschwingarten einer freien, gedämpften Schwingung

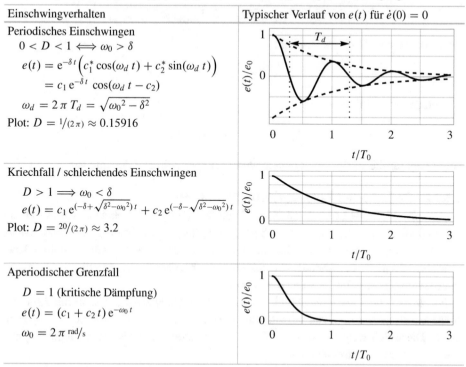

Einschwingverhalten	Typischer Verlauf von $e(t)$ für $\dot{e}(0) = 0$
Periodisches Einschwingen $0 < D < 1 \Longleftrightarrow \omega_0 > \delta$ $e(t) = \mathrm{e}^{-\delta t}\left(c_1^* \cos(\omega_d t) + c_2^* \sin(\omega_d t)\right)$ $\quad = c_1\,\mathrm{e}^{-\delta t}\,\cos(\omega_d t - c_2)$ $\omega_d = 2\pi\,T_d = \sqrt{\omega_0^2 - \delta^2}$ Plot: $D = {}^{1}\!/_{(2\pi)} \approx 0.15916$	
Kriechfall / schleichendes Einschwingen $D > 1 \Longrightarrow \omega_0 < \delta$ $e(t) = c_1\,\mathrm{e}^{(-\delta + \sqrt{\delta^2 - \omega_0^2})\,t} + c_2\,\mathrm{e}^{(-\delta - \sqrt{\delta^2 - \omega_0^2})\,t}$ Plot: $D = {}^{20}\!/_{(2\pi)} \approx 3.2$	
Aperiodischer Grenzfall $D = 1$ (kritische Dämpfung) $e(t) = (c_1 + c_2\,t)\,\mathrm{e}^{-\omega_0 t}$ $\omega_0 = 2\pi\,{}^{\mathrm{rad}}\!/_{\mathrm{s}}$	

Bereich $D < 0$ ist in Abb. 8.11 nicht dargestellt, da dafür nach Satz 8.1 instabiles Verhalten auftritt.

Für jeden der drei Einschwingarten existiert eine separate Lösung. Diese werden in den folgenden Abschnitten analysiert. Eine Zusammenfassung ist in Tab. 8.2 gegeben[16], siehe zum Beispiel [8, Abschn. 5.1.2.6].

Beispiel 8.5. Fortsetzung von Beispiel 8.4: Für die in Tab. 8.1 gegebenen Parameterwerte folgt mit Umrechnung der Einheit des Massenträgheitsmoments gemäß

$$\mathrm{kg}\cdot\mathrm{m}^2 = {}^{\mathrm{kg\cdot m}^2}\!/_{\mathrm{s}^2}\,\mathrm{s}^2 = \mathrm{Nm}\cdot\mathrm{s}^2$$

aus (8.27c) für Dämpfungsgrad und Kreisfrequenz

$$\omega_0 = \sqrt{\frac{k_p}{I_{\mathrm{MG}}}} = \sqrt{\frac{3\,{}^{\mathrm{Nm}}\!/_{\mathrm{rad}}}{1.13 \cdot 10^{-4}\,\mathrm{Nm}\cdot\mathrm{s}^2}} \approx 162.9\,{}^{\mathrm{rad}}\!/_{\mathrm{s}}$$

---

[16] Idee der Darstellung aus [8, S. 361, Bild 5-21].

$$D = \frac{\mu_{v_{MG}} + k_d}{2\sqrt{I_{MG}\,k_p}} = \frac{1 \cdot 10^{-3}\,\text{Nm·s}/\text{rad} + 0.0358239\,\text{Nm·s}/\text{rad}}{2\sqrt{1.13 \cdot 10^{-4}\,\text{Nm} \cdot \text{s}^2 \cdot 3\,\text{Nm}/\text{rad}}} \approx 1 \,.$$

Damit ergibt sich Abklingkoeffizient

$$\delta = D\,\omega_0 = 162.9\,\text{rad}/\text{s}$$

und ein doppelter Eigenwert bei

$$\lambda_{1,2} = -\delta = -162.9\,\text{rad}/\text{s} \,.$$

Somit liegt für die gewählten Parameterwerte der aperiodische Grenzfall vor.   ◁

8.4.3.2 Periodischer Fall / schwache Dämpfung

Für $0 < D < 1$ ist die Lösung von (8.26) durch (8.33) gegeben. Dabei handelt es sich um eine periodisch an- oder abklingende Schwingung. Daher spricht man von *periodischem Einschwingverhalten*, siehe Tab. 8.2 oberster Fall. Die gestrichelten Kurven stellen dabei Schranken $\pm e_0\,e^{-\delta t}$ dar. Daraus wird anschaulich klar, dass die Lösung für $t \to \infty$ genau dann asymptotisch stabil ist, wenn $\delta > 0 \iff D > 0$.

Für $D = 0$ liegt der *ungedämpfte Fall* vor. Die Lösung schwingt dann mit Kreisfrequenz ω_0. Im gedämpften Fall schwingt die Lösung hingegen mit Eigenfrequenz ω_d nach (8.32). Diese fällt wegen $0 < \sqrt{1 - D^2} < 1$ stets kleiner aus als die im ungedämpften Fall auftretende Kreisfrequenz ω_0.

Des Weiteren folgt aus Definition (8.32) der Eigenfrequenz ω_d: Je näher sich D von unten dem Wert 1 annähert, desto geringer ist die Eigenfrequenz ω_d. Im Grenzfall $D \to 1$ geht so das schwingende Verhalten in ein nichtschwingendes Verhalten über. Letzteres wird als *aperiodisches Einschwingverhalten* bezeichnet und weiter unten separat hergeleitet.

Herleitung der Konstanten in (8.33) aus Anfangsbedingungen: Die Konstanten bestimmen sich aus Randbedingungen. Diese sind in der Regel durch Anfangsbedingungen $e(t_0) = e_0$, $\dot{e}(t_0) = \dot{e}_0$ gegeben. Zur Bestimmung der Konstanten betrachtet man die zu (8.33) äquivalente Form (8.30), da die zu bestimmenden Konstanten darin rein affin eingehen. Mit Ableitung

$$\dot{e}(t) = e^{-t\,\delta}\Big(\big(c_2^*\,\omega_d - c_1^*\,\delta\big)\cos(\omega_d\,t) - \big(c_1^*\,\omega_d + c_2^*\,\delta\big)\sin(\omega_d\,t)\Big) \tag{8.35}$$

folgt das lineare Gleichungssystem

$$\begin{bmatrix} c & s \\ -\delta\,c - \omega_d\,s & \omega_d\,c - \delta\,s \end{bmatrix} \begin{pmatrix} c_1^* \\ c_2^* \end{pmatrix} = e^{\delta\,t_0} \begin{pmatrix} e_0 \\ \dot{e}_0 \end{pmatrix}$$

mit Abkürzungen $c = \cos(\omega_d\,t_0)$ und $s = \sin(\omega_d\,t_0)$. Für $\omega_d \neq 0$ liefert Lösungsformel (??) für lineare 2×2-Gleichungssysteme

$$\begin{pmatrix} c_1^* \\ c_2^* \end{pmatrix} = \frac{e^{\delta\,t_0}}{\omega_d} \begin{bmatrix} \omega_d\,c - \delta\,s & -s \\ \omega_d\,s + \delta\,c & c \end{bmatrix} \begin{pmatrix} e_0 \\ \dot{e}_0 \end{pmatrix} = \frac{e^{\delta\,t_0}}{\omega_d} \begin{pmatrix} c\,e_0\,\omega_d - s\,(\dot{e}_0 + \delta\,e_0) \\ s\,e_0\,\omega_d + c\,(\dot{e}_0 + \delta\,e_0) \end{pmatrix} \,.$$

Im häufig benötigten Sonderfall $t_0 = 0$ vereinfachen sich diese Formeln zu

$$c_1^* = e_0$$
$$c_2^* = \frac{\dot{e}_0 + \delta\, e_0}{\omega_d}.$$

(8.36)

Beispiel 8.6. Im dargestellten Fall aus Tab. 8.2 ergeben sich mit $D \approx 0.15916$ und $\dot{e}_0 = 0$ die Konstanten zu

$$c_1^* = e_0$$
$$c_2^* = \frac{\delta\, e_0}{\omega_d} = \frac{D\, e_0}{\sqrt{1 - D^2}} \approx 0.16121 \cdot e_0$$

bzw.

$$c_1 = \sqrt{e_0{}^2 + (0.16121 \cdot e_0)^2} \approx 1.0129 \cdot e_0$$
$$c_2 = \arctan2(1, 0.16121)\, e_0 \approx 0.15984 \cdot e_0.$$

◁

Darstellung der Lösung im Phasenportrait Mit (8.33) und (8.35) liegen die zeitlichen Lösungen der Zustandsgrößen $e(t)$ und $\dot{e}(t)$ vor. Trägt man für jeden Zeitpunkt $\dot{e}(t)$ über $e(t)$ auf, so erhält man im Zustandsraum einen Pfad. Dieser Pfad wird in der Mathematik *Phasenbahn*[17] genannt. Jede Anfangsbedingung liefert so eine Phasenbahn. Die Gesamtheit aller Phasenbahnen bezeichnet man als *Phasenportrait*. Phasenbahnen schneiden sich nur in Gleichgewichtslagen, wenn die rechte Seite der Zustands-Differenzialgleichung *Lipschitz-stetig* ist. Dies stellt eine verschärfte Form der Stetigkeit dar und ist bei den hier betrachteten Fehler-Differenzialgleichungen stets erfüllt[18]. In der Mathematik spricht man anschaulich von *gekämmt* angeordneten Phasenbahnen.

Eine analytisch geschlossene Darstellung der Phasenbahn existiert in der Regel nicht, da die zeitlichen Zustandsverläufe $e(t)$ und $\dot{e}(t)$ nicht explizit nach der Zeit auflösbar sind.

Im vorliegenden periodischen Fall liegt für $D \neq 0$ ein sogenannter *Strudel* vor. Im Sonderfall $D = 0$ oszillieren die Zustände um den Gleichgewichtspunkt. Dies bezeichnet man als *Zentrum*. Für die Werte aus Tab. 8.2 ergibt sich das Phasenporträt aus Abb. 8.12. Kleine Pfeile markieren dabei den Durchlaufsinn für zunehmende Zeit t. Die Phasenbahn für Anfangswert $e_0 = 1$ rad, $\dot{e}_0 = 0$ rad/s ist schwarz, fett hervorgehoben.

---

[17] Im Kontext der Robotik müsste man eigentlich vom Phasen*pfad* sprechen, da keine Zeitinformationen enthalten sind.

[18] Eine Funktion ist Lipschitz-stetig, wenn die Steigung jeder Sekante betragsmäßig begrenzt ist. Nach dem Satz von Picard & Lindelöf existiert dann für jeden Anfangswert zumindest lokal eine eindeutige Phasenbahn.

Abb. 8.12 Phasenportrait
bei periodischem Ein-
schwingverhalten. Mit den
Parameterwerten aus Tab. 8.2
ergibt sich ein rechts-drehen-
der Strudel

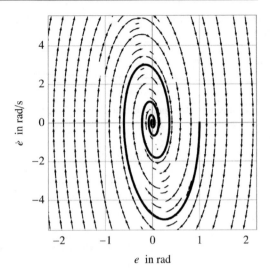

8.4.3.3   Aperiodischer Fall / starke Dämpfung

Liegen für $D > 1$ zwei reelle unterschiedliche Eigenwerte vor, so stellt (8.29) bereits die reellwertige Lösung von (8.26) dar:

$$e(t) = c_1\, e^{\lambda_1 t} + c_2\, e^{\lambda_2 t} . \tag{8.37}$$

In diesem Fall treten keine dauerhaften Schwingungen auf. Daher spricht man von *schleichendem Einschwingen* bzw. vom *Kriechfall*, siehe Tab. 8.2 zweiter Fall von oben.

Je nach Wahl der Anfangsbedingungen kann es zu maximal einem Vorzeichenwechsel bzw. Überschwinger von $e(t)$ kommen. Ein solcher Fall tritt zum Beispiel für $e_0 > 0$ und einem entsprechend groß negativem $\dot{e}_0$ auf. Im Falle $\dot{e}_0 = 0\,\text{rad/s}$ tritt hingegen kein Überschwinger auf.

Herleitung der Konstanten aus Anfangsbedingungen: Anfangsbedingungen $e(t_0) = e_0$, $\dot{e}_h(t_0) = \dot{e}_0$ führen mit

$$\dot{e}_h(t) = c_1\, \lambda_1\, e^{\lambda_1 t} + c_2\, \lambda_2\, e^{\lambda_2 t} \tag{8.38}$$

auf das lineare Gleichungssystem

$$\begin{bmatrix} e^{\lambda_1 t_0} & e^{\lambda_2 t_0} \\ \lambda_1\, e^{\lambda_1 t_0} & \lambda_2\, e^{\lambda_2 t_0} \end{bmatrix} \begin{pmatrix} c_1 \\ c_2 \end{pmatrix} = \begin{pmatrix} e_0 \\ \dot{e}_0 \end{pmatrix}$$

mit Lösung

$$\begin{pmatrix} c_1 \\ c_2 \end{pmatrix} = \frac{1}{(\lambda_2 - \lambda_1)\, e^{(\lambda_1 + \lambda_2)t_0}} \begin{bmatrix} \lambda_2\, e^{\lambda_2 t_0} & -e^{\lambda_2 t_0} \\ -\lambda_1\, e^{\lambda_1 t_0} & e^{\lambda_1 t_0} \end{bmatrix} \begin{pmatrix} e_0 \\ \dot{e}_0 \end{pmatrix} .$$

Im Sonderfall $t_0 = 0$ vereinfacht sich dies zu

$$c_1 = \frac{\dot{e}_0 - e_0 \lambda_2}{\lambda_1 - \lambda_2} = \frac{\dot{e}_0 + e_0 \omega_0 \left(D + \sqrt{D^2 - 1} \right)}{2\,\omega_0\,\sqrt{D^2 - 1}}$$

$$c_2 = -\frac{\dot{e}_0 - e_0 \lambda_1}{\lambda_1 - \lambda_2} = -\frac{\dot{e}_0 + e_0 \omega_0 \left(D - \sqrt{D^2 - 1} \right)}{2\,\omega_0\,\sqrt{D^2 - 1}}.$$

Beispiel 8.7. Im dargestellten Fall aus Tab. 8.2 ergeben sich mit $D \approx 3.2$ und $\dot{e}_0 = 0\,\text{rad/s}$ die Konstanten zu

$$c_1 = e_0 \frac{\left(D + \sqrt{D^2 - 1} \right)}{2\sqrt{D^2 - 1}} \approx 1.0267 \cdot e_0$$

$$c_2 = -e_0 \frac{\left(D - \sqrt{D^2 - 1} \right)}{2\sqrt{D^2 - 1}} \approx -0.026665 \cdot e_0.$$

Die zugehörigen Eigenwerte betragen $\lambda_1 \approx -1.0126\,\text{1/s}$ und $\lambda_2 \approx -38.987\,\text{1/s}$.   ◁

Darstellung der Lösung im Phasenportrait Mit (8.37) und (8.38) lässt sich die Lösung im Zustandsraum als Vektor darstellen mit

$$\begin{pmatrix} e(t) \\ \dot{e}(t) \end{pmatrix} = c_1 \begin{pmatrix} 1 \\ \lambda_1 \end{pmatrix} e^{\lambda_1 t} + c_2 \begin{pmatrix} 1 \\ \lambda_1 \end{pmatrix} e^{\lambda_2 t}.$$

Die darin enthaltenen Vektoren lassen sich interpretieren, wenn man das System in Zustandsdarstellung betrachtet. Wie in Abschn. 8.2.4 erklärt, werden hierfür Zustände $x_1 = e$ und $x_2 = \dot{e}$ eingeführt. Aus (8.26) und (8.31) folgt damit

$$\dot{x}_1 = x_2$$
$$\dot{x}_2 = -\omega_0{}^2 x_1 - 2\,\delta\,x_2$$

und in vektorieller Form

$$\dot{x} = \begin{bmatrix} 0 & 1 \\ -\omega_0{}^2 & -2\delta \end{bmatrix} x = \tilde{A}\,x. \tag{8.39}$$

Aus der Theorie linearer Differenzialgleichungssysteme ist bekannt, dass sich die Lösung mit Hilfe von Eigenvektoren v_1, v_2 und Eigenwerten λ_1, λ_2 von $\tilde{A}$ darstellen lässt:

$$x(t) = c_1\,v_1\,e^{\lambda_1 t} + c_2\,v_2\,e^{\lambda_2 t}.$$

Die Eigenwerte berechnen sich dabei aus

$$\mathrm{Det}\left(\tilde{A} - \lambda_i\,\tilde{E} \right) \overset{!}{=} 0 \iff \begin{vmatrix} -\lambda_i & 1 \\ -\omega_0{}^2 & -2\,\delta - \lambda_i \end{vmatrix} = \lambda_i{}^2 + 2\,\delta\,\lambda_i + \omega_0{}^2 \overset{!}{=} 0.$$

Dieses Polynom entspricht genau dem charakteristischen Polynom (8.28). Für die Eigenwerte ergeben sich zugehörige Eigenvektoren aus der Lösung von Gleichungssystem

$$\left(\tilde{A} - \lambda_i \, \tilde{E}\right) \boldsymbol{v}_i = \boldsymbol{0} \iff \begin{bmatrix} -\lambda_i & 1 \\ -\omega_0{}^2 & -2\,\delta - \lambda_i \end{bmatrix} \boldsymbol{v}_i = \boldsymbol{0}. \tag{8.40}$$

Da die darin enthaltene Matrix durch den speziellen Wert des Eigenwerts λ_i einen Rangabfall von eins aufweist, genügt es, nur die erste Zeile zu betrachten. Daraus folgen die
Eigenvektoren zu

$$\boldsymbol{v}_i = \begin{pmatrix} 1 \\ \lambda_i \end{pmatrix}.$$

Sie definieren ein Koordinatensystem, in dem die Dynamik der Zustände voneinander
entkoppelt sind: Koordinatentransformation

$$\boldsymbol{x} = \begin{bmatrix} v_1 & v_2 \end{bmatrix} \boldsymbol{\xi} = \tilde{V} \, \boldsymbol{\xi}$$

führt zu

$$\dot{\boldsymbol{x}} = \dot{\boldsymbol{\xi}} \, \tilde{V} \overset{!}{=} \tilde{A} \, \tilde{V} \, \boldsymbol{\xi}$$

$$\iff \dot{\boldsymbol{\xi}} = \tilde{V}^{-1} \, \tilde{A} \, \tilde{V} \, \boldsymbol{\xi} = \tilde{V}^{-1} \begin{bmatrix} \tilde{A} \, \boldsymbol{v}_1 & \tilde{A} \, \boldsymbol{v}_2 \end{bmatrix} \boldsymbol{\xi}.$$

Mit $\tilde{A} \, \boldsymbol{v}_i = \boldsymbol{v}_i \, \lambda$ aus (8.40) folgt schließlich die entkoppelte Dynamik in $\boldsymbol{\xi}$-Koordinaten
zu

$$\dot{\boldsymbol{\xi}} = \tilde{V}^{-1} \begin{bmatrix} \boldsymbol{v}_1 \, \lambda_1 & \boldsymbol{v}_2 \, \lambda_2 \end{bmatrix} \boldsymbol{\xi} = \tilde{V}^{-1} \, \tilde{V} \begin{pmatrix} \lambda_1 \\ \lambda_2 \end{pmatrix} \boldsymbol{\xi} = \begin{bmatrix} \lambda_1 & 0 \\ 0 & \lambda_2 \end{bmatrix} \boldsymbol{\xi}.$$

Im vorliegenden aperiodischen Fall sind beide Eigenwerte reell. Im stabilen Fall ($D > 0$)
gilt außerdem $0 > \lambda_1 > \lambda_2$. Daher konvergiert ξ_2 schneller als ξ_1 gegen den jeweiligen
Endwert $\xi_{2\infty} = 0$ bzw. $\xi_{1\infty} = 0$. In diesem Fall bezeichnet man λ_2 als *schnellen Eigenwert* und $\boldsymbol{v}_2$ als *schnellen Eigenvektor*. Folgerichtig stellt dann λ_1 und $\boldsymbol{v}_1$ den *langsamen
Eigenwert* und *langsamen Eigenvektor* dar. Damit wird sich zunächst Zustand $\boldsymbol{x}(t)$ in
Richtung des schnellen Eigenvektors bewegen. Dabei nähert er sich der durch den langsamen Eigenvektor definierten Ursprungsgeraden an. Danach verläuft Zustand $\boldsymbol{x}(t)$ entlang
dieser Geraden in den Ursprung. Man nennt dieses Phasenportrait einen *stabilen Knoten 2. Art*.

Für $D = 3.2$ aus Tab. 8.2 (mittlere Zeile) wurden die Eigenwerte bereits in Beispiel 8.7
berechnet. Das zugehörige Phasenporträt zeigt Abb. 8.13. Kleine Pfeile markieren dabei
den Durchlaufsinn für zunehmende Zeit t. Die Phasenbahn für Anfangswert $e_0 = 1$,
$\dot{e}_0 = 0$ ist schwarz, fett hervorgehoben. Durch Eigenvektoren definierte Ursprungsgeraden
sind grau, fett, gestrichelt gekennzeichnet.

Abb. 8.13 Phasenportrait bei aperiodischem Einschwing-verhalten. Mit $D = 3.2$ aus Tab. 8.2 (*mittlere Zeile*) ergibt sich ein stabiler Knoten 2. Art. Die Richtungen der Eigen-vektoren sind durch *grau, fett, gestrichelte Linien* dargestellt. Die *steilere Linie* korrespon-diert dabei mit dem schnellen Eigenvektor

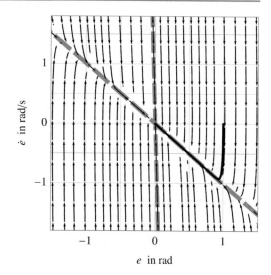

8.4.3.4 Aperiodischer Grenzfall / kritische Dämpfung

Die reelle Lösung von (8.26) ist durch (8.34) gegeben. Dieser Fall stellt die Grenze zwischen periodischem und aperiodischem Einschwingverhalten dar. Daher spricht man vom *aperiodischen Grenzfall*. Der zugehörige Wert $D = 1$ des Dämpfungsgrads wird als *kritische Dämpfung* bezeichnet, siehe untere Zeile von Tab. 8.2.

Herleitung der Konstanten aus Anfangsbedingungen: Anfangsbedingungen $e(t_0) = e_0$, $\dot{e}(t_0) = \dot{e}_0$ führen mit

$$\dot{e}(t) = \mathrm{e}^{-\omega_0 t}\left(c_2 - \delta\,(c_1 + c_2\,t)\right) \tag{8.41}$$

auf das lineare Gleichungssystem

$$\begin{bmatrix} 1 & t_0 \\ -\delta & 1 - \omega_0\,t_0 \end{bmatrix} \begin{pmatrix} c_1 \\ c_2 \end{pmatrix} = \begin{pmatrix} e_0 \\ \dot{e}_0 \end{pmatrix} \mathrm{e}^{\omega_0 t_0}$$

mit Lösung

$$\begin{pmatrix} c_1 \\ c_2 \end{pmatrix} = \begin{bmatrix} 1 - \omega_0\,t_0 & -t_0 \\ \delta & 1 \end{bmatrix} \begin{pmatrix} e_0 \\ \dot{e}_0 \end{pmatrix} \mathrm{e}^{\omega_0 t_0}\,.$$

Im Sonderfall $t_0 = 0$ und $D = 1$ vereinfacht sich dies zu

$$c_1 = e_0$$
$$c_2 = e_0\,\omega_0 + \dot{e}_0\,.$$

Beispiel 8.8. Im dargestellten Fall aus Tab. 8.2 ergeben sich mit $D = 1$ und $\dot{e}_0 = 0\,\mathrm{rad/s}$ die Konstanten zu

$$c_1 = e_0$$
$$c_2 = e_0\,\omega_0\,.$$

Der doppelte Eigenwert beträgt $\lambda_{1,2} \approx -6.28319\,\mathrm{1/s}$.   ◁

Darstellung der Lösung im Phasenportrait   Analog zum Vorgehen beim aperiodischen Fall, betrachtet man Zustandsdarstellung (8.39). Im aperiodischen Grenzfall tritt ein doppelter Eigenwert $\lambda_{1,2} = -\delta = -\omega_0$ auf. In (8.40) eingesetzt, ergibt als Bedingung für die Eigenvektoren das lineare Gleichungssystem

$$\left(\tilde{A} - \lambda_i\,\tilde{E}\right) v_i = 0 \iff \begin{bmatrix} \delta & 1 \\ -\delta^2 & -\delta \end{bmatrix} v_i = 0\,.$$

Wegen

$$\mathrm{Rang} \begin{bmatrix} \delta & 1 \\ -\delta^2 & -\delta \end{bmatrix} = 1$$

existiert zum doppelten Eigenwert nur ein Eigenvektor $v_1 = \begin{pmatrix} 1 & -\delta \end{pmatrix}^T$. Eine vollständige Entkopplung der Dynamik ist somit durch eine lineare Koordinatentransformation nicht möglich. In diesem Fall behilft man sich mit einem sogenannten *Hauptvektor* $v_2 = \begin{pmatrix} 0 & 1 \end{pmatrix}^T$. Damit lässt sich die Lösung darstellen mit

$$x(t) = c_1\,v_1\,\mathrm{e}^{\lambda t} + c_2\left(v_2 + t\,(\tilde{A} - \lambda\,\tilde{E})\,v_2\right)\mathrm{e}^{\lambda t}\,.$$

Eingesetzt folgt daraus weiter

$$x(t) = c_1 \begin{pmatrix} 1 \\ -\delta \end{pmatrix} \mathrm{e}^{\lambda t} + c_2 \left(\begin{pmatrix} 0 \\ 1 \end{pmatrix} + t \begin{bmatrix} \delta & 1 \\ -\delta^2 & -\delta \end{bmatrix} \begin{pmatrix} 0 \\ 1 \end{pmatrix} \right) \mathrm{e}^{\lambda t}$$
$$= \begin{pmatrix} (c_1 + c_2\,t)\,\mathrm{e}^{\lambda t} \\ (-\delta\,c_1 + c_2 - c_2\,t\,\delta)\,\mathrm{e}^{\lambda t} \end{pmatrix} = \begin{pmatrix} c_1 + c_2\,t \\ c_2 - \delta\,(c_1 + c_2\,t) \end{pmatrix} \mathrm{e}^{\lambda t}\,.$$

Der Hauptvektor besitzt keine geometrische Interpretation im Zustandsraum. Das zugehörige Phasenportrait bezeichnet man als *Knoten 3. Art*.

Für $\omega_0 = 2\pi\,\mathrm{rad/s}$ aus Tab. 8.2 (untere Zeile) wurde der doppelte Eigenwert bereits in Beispiel 8.8 berechnet. Das zugehörige Phasenporträt zeigt Abb. 8.14. Kleine Pfeile markieren dabei den Durchlaufsinn für zunehmende Zeit t. Die Phasenbahn für Anfangswert $e_0 = 1\,\mathrm{rad}$, $\dot{e}_0 = 0\,\mathrm{rad/s}$ ist schwarz, fett hervorgehoben. Die durch den Eigenvektor definierte Ursprungsgerade ist grau, fett, gestrichelt gekennzeichnet.

Abb. 8.14 Phasenportrait im aperiodischen Grenzfall. Mit $\omega_0 = 2\pi\,\mathrm{rad/s}$ aus Tab. 8.2 (*untere Zeile*) ergibt sich ein stabiler Knoten 3. Art. Zum doppelten Eigenwert existiert nur ein Eigenvektor. Die Richtung dieses Eigenvektors ist durch die *grau, fett, gestrichelte Linie* gekennzeichnet

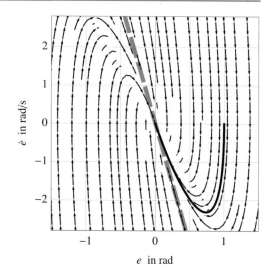

8.4.3.5 Schnellstes Einschwingen

Natürlich ist man stets an möglichst schnellem Abklingen des Regelfehlers bzw. schnellem Einschwingverhalten interessiert. Dabei können unterschiedliche Gütekriterien herangezogen werden, wobei in der Regel Randbedingung $\dot{e}_0 = 0$ zugrunde liegt, siehe [5, Abschn. 7.8.1, S. 257]. Diese Randbedingung wird auch im vorliegenden Teilabschnitt angenommen.

Ein einfaches und häufig zum Einsatz kommendes Kriterium zur Bewertung der Einschwingdauer basiert auf der sogenannten *Übergangszeit* t_{trans}. Darunter versteht man die kürzeste Zeitdauer, in der der absolute Regelfehler $|e(t)|$ endgültig in eine 5%-Umgebung von Null „eingetaucht" ist. Mathematisch formuliert ergibt dies[19]

$$t_{\mathrm{trans}} = \min t$$
$$\text{u. B. v.} \quad |e(t)/e_0| \le 5\,\% \quad \text{für alle } t \ge t_{\mathrm{trans}}\,.$$

Wie in Abb. 8.15 zu erkennen, konvergiert der aperiodische Fall immer deutlich langsamer als die anderen beiden Einschwingfälle. Daher spricht man auch von *schleichendem Einschwingen* bzw. vom *Kriechfall*. Auf einen formalen Beweis dieses Sachverhalts wird hier verzichtet.

Für die kürzeste Übergangszeit kommen daher nur der aperiodische Grenzfall sowie der periodische Fall in Frage. Im Folgenden wird ohne Bschränkung der Allgemeinheit $e_0 > 0$ angenommen. Der Dämpfungsgrad muss dann gerade so groß gewählt werden, dass der erste Überschwinger (im Negativen wegen $e_0 > 0$) nicht wieder aus dem 5%-

---

[19] u. B. v. steht für: unter Berücksichtigung von

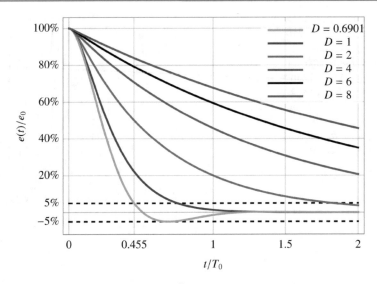

Abb. 8.15 Einschwingverhalten bei kürzester Übergangszeit (*grün*). Zum Vergleich mit aufgeführt sind: Aperiodischer Grenzfall (*blau*), aperiodische Fälle (*braun, lila, schwarz, rot*)

Bereich austritt. Dies führt auf

$$D_{\mathrm{opt}} = \min D$$

u. B. v. $0 < D < 1$

$$\min_{t \geq 0} e(t) = -0.05\, e_0$$

mit Lösung $D_{\mathrm{opt}} \approx 0.69011$, einer Übergangszeit von $t_{\mathrm{trans}}(D = 0.69011) \approx 0.45504\, T_0$ und Eigenwerten $\lambda_{1,2} = -0.69011\,{}^1\!/\mathrm{s} \pm 0.72371\, j\,{}^1\!/\mathrm{s}$, siehe unten folgende Herleitung. Abb. 8.15 stellt den zugehörigen Einschwingverlauf (grün) dar. Nach dem ersten Überschwinger ist $e(t)$ im Fall der kürzesten Übergangszeit bereits so stark gedämpft, dass bei den folgenden Perioden keine praktisch relevanten Regelfehler mehr auftreten. Man erkennt aber, dass das Einschwingverhalten mit kürzester Übergangszeit einen Überschwinger aufweist, das heißt $e(t)$ wechselt das Vorzeichen.

Abb. 8.15 zeigt auch das Einschwingverhalten im aperiodischen Grenzfall (blau). Daraus erkennt man, dass für D_{opt} eine etwas geringere Übergangszeit als im aperiodischen Grenzfall auftritt. Diesen Vorteil erkauft man sich jedoch mit dem Überschwinger. Dies ist insbesondere in der Robotik bei der Regelung von Gelenken oft unzulässig, da damit Kollisionen des Manipulators mit der Umgebung auftreten können.

Herleitung von D_{opt}: Setzt man (8.36) in (8.35) ein, so ergibt sich für den Geschwindigkeitsverlauf im periodischen Fall

$$\dot{e}(t) = \mathrm{e}^{-t\,\delta} \left(\left(\frac{\delta\,e_0}{\omega_d}\,\omega_d - e_0\,\delta \right) \cos(\omega_d\,t) - \left(e_0\,\omega_d + \frac{\delta\,e_0}{\omega_d}\,\delta \right) \sin(\omega_d\,t) \right)$$

$$= -\mathrm{e}^{-t\,\delta}\,\sin(\omega_d\,t)\,e_0\,\left(\omega_d + \frac{\delta^2}{\omega_d} \right)$$

$$= -\mathrm{e}^{-t\,\delta}\,\sin(\omega_d\,t)\,e_0\,\frac{\omega_d{}^2 + \delta^2}{\omega_d} = -\mathrm{e}^{-t\,\delta}\,\sin(\omega_d\,t)\,e_0\,\frac{\omega_0{}^2}{\omega_d}$$

$$= -\mathrm{e}^{-t\,\delta}\,\sin\left(\sqrt{1 - D^2}\,\frac{2\,\pi}{T_0}\,t \right) e_0\,\frac{\omega_0}{\sqrt{1 - D^2}}\,.$$

Für die Zeitpunkte $t_{\min,k}$, bei denen lokale Extremwerte auftreten, gilt daher

$$\sqrt{1 - D^2}\,\frac{2\,\pi}{T_0}\,t_{\min,k} = k\,\pi \quad \Longleftrightarrow \quad t_{\min,k} = k\,\frac{T_0}{2\,\sqrt{1 - D^2}} = k\,\frac{\pi}{\omega_d}\,.$$

Wegen $\omega_d\,t_{\min,k} = k\,\pi$ entfällt in $e(t)$ aus (8.33) der sin-Term und es verbleibt

$$e(t_{\min,k}) = e_0\,\mathrm{e}^{-\frac{D}{\sqrt{1-D^2}}\,k\,\pi}\,\cos(k\,\pi) = e_0\,\mathrm{e}^{-\frac{D}{\sqrt{1-D^2}}\,k\,\pi}\,(-1)^k\,.$$

Der erste Überschwinger tritt bei $k = 1$ auf. Damit $|e(t)|$ den 5%-Bereich nicht wieder verlässt, muss also gelten:

$$e(t_{\min,k=1}) = -e_0\,\mathrm{e}^{-\frac{D_{\mathrm{opt}}}{\sqrt{1-D_{\mathrm{opt}}{}^2}}\,\pi} \overset{!}{=} -0.05\,e_0$$

$$\Longrightarrow \quad -\frac{D_{\mathrm{opt}}}{\sqrt{1 - D_{\mathrm{opt}}{}^2}}\,\pi \overset{!}{=} \ln(0.05)$$

$$\Longrightarrow \quad D_{\mathrm{opt}} \overset{!}{=} -\frac{\ln(0.05)}{\sqrt{\pi^2 + \ln(0.05)^2}} \approx 0.69011\,.$$

Ansatz $e(t_{\mathrm{trans}}) = 0.05\,e_0$ liefert mit Hilfe einer numerischen Nullstellensuche schließlich $t_{\mathrm{trans}}(D = 0.69011) \approx 0.45504\,T_0$.

Weitere Optimierungskriterien für das Einschwingverhalten stützen sich auf Gütefunktionale über der Zeit, wie zum Beispiel

$$J = \int\limits_0^\infty q_1\,e(t)^2 + q_2\,\dot{e}(t)^2\,\mathrm{d}t$$

mit Gewichtungsfaktoren $q_1 \geq 0$, $q_2 \geq 0$. Das damit verbundene Optimierungsproblem min J bezeichnet man als *Variationsproblem*, siehe zum Beispiel [3, 16, 21]. Im Fall $q_2 = 0$ stellt das Gütefunktional die *quadratische Regelfläche* dar und lässt sich analytisch lösen zu

$$J_{\mathrm{Quad}} = \frac{(4\,D^2 + 1)\,q_1}{8\,\pi\,D}\,.$$

Hierbei tritt das globale Minimum bei $D^*_{\mathrm{Quad}} = 1/2$ auf.

Ein weiteres bekanntes Optimierungskriterium stellt das *ITAE*-Kriterium (**I**ntegral of **T**ime-multiplied **A**bsolute Value of **E**rror) dar:

$$J_{\mathrm{ITAE}} = \int\limits_0^\infty t \; |e(t)| \; \mathrm{dt}$$

Aufgrund des Betrags ist der Integrand unstetig. Dies erhöht den Rechenaufwand beträchtlich. Eine numerische Näherung liefert hierfür den optimalen Wert $D^*_{\mathrm{ITAE}} \approx 0.752446$.

Abb. 8.16 zeigt einen Vergleich der unterschiedlichen Einschwingverhalten. Darin erkennt man, dass das Optimierungskriterium einer minimalen quadratischen Regelfläche zu einem relativ großen Überschwinger führt. Zum Vergleich wird das Gütefunktional nach minimaler quadratischer Regelfläche für die unterschiedlichen Dämpfungswerte berechnet:

$$J_{\mathrm{Quad}}(D^*_{\mathrm{quad}}) = \frac{1}{2\,\pi} \approx 0.159155$$

$$J_{\mathrm{Quad}}(D^*_{\mathrm{trans}}) \approx 0.167489$$

$$J_{\mathrm{Quad}}(D^*_{\mathrm{ITAE}}) \approx 0.172631$$

$$J_{\mathrm{Quad}}(D = 1) = \frac{1}{\pi} \approx 0.31831$$

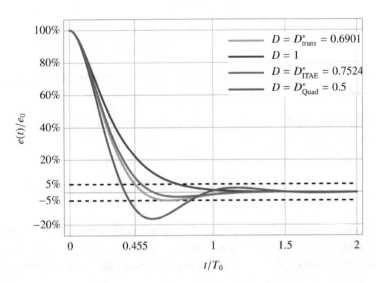

Abb. 8.16 Vergleich der Einschwingverhalten bei kürzester Übergangszeit (*grün*), aperiodischem Grenzfall (*blau*), minimaler quadratischer Regelfläche (*lila*), Optimierung nach ITAE-Kriterium (*braun*)

Bei D^*_{quad} ist eine relativ große Regelfläche in den ersten Perioden zu erkennen. Trotzdem liegt hier das Minimum der quadratischen Regelfläche vor. Dies liegt daran, dass für große Zeiten die Amplituden von $e(t)$ kleiner werden als mit den anderen Dämpfungswerten. In der Regel interessiert jedoch das Einschwingverhalten hauptsächlich für kleine Zeiten. Daher ist dieses Optimierungskriterium in der Praxis weniger geeignet.

8.4.4 Modellstufe 2: Dynamik der geregelten, perturbierten Strecke ohne Störeinfluss durch den Manipulator

Im vorangegangenen Abschnitt wurde das Einschwingverhalten der bahngeregelten Strecke ohne Störeinfluss durch den Manipulator und ohne Perturbationen untersucht. Dabei hat es sich als Vorteil erwiesen, die von D und ω_0 abhängige Form der Fehler-Differenzialgleichung (8.26) zu betrachten, da die Art des Einschwingverhaltens durch D vollständig bestimmt wird. Im vorliegenden Abschnitt werden die Betrachtungen auf nicht verschwindende Perturbationen ausgeweitet, so dass die Fehler-Differenzialgleichung durch eine Störfunktion $d_i(t)$ angeregt wird.

Dabei wird wieder der Störeinfluss durch den Manipulator vernachlässigt, das heißt es gilt nach wie vor $\tau^{\text{st}}_{\text{an},i} = 0$. Die Fehler-Differenzialgleichungen der einzelnen Gelenke sind damit weiterhin vollständig voneinander entkoppelt. Daher genügt es, ein einzelnes Gelenk zu untersuchen. Zur Reduzierung des Schreibaufwands wird Gelenkindex i weggelassen.

Aus (8.20) folgt damit Fehler-Differenzialgleichung

$$\ddot{e} + 2\,D\,\omega_0\,\dot{e} + \omega_0{}^2\,e = \underbrace{-r_{I_{\text{MG}}}\,N\,\ddot{\theta}^s(t) - \frac{\mu_{\text{vMG}}\,r_{\mu_{\text{vMG}}}}{I_{\text{MG}}}\,N\,\dot{\theta}^s(t)}_{d(t)}\,. \tag{8.42}$$

Wie in den vorangegangenen Abschnitten wird dabei für den homogenen Anteil (8.25) die äquivalente Form (8.26) verwendet. Dadurch ergeben sich einfachere Darstellungen aufgrund einer reduzierten Zahl an Parametern.

Zunächst wird das System auf Gleichgewichtslagen e^∞ (siehe (8.6)) untersucht: Setzt man die dafür notwendige Bedingung $\dot{e}^\infty = \ddot{e}^\infty = 0$ in (8.42) ein, so folgt

$$\omega_0{}^2\,e^\infty = \lim_{t\to\infty} d(t)\,.$$

Bei einer zeitlich nicht endenden Soll-Bahn existiert der Grenzwert auf der rechten Seite im Allgemeinen nicht. Da e^∞ aber per Annahme konstant sein muss, ergibt sich ein Widerspruch aus der Zeitabhängigkeit der Störfunktion. Daher existiert im Allgemeinen keine Lösung für e^* und damit keine Gleichgewichtslage.

In realen Anwendungen ist die Soll-Bahn zeitlich begrenzt, so dass nach einer endlichen Zeit T für $t \geq T$ Bedingung $\dot{\theta}^s(t) = \ddot{\theta}^s(t) = 0$ gilt. Ein Beispiel dafür stellt die Soll-Bahn mit trapezförmigem Geschwindigkeitsverlauf aus Abschn. 6.3.2 dar. In diesen Fällen reduziert sich die Bahnregelung für $t \geq T$ zu einer Positionsregelung mit Gleichgewichtslage

$$\dot{\theta}^s = \ddot{\theta}^s = \text{const} = 0 : \qquad e^\infty = 0 \,.$$

Dies entspricht dem Fall der unperturbierten Strecke ohne Störeinfluss durch den Manipulator aus Abschn. 8.4.3.

Der Regelfehler soll jedoch nicht erst am Ende der Soll-Bahn gegen Null konvergieren. Vielmehr soll er möglichst kurz nach Beginn der Soll-Bahn konvergieren. Aus diesem Grund interessiert bei einer Soll-Bahn nicht der Gleichgewichtspunkt am Ende der Bahn. Bei der Stabilitätsanalyse einer Bahnregelung wird daher nicht von der Existenz einer Gleichgewichtslage ausgegangen. Folglich kann die betrachtete Fehler-Differenzialgleichung auch nicht stabil im Sinne von Ljapunov oder asymptotisch stabil sein, siehe Definition 8.1. Daher wird im Folgenden die erweiterte Stabilitäts-Definition der letztendlichen Begrenztheit nach Definition 8.2 herangezogen.

Die zeitvariablen Anteile in Störfunktion $d(t)$ setzen sich aus dem Geschwindigkeits- und Beschleunigungsverlauf der Soll-Bahn zusammen. Da diese in praktisch relevanten Aufgabenstellungen stets betragsmäßig begrenzt sind, ist folgende Annahme gerechtfertigt:

Annahme 8.3. *Die ersten beiden zeitlichen Ableitungen der Sollwertverläufe der Gelenke seien betragsmäßig begrenzt, das heißt*

$$\|\dot{\boldsymbol{\theta}}^s\| \leq \dot{\theta}^s_{\text{norm,max}}$$
$$\|\ddot{\boldsymbol{\theta}}^s\| \leq \ddot{\theta}^s_{\text{norm,max}}$$

mit konstanten $\dot{\theta}^s_{\text{norm,max}} > 0$, $\ddot{\theta}^s_{\text{norm,max}} > 0$.

Dies impliziert, dass auch Störfunktion $d(t)$ aus (8.42) begrenzt sein muss. Für die Begrenzung wird

$$|d(t)| \leq d_{\text{max}} \tag{8.43}$$

mit konstantem $d_{\text{max}} \geq 0$ angenommen. Damit lässt sich folgender Satz zur Stabilitätseigenschaft formulieren:

Satz 8.2. *Stabilitätseigenschaft von Fehler-Differenzialgleichung* (8.42):

1. *Für jedes $D > 0$ ist* (8.42) *global letztendlich begrenzt.*
2. *Bereich $\mathcal{G}$ der Restregelbewegung expandiert mit zunehmendem Wert von d_{max} und kontrahiert bei konstantem Dämpfungsgrad D mit zunehmendem Wert von k_p.*

Der Beweis wird mit Hilfe der sogenannten Ljapunov-Methode durchgeführt und ist zur Vertiefung des Verständnisses sowie als Grundlage weitergehender Stabilitätsbetrachtungen gedacht. Anwendungsorientierte Leser können den Einschub zur Theorie der Stabilitätsanalyse nach Ljapunov im folgenden Abschn. 8.4.4.1 sowie den darauf aufsetzenden Stabilitätsbeweis in Abschn. 8.4.4.2 überspringen und mit Beispiel 8.10 fortfahren.

Der Vorteil der Ljapunov-Methode liegt darin, dass Stabilitätsaussagen für nichtlineare Systeme auch ohne explizite Kenntnis der zeitlichen Lösung möglich sind. Die Theorie von Ljapunov ist jedoch reichhaltig; eine umfassende Darstellung würde den Rahmen dieses Buches sprengen. Im folgenden wird daher nur auf den reduzierten Teil der Theorie von Ljapunov eingegangen, der für das vorliegende Problem notwendig ist. Weitergehende Darstellungen finden sich in Standardwerken zur nichtlinearen System- und Regelungstheorie, wie zum Beispiel in [11, 27] oder direkt in [14].

8.4.4.1   Einschub zur Stabilitätsanalyse nach Ljapunov
Betrachtet werde ein allgemeines autonomes[20] System in Zustandsdarstellung

$$\dot{x} = f(x), \tag{8.44}$$

mit $x \in \mathbb{R}^n$, einem Gleichgewichtspunkt im Ursprung $x^\infty = 0$ sowie einem stetig differenzierbaren Driftfeld $f(x) : \mathbb{R}^n \mapsto \mathbb{R}^n$.

Sei $D \subseteq \mathbb{R}^n$ ein Teilbereich des Zustandsraums, der den Ursprung als inneren Punkt[21] einschließt. Auf D definiert man eine stetig differenzierbare Funktion $V(x) : D \mapsto \mathbb{R}_0^+$, die der Gesamtenergie des Systems in folgenden zwei Eigenschaften ähnelt: $V(0) = 0$ und $V(x) > 0$ für $x \neq 0$. Funktionen, die diese beiden Eigenschaften erfüllen, bezeichnet man als *positiv definit*.

Nun fordert man, dass alle Konturflächen $V(x) = c = $ const, $c > 0$ beschränkt sein sollen, das heißt $\lim_{\|x\| \to \infty} V(x) = \infty$. Diese Eigenschaft wird als *radiale Unbe-*

---

[20] Die Eigenschaft *autonom* bedeutet, dass das System nicht explizit bzw. direkt von der Zeit t abhängt.
[21] Als innerer Punkt kann der Ursprung nicht auf dem Rand von D liegen.

grenztheit (Englisch: radially unbounded function) bezeichnet. Da V stetig ist, impliziert radiale Unbegrenztheit, dass die Konturflächen *geschlossene Gebiete* des Zustandsraums darstellen. Damit kann mit V die Norm des Zustands abgeschätzt werden; dies ermöglicht schließlich Stabilitätsaussagen. Eine positiv definite und radial unbegrenzte Funktion V bezeichnet man als *Ljapunov-Kandidatsfunktion*.

Eine beliebige Konturfläche $V(x) = c$ schließt gemäß $\mathcal{G}_c = \{x \mid V(x) \leq c\}$ ein Gebiet im Zustandsraum ein. Seinen Rand bezeichne man mit $\partial \mathcal{G}_c$. Zustand x befinde sich zum Zeitpunkt t^* genau auf diesem Rand $\partial \mathcal{G}_c$. Damit $x(t)$ für $t > t^*$ nur noch im Innern des betrachteten Gebiets $\mathcal{G}_c$ verläuft, muss Driftvektor $f(x)$ überall auf dem Rand $\partial \mathcal{G}_c$ ins Innere zeigen. Da Gradient $\nabla V(x)$ definitionsgemäß stets senkrecht auf dem Rand $\partial \mathcal{G}_c$ steht und nach außen zeigt, muss Winkel α zwischen $f(x)$ und $\nabla V(x)$ im Bereich $90° < \alpha < 270°$ liegen. In diesem Bereich gilt $\cos(\alpha) < 0$, siehe Abb. 8.17 für ein Beispiel. Aus Skalarprodukt

$$\nabla V(x)^T f(x) = \|\nabla V(x)^T\| \, \|f(x)\| \, \cos \alpha$$

folgt damit die sogenannte *Invarianzbedingung* für das Innere von $\mathcal{G}_c$ (also $\mathcal{G}_c \backslash \partial \mathcal{G}_c$) zu

$$\nabla V(x)^T f(x) < 0 \quad \forall x \in \partial \mathcal{G}_c \,, \tag{8.45}$$

siehe auch [15]. Wegen

$$\dot{V}(x) = \frac{\mathrm{d}}{\mathrm{d}t} V(x(t)) = \left(\frac{\mathrm{d}V(x)}{\mathrm{d}x} \right)^T \frac{\mathrm{d}x(t)}{\mathrm{d}t} \overset{(8.44)}{=} \nabla V(x)^T f(x)$$

lässt sich Invarianzbedingung (8.45) interpretieren als

$$\dot{V}(x) < 0 \quad \forall x \in \partial \mathcal{G}_c \,. \tag{8.46}$$

Dies bedeutet: Die zeitliche Ableitung von V entlang der Trajektorie von (8.44) muss auf dem Rand $\partial \mathcal{G}_c$ negativ sein, damit die Trajektorie im Innern von $\mathcal{G}_c$ verbleibt. $\mathcal{G}_c \backslash \partial \mathcal{G}_c$ stellt genau dann ein Invarianzgebiet für System (8.44) dar.

Nun wird angenommen, dass (8.46) für $x \in D \backslash \{0\}$ gilt. Im Ursprung gelte $\dot{V}(0) = 0$. In Analogie zur positiven Definitheit von V bezeichnet man diese Eigenschaft als *negative Definitheit*. Damit wird Ljapunov-Kandidatsfunktion V zur *Ljapunov-Funktion* erklärt.

Wegen dieser negativen Definitheit von $\dot{V}$ lässt sich für $x(t)$ mit $t > t^*$ im Innern von $\mathcal{G}_c$ stets ein neues Gebiet $\mathcal{G}_{c_2} = \{x \mid V(x) \leq c_2\}$ mit $c_2 < c$ so finden, dass $x(t) \in \mathcal{G}_{c_2}$ für $t > t^*$. Da $V(x)$ überall stetig ist, schneiden sich die Konturlinien der beiden Gebiete nicht. Das neue Gebiet ist damit vollständig vom alten Gebiet umhüllt. Durch Wiederholung entstehen so Gebiete $\mathcal{G}_c, \mathcal{G}_{c_2}, \mathcal{G}_{c_3}, \cdots$ mit $c > c_2 > c_3 > \cdots > 0$, die sich immer

Abb. 8.17 Invarianzbedingung: Gradient ∇V und Driftfeld $\boldsymbol{f}$ müssen auf dem Rand des Invarianzgebiets einen Winkel α einschließen im Bereich von $90° < \alpha < 270°$

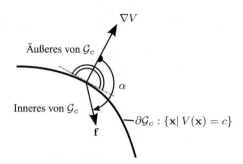

enger um den Ursprung zusammen ziehen. Wegen der geforderten radialen Unbegrenztheit und Stetigkeit von V sind alle Gebiete geschlossen. Damit nähert sich $\boldsymbol{x}(t)$ mit fortschreitender Zeit immer näher dem Ursprung, so dass Gleichgewichtspunkt $\boldsymbol{x}^\infty = \boldsymbol{0}$ von (8.44) global asymptotisch stabil ist, siehe Abb. 8.18.

Im Umkehrschluss gilt: Falls das System global asymptotisch stabil ist, existieren unendlich viele Ljapunov-Funktionen. Für einen Stabilitätsbeweis genügt dabei der Nachweis einer einzigen Ljapunov-Funktion. Für nichtlineare Systeme kann dies einen erheblichen Aufwand bedeuten. Für lineare Systeme gibt es hingegen eine verhältnismäßig einfache Methode zur Erzeugung einer Ljapunov-Funktion: Wegen der Verwandtschaft zu Energiefunktionen stellt eine *positiv definite quadratische Form*

$$V(\boldsymbol{x}) = \boldsymbol{x}^T \tilde{P} \boldsymbol{x} \tag{8.47}$$

mit symmetrischer Matrix $\tilde{P}$ oftmals eine solche Ljapunov-Funktion dar. Matrix $\tilde{P}$ wird im Folgenden kurz als *erzeugende Matrix* bezeichnet, falls aus dem Kontext die zugehörige quadratische Form hervorgeht.

Wenn – wie im vorliegenden Fall – die quadratische Form $V(\boldsymbol{x})$ positiv definit ist, bezeichnet man die erzeugende Matrix ebenfalls als positiv definit und drückt dies mit $\tilde{P} > 0$ aus. Zwei gleichwertige notwendige und hinreichende Kriterien für positive Definitheit von $\tilde{P}$ sind:

- Alle Eigenwerte von $\tilde{P}$ sind strikt positiv.
- Alle nordwestlichen Unterdeterminanten von $\tilde{P}$ sind strikt positiv[22]. Für eine 2×2-Matrix $\tilde{P} \in \mathbb{R}^{2\times2}$ bedeutet dies beispielsweise $P_{11} > 0 \ \wedge \ \mathrm{Det}\big(\tilde{P}\big) > 0$.

Für ein lineares, autonomes System

$$\dot{\boldsymbol{x}} = \tilde{A} \boldsymbol{x} \tag{8.48}$$

---

[22] Nach Adolf Hurwitz als *Hurwitzkriterium* benannt.

ergibt sich die zeitliche Ableitung von (8.47) entlang ihrer Trajektorie zu

$$\dot{V}(x) = \left(\frac{\partial \left(x^T \tilde{P} x\right)}{\partial x}\right)^T \dot{x} \overset{(5.46d)}{=} \left(\tilde{P}^T x + \tilde{P} x\right)^T \dot{x}$$

$$= \left(\left(\tilde{P}^T + \tilde{P}\right) x\right)^T \dot{x} = x^T \left(\tilde{P} + \tilde{P}^T\right) \dot{x} = x^T \tilde{P} \dot{x} + x^T \tilde{P}^T \dot{x} .$$

(8.49)

Da Ausdruck $x^T \tilde{P}^T \dot{x}$ eine skalare Größe darstellt, kann er durch seine Transponierte $\dot{x}^T \tilde{P} x$ ersetzt werden. Ersetzt man außerdem $\dot{x}$ gemäß (8.48), so folgt weiter

$$\dot{V}(x) = \dot{x}^T \tilde{P} x + x^T \tilde{P} \dot{x} = x^T \tilde{A}^T \tilde{P} x + x^T \tilde{P} \tilde{A} x$$

$$= x^T \left(\tilde{A}^T \tilde{P} + \tilde{P} \tilde{A}\right) x .$$

(8.50)

Die Forderung nach $\dot{V} < 0$ führt damit zur berühmten *Ljapunov-Gleichung*

$$\tilde{A}^T \tilde{P} + \tilde{P} \tilde{A} = -\tilde{Q} ,$$

(8.51)

mit $\tilde{Q} > 0$. Für jedes symmetrische $\tilde{Q} > 0$ existiert genau dann ein eindeutiges, symmetrisches $\tilde{P} > 0$, wenn das lineare System (8.48) *exponentiell*[23] *stabil* ist, siehe [11, Theorem 3.6].

Zur Lösung der Ljapunov-Gleichung stehen leistungsfähige analytische und numerische Rechenmethoden zur Verfügung. Im Sonderfall $n = 2$ lässt sich mit der günstigen Wahl von $\tilde{Q}$ als Diagonalmatrix $\tilde{Q} = \mathrm{diag}(q_{11}, q_{22})$ Ljapunov-Gleichung (8.51) in das einfach lösbare, lineare Gleichungssystem

$$\underbrace{\begin{bmatrix} a_{11} & a_{21} & 0 \\ a_{12} & a_{11} + a_{22} & a_{21} \\ 0 & a_{12} & a_{22} \end{bmatrix}}_{\tilde{A}^*} \begin{pmatrix} p_{11} \\ p_{12} \\ p_{22} \end{pmatrix} = \begin{pmatrix} -\frac{q_{11}}{2} \\ 0 \\ -\frac{q_{22}}{2} \end{pmatrix}$$

(8.52)

umformen.

Beispiel 8.9. Mit Zuständen $x_1 = e$, $x_2 = \dot{e}$ folgt der homogene Teil von Fehler-Differenzialgleichung (8.42) in Zustandsform zu

$$\begin{pmatrix} \dot{x}_1 \\ \dot{x}_2 \end{pmatrix} = \underbrace{\begin{bmatrix} 0 & 1 \\ -\omega_0^2 & -2 D \omega_0 \end{bmatrix}}_{\tilde{A}} \begin{pmatrix} x_1 \\ x_2 \end{pmatrix} .$$

---

[23] Exponentielle Stabilität stellt eine restriktivere Form der asymptotischen Stabilität dar. Bei asymptotischer Stabilität kann die Konvergenz gegen den Gleichgewichtspunkt unendlich langsam werden. Bei exponentieller Stabilität ist hingegen eine Mindestrate an Konvergenz gesichert.

Wählt man willkürlich $\tilde{Q} = \text{diag}(1, 1)$, so folgt aus (8.52) das lineare Gleichungssystem

$$\tilde{A}^* \begin{pmatrix} p_{11} \\ p_{12} \\ p_{22} \end{pmatrix} = \begin{bmatrix} 0 & -\omega_0^2 & 0 \\ 1 & -2\delta & -\omega_0^2 \\ 0 & 1 & -2\delta \end{bmatrix} \begin{pmatrix} p_{11} \\ p_{12} \\ p_{22} \end{pmatrix} \overset{!}{=} \begin{pmatrix} -\frac{1}{2} \\ 0 \\ -\frac{1}{2} \end{pmatrix}$$

mit $\text{Det}(\tilde{A}^*) = -2\delta\,\omega_0^2$. Da aus Stabilitätsgründen $\delta > 0$ und per Definition $\omega_0 \neq 0$ gilt, existiert stets die Inverse von $\tilde{A}^*$ und damit eine eindeutige Lösung. Ein Formelmanipulationsprogramm liefert hierfür

$$\begin{pmatrix} p_{11} \\ p_{12} \\ p_{22} \end{pmatrix} = \frac{1}{4\,\delta\,\omega_0^2} \begin{pmatrix} \omega_0^4 + \omega_0^2 + 4\,\delta^2 \\ 2\,\delta \\ \omega_0^2 + 1 \end{pmatrix}.$$

Die nordwestlichen Unterdeterminanten von $\tilde{P}$ sind p_{11} und $\text{Det}(\tilde{P})$. Wegen

$$p_{11} > 0 \iff \delta > 0$$

und

$$\text{Det}(\tilde{P}) = \frac{(2\,\delta)^2 + (\omega_0^2 + 1)^2}{(4\,\delta\,\omega_0)^2} > 0$$

ist damit $\tilde{P}$ positiv definit.

Für Parameterwerte $\delta = \omega_0 = 1$ liegt System[24]

$$\dot{x} = \begin{bmatrix} 0 & 1 \\ -1 & -2 \end{bmatrix} x$$

vor. Für $\tilde{P}$ folgt damit

$$\begin{pmatrix} p_{11} \\ p_{12} \\ p_{22} \end{pmatrix} = \frac{1}{2} \begin{pmatrix} 3 \\ 1 \\ 1 \end{pmatrix}.$$

Aus (8.47) ergibt sich Ljapunov-Kandidatsfunktion

$$V(x) = x^T \tilde{P} x = \frac{1}{2} \left(3\,x_1^2 + 2\,x_1 x_2 + x_2^2 \right)$$

mit zeitlicher Ableitung

$$\dot{V}(x) = -x^T \tilde{Q} x = -x_1^2 - x_2^2 .$$

---

[24] Alle physikalischen Größen sollen dabei auf ihre Standardeinheit normiert sein; daher sind keine physikalischen Einheiten angegeben.

Abb. 8.18 Höhenlinien der
Ljapunov-Funktion begren-
zen Invarianzgebiete für das
betrachtete System aus Beispiel 8.9

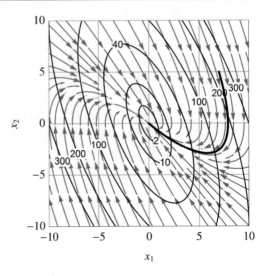

Für das Einschwingverhalten des Systems liegt wegen $D = 1$ der asymptotische Grenzfall
vor. Abb. 8.18 zeigt das Phasenportrait und exemplarisch eine Trajektorie (schwarze, fette
Linie) für Anfangswert $x_{10} = 7$, $x_{20} = 5$. Zusätzlich sind einige Höhenlinien der Ljapunov-Funktion $V(x)$ eingetragen (gedrehte Ellipsen). Auf den Rändern dieser Höhenlinien
zeigen die Richtungsvektoren (graue Pfeile) des Phasenportraits stets ins Innere. Damit
stellt jede Höhenlinie die Berandung eines Invarianzgebiets für das betrachtete System
dar.   ◁

Der folgende Hilfssatz wird zur Abschätzung einer Ljapunov-Kandidatsfunktion benötigt, wenn diese aus einer quadratischen Form gebildet wird:

Hilfssatz 8.1. *Gegeben sei eine quadratische Form $q(x) = x^T \tilde{P} x$ mit reellem $\tilde{P} \in$
$\mathbb{R}^{n \times n}$. Ohne Beschränkung der Allgemeinheit kann angenommen werden, dass $\tilde{P}$ symmetrisch ist.*

*Es existiert stets eine Koordinatentransformation $x = \tilde{Q} y$ auf Hauptachsenform[25]
$q(y) = \sum_{i=1}^{n} \lambda_i y_i^2$ mit λ_i als Eigenwert von $\tilde{P}$. Weiterhin gilt Abschätzung*

$$\min_i(\lambda_i)\, x^T x \leq q(x) \leq \max_i(\lambda_i)\, x^T x .$$

Beweis Der Beweis der oberen Teilaussage findet sich in den Grundlagen linearer Alge-
bra, siehe zum Beispiel [17, Kap. 6, Abschn. 7].

---

[25] Setzt man $x = \tilde{Q} y$ in $q(x)$ ein, so folgt $q(x) = q(\tilde{Q} y) =: \tilde{q}(y)$. Da stets Zusammenhang
$x = \tilde{Q} y$ angenommen wird, wird im Folgenden anstelle von $\tilde{q}(y)$ vereinfachend $q(y)$ geschrieben.

Beweis der Aussage zur Abschätzung der quadratischen Form: In y-Koordinaten gilt

$$q(y) = \sum_{i=1}^{n} \lambda_i \, y_i^2 \leq \sum_{i=1}^{n} \max_i(\lambda_i) \, y_i^2 = \max_i(\lambda_i) \, y^T y \,.$$

Analog kann man leicht $q(y) \geq \min_i(\lambda_i) \, y^T y$ zeigen. Zusammengefasst ergibt dies

$$\min_i(\lambda_i) \, y^T y \leq q(y) \leq \max_i(\lambda_i) \, y^T y \,. \tag{8.53}$$

Da $\tilde{P}$ symmetrisch ist, kann $\tilde{Q}$ orthonormal gewählt werden, so dass $\tilde{Q}^{-1} = \tilde{Q}^T$ und damit $\tilde{Q} \, \tilde{Q}^T = \tilde{E}$. Mit der inversen Transformationsvorschrift $y = \tilde{Q}^{-1} x$ folgt damit

$$y^T y = x^T \tilde{Q} \, \tilde{Q}^T x = x^T x \,.$$

Setzt man dies in Doppelungleichung (8.53) ein und berücksichtigt $q(x) = q(y)$ (siehe Fußnote 25 in Hilfssatz 8.1), so folgt die behauptete Aussage zur Abschätzung der quadratischen Form. ∎

Nach diesen grundsätzlichen Erläuterungen kann der eingangs behauptete Satz zur globalen letztendlichen Stabilität bewiesen werden.

8.4.4.2 Beweis von Satz 8.2 nach der Methode von Ljapunov

Zu Punkt 1: In Beispiel 8.9 wurde bereits Zustandsform $\dot{x} = \tilde{A} x$ des homogenen Teils von (8.42) mit Zustandsvariablen $x_1 = e$ und $x_2 = \dot{e}$ aufgestellt. Um die Störfunktion ergänzt, ergibt

$$\dot{x} = \tilde{A} x + b \, d(t) = \begin{bmatrix} 0 & 1 \\ -\omega_0^2 & -2 D \, \omega_0 \end{bmatrix} x + \begin{pmatrix} 0 \\ 1 \end{pmatrix} d(t) \,.$$

Wie im Beispiel wird als Ljapunov-Kandidatsfunktion

$$V(x) = \frac{1}{2} x^T \tilde{P} x$$

aufgestellt und für die Ljapunov-Gleichung $\tilde{Q} = \mathrm{diag}(1, 1)$ gewählt. Damit wurde gezeigt: Matrix $\tilde{P}$ ist für $\delta > 0 \overset{(8.31)}{\iff} D > 0$ positiv definit.

Analog zu (8.50) ergibt sich als zeitliche Ableitung von V entlang der Trajektorie von $\boldsymbol{x}(t)$:

$$
\begin{aligned}
\dot{V}(\boldsymbol{x}, t) &= \frac{1}{2} \boldsymbol{x}^T \tilde{P} \, \dot{\boldsymbol{x}} + \frac{1}{2} \dot{\boldsymbol{x}}^T \tilde{P} \, \boldsymbol{x} \\
&= \frac{1}{2} \boldsymbol{x}^T \left(\tilde{P} \tilde{A} + \tilde{A}^T \tilde{P} \right) \boldsymbol{x} + \frac{1}{2} \left(\boldsymbol{x}^T \tilde{P} \boldsymbol{b} \, d(t) + \boldsymbol{b}^T \tilde{P} \boldsymbol{x} \, d(t) \right) \\
&= \frac{1}{2} \boldsymbol{x}^T \underbrace{\left(\tilde{P} \tilde{A} + \tilde{A}^T \tilde{P} \right)}_{-\tilde{Q}} \boldsymbol{x} + \boldsymbol{x}^T \tilde{P} \boldsymbol{b} \, d(t) = -\|\boldsymbol{x}\|^2 + \boldsymbol{x}^T \tilde{P} \boldsymbol{b} \, d(t) .
\end{aligned}
$$

Um Absolutwert $|d(t)|$ der Störfunktion mit einer beliebig wählbaren Konstante $\gamma > 0$ und Betragsquadrat $\|\boldsymbol{x}\|^2$ nach oben durch

$$
|d(t)| \leq d_{\max} \leq \gamma \, \|\boldsymbol{x}\|^2 \tag{8.54}
$$

abzuschätzen, muss

$$
\|\boldsymbol{x}\|^2 \geq \frac{d_{\max}}{\gamma} \tag{8.55}
$$

gelten. Der Rand dieses Bereichs im Zustandsraum stellt einen Ursprungskreis mit Radius $\sqrt{d_{\max}/\gamma}$ dar. Demgegenüber bilden die Höhenlinien $V(\boldsymbol{x}) = c$ gedrehte Ellipsen. Gesucht wird nun der kleinste Wert von c so, dass auf der zugehörigen Höhenlinien $V(\boldsymbol{x}) = c$ Bedingung (8.55) noch erfüllt ist. Dieser kleinste Wert wird mit $V_{\min}$ bezeichnet. Gesucht ist also die Höhenlinie, die den Ursprungskreis mit Radius $\sqrt{d_{\max}/\gamma}$ berührt.

Wegen $\tilde{P} > 0$ besitzt $\tilde{P}$ stets zwei positive Eigenwerte $\lambda_{1,2}$. Damit definiert $V(\boldsymbol{x}) = c$ im allgemeinen Fall $\lambda_1 \neq \lambda_2$ eine Ellipse und für $\lambda_1 = \lambda_2$ einen Kreis, den Sonderfall einer Ellipse mit gleichen Halbachsen. Diese Ellipse lässt sich nach Hilfssatz 8.1 in Hauptachsen mit

$$
V(\boldsymbol{y}) = \lambda_1 \, y_1{}^2 + \lambda_2 \, y_2{}^2 \overset{!}{=} c \iff \left(\frac{y_1}{\sqrt{c/\lambda_1}} \right)^2 + \left(\frac{y_2}{\sqrt{c/\lambda_2}} \right)^2 - 1 \overset{!}{=} 0
$$

darstellen. Die Länge der kürzeren Halbachse $\sqrt{c/\lambda_{\max}(\tilde{P})}$ stellt damit den kürzesten Abstand aller Ellipsenpunkte vom Ursprung dar. Dieser kürzeste Abstand soll nach obiger Forderung gleich dem Radius $\sqrt{d_{\max}/\gamma}$ sein, das heißt

$$
\frac{V_{\min}}{\lambda_{\max}(\tilde{P})} = \frac{d_{\max}}{\gamma} \iff V_{\min} = \frac{d_{\max} \, \lambda_{\max}(\tilde{P})}{\gamma} . \tag{8.56}
$$

Der von der Ellipse $V(\boldsymbol{x}) = V_{\min}$ eingeschlossene Bereich wird mit $\mathcal{G} = \{\boldsymbol{x} | \, V(\boldsymbol{x}) \leq V_{\min}\}$ bezeichnet.

Abb. 8.19 Darstellung von Gebiet $\mathcal{G}$ im 2D-Zustandsraum im Beweis von Satz 8.2

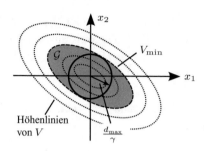

In Abb. 8.19 wird dies an einem Beispiel veranschaulicht: Wie oben dargestellt, bestehen die Höhenlinien von $V(x)$ im Allgemeinen aus gedrehten Ellipsen (dargestellt durch gepunktete Linien). Kreis $\|x\|^2 = d_{max}/\gamma$ ist mit einer fetten durchgezogenen Linie gekennzeichnet. Die gestrichelt dargestellte Ellipse berührt den Kreis und definiert damit Rand $\partial\mathcal{G}$.

Außerhalb von $\mathcal{G}$ folgt wegen

$$x^T \tilde{P} b \, d(t) = x^T \begin{pmatrix} p_{12} \\ p_{22} \end{pmatrix} d(t) \le \|x\| \sqrt{p_{12}{}^2 + p_{22}{}^2} \, |d(t)|$$

$$\overset{(8.54)}{\le} \sqrt{p_{12}{}^2 + p_{22}{}^2} \, \gamma \, \|x\|^2$$

für die zeitliche Ableitung von V entlang $x(t)$

$$\dot{V}(x,t) \le \left(\gamma \sqrt{p_{12}{}^2 + p_{22}{}^2} - 1 \right) \|x\|^2 \, .$$

Das Skalarprodukt in obiger erster Ungleichung wurde dabei nach oben hin abgeschätzt zu

$$x^T \begin{pmatrix} p_{12} \\ p_{22} \end{pmatrix} = \|x\| \sqrt{p_{12}{}^2 + p_{22}{}^2} \, \cos(\varphi) \le \|x\| \sqrt{p_{12}{}^2 + p_{22}{}^2} \, .$$

Für

$$\gamma < \frac{1}{\sqrt{p_{12}{}^2 + p_{22}{}^2}} \tag{8.57}$$

gilt damit außerhalb von $\mathcal{G}$ Abstiegsbedingung $\dot{V}(x,t) < 0 \ \wedge \ V(x) > 0$. Funktion V ist somit außerhalb von $\mathcal{G}$ eine Ljapunov-Funktion. Außerdem ist $\mathcal{G}$ für das betrachtete System ein Invarianzgebiet. Damit ist definitionsgemäß Fehler-Differenzialgleichung (8.42) letztendlich begrenzt. Da dabei keine Einschränkungen für den Anfangszustand gelten und Ljapunov-Funktion $V(x)$ wegen $\lim_{\|x\|\to\infty} V(x) = \infty$ radial unbegrenzt ist, liegt sogar globale letztendliche Begrenztheit vor; es folgt die erste Aussage von Satz 8.2.

Zu Punkt 2: Analog zu oben lässt sich das ellipsenförmige Gebiet $\mathcal{G}$ auch durch einen äußeren Ursprungskreis umschließen, der den Rand $\partial\mathcal{G}$ berührt (Einbeschreibung der Ellipse $\partial\mathcal{G}$ in einen Ursprungskreis). Hierfür wird der maximale Abstand der Ellipsenpunkte von $\partial\mathcal{G}$ zum Ursprung benötigt. Mit einem ähnlichen Argument wie oben ergibt sich dafür $\sqrt{V_{\min}/\lambda_{\min}(\tilde{P})}$.

Der Abstand der Punkte in $\mathcal{G}$ zum Ursprung kann damit nach oben abgeschätzt werden zu

$$\|x\| \leq \sqrt{\frac{V_{\min}}{\lambda_{\min}(\tilde{P})}} \quad \text{für } x \in \mathcal{G}.$$

Dieser Abstand stellt damit eine Obergrenze für die maximale Norm der Restregelbewegung dar. Nach (8.56) gilt:

- Je kleiner der maximale Absolutwert $d_{\max}$ der Störfunktion $d(t)$, desto kleiner $V_{\min}$ und damit der Bereich der Restregelbewegung.

- Je größer $\gamma > 0$, desto kleiner $V_{\min}$ und damit die maximale Norm der Restregelbewegung bzw. die maximale Ausdehnung von $\mathcal{G}$. Wegen (8.57) kontrahiert sich damit $\mathcal{G}$ mit kleinerem $\sqrt{p_{12}{}^2 + p_{22}{}^2}$. Eingesetzt folgt dafür

$$\sqrt{p_{12}{}^2 + p_{22}{}^2} = \frac{\sqrt{4\,\delta^2 + \left(\omega_0{}^2 + 1\right)^2}}{4\,\delta\,\omega_0{}^2}$$

und mit δ nach (8.32) sowie ω_0 nach (8.27c) weiter

$$= \frac{1}{4\,D} \sqrt{\frac{I_{\mathrm{MG}}}{k_p{}^3} \left((k_p + I_{\mathrm{MG}})^2 + 4\,D^2\,I_{\mathrm{MG}}\,k_p\right)}.$$

Daraus liest man ab: Für konstantes D und anwachsendes k_p wird $\sqrt{p_{12}{}^2 + p_{22}{}^2}$ kleiner. Bereich $\mathcal{G}$ der Restregelbewegung kontrahiert sich also mit zunehmendem k_p und konstantem D, womit auch Teil 2 von Satz 8.2 bewiesen ist. ∎

Beispiel 8.10. Fortsetzung von Beispiel 8.4 : Für den Manipulator mit nur einem Gelenk und Parameterwerten nach Tab. 8.1 wird Getriebeübersetzung $N = 25$ und Dämpfungsgrad $D = 1$ gewählt. Die Systemzustände werden mit $x_1 = e$ und $x_2 = \dot{e}$ bezeichnet. Es wird in zwei Simulationsreihen untersucht, wie sich die Größe von k_p und der Perturbationen auf die Ausdehnung des Gebiets $\mathcal{G}$ der Restregelbewegung auswirken:

Simulationsreihe 1: Für vier Werte $k_p \in \{0.02, 0.05, 0.1, 1\}$ werden nach (8.27d) jeweils zugehörige Wert für k_d so berechnet, dass immer Dämpfungsgrad $D = 1$ vorliegt. Die Perturbationen werden mit $r_{I_{\mathrm{MG}}} = r_{\mu_{v_{\mathrm{MG}}}} = 0.1$ konstant gehalten. Abb. 8.20

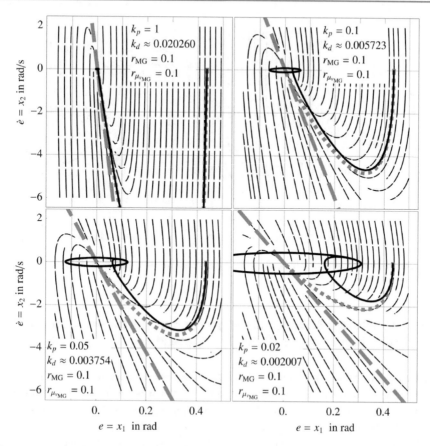

Abb. 8.20 Restregelbewegung für unterschiedlich hohe Rückführverstärkungen und $D = 1$, $N = 25$ aus Beispiel 8.10

zeigt das jeweilige Einschwingverhalten im Zustandsraum (schwarze, fette Linie). Daraus erkennt man, dass das Gebiet der Restregelbewegung mit abnehmendem Wert von k_p expandiert.

Simulationsreihe 2: Mit konstanter Rückführverstärkung $k_p = 0.1$ und Dämpfungsrad $D = 1$ werden die drei unterschiedlichen Sets an Perturbationen $r_{I_{MG}} = r_{\mu_{v_{MG}}} = 0.1$, $r_{I_{MG}} = r_{\mu_{v_{MG}}} = 0.2$ und $r_{I_{MG}} = r_{\mu_{v_{MG}}} = 0.4$ simuliert, siehe die schwarze, fette Linie in Abb. 8.21 sowie oberes rechtes Teilbild von Abb. 8.20. Man erkennt, dass mit zunehmender Perturbation das Gebiet $\mathcal{G}$ der Restregelbewegungen expandiert.

In beiden Simulationsreihen ist zusätzlich für den unperturbierten Fall (also $d = 0$) das Phasenportrait mit zugehörigem Einschwingverhalten (graue, fette, gestrichelte Linie) eingetragen. Außerdem liegt immer Startpunkt $x_{10} = 0.4$, $x_{20} = 0$ vor.   ◁

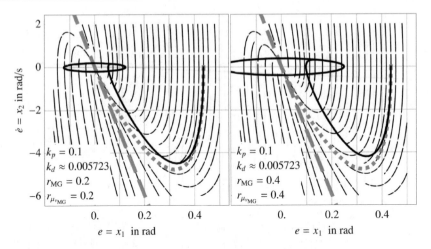

Abb. 8.21 Restregelbewegung für unterschiedliche Perturbationen und $k_p = 0.1$, $D = 1$, $N = 25$
aus Beispiel 8.10

8.4.5   Modellstufe 3: Dynamik der geregelten, perturbierten Strecke mit Störeinfluss durch den Manipulator

In Abschn. 8.4.2 wurde das Konzept der dezentralen PD-Bahnregelung eingeführt. Dabei
wird als Regelstrecke die Mechanik der Antriebsachsen betrachtet. Die durch die Mechanik des Manipulators entstehenden Rückwirkungen auf die Antriebsachsen werden
als Teil der Störfunktionen d_i interpretiert, die die PD-Regler kompensieren müssen.
In Abschn. 8.4.1 wurde dargestellt, dass die Maximalbeträge max$|d_i|$ dieser Störgrößen
maßgeblich durch eine hohe Getriebeübersetzung reduziert werden und somit an Einfluss
verlieren.

Nach Anmerkung 8.5 wachsen die in d_i enthaltenen Perturbationsterme (bedingt durch
Perturbationen der Antriebsachsen) linear mit der Getriebeübersetzung N_i an. Daher
können die Maximalbeträge der Störgrößen d_i durch ausreichend große Getriebeübersetzungen nicht beliebig reduziert werden. Vielmehr existiert ein endliches N_i, für das
max$|d_i|$ minimal wird.

Zur Auslegung der Reglerparameter nimmt man an, dass die Parameter der Mechanik
der Antriebsachsen fehlerfrei bekannt sind (verschwindende Perturbationen der Antriebsachsen). Die in diesem Fall erzielbaren Einschwingverhalten sind gut bekannt, siehe
Abschn. 8.4.3. Da in der Regel zusätzlich hohe Getriebeübersetzungen vorliegen, geht
man bei der Auslegung der PD-Regler näherungsweise vom (nicht erreichbaren) Idealfall
verschwindender Störgrößen ($d_i = 0$) aus.

In Abschn. 8.4.4 wurde die Annahme verschwindender Perturbationen der Antriebsachsen fallen gelassen. Damit verbleiben die Mechaniken der einzelnen Gelenke zwar

weiterhin entkoppelt, es treten jedoch Restregelbewegungen auf. Mit der Methode von Ljapunov wurde bewiesen, dass das System für $D > 0$ global letztendlich begrenzt ist. Ein weiteres Resultat des Stabilitätsbeweises ist, dass die maximale Norm der Restregelbewegung und damit die Auswirkung der Perturbationen mit zunehmender Proportionalverstärkung k_p bei konstantem Dämpfungsgrad D beliebig reduziert werden kann.

Es verbleibt die Analyse des Regelverhaltens bzw. der Stabilität unter Einwirkung von Perturbationen der Antriebsachsen und Rückwirkung der Manipulator-Dynamik. Letzteres führt zu einer nichtlinearen Verkopplung der Dynamik der einzelnen Regelkreise.

8.4.5.1 Fehler-Differenzialgleichung

Bislang wurde für den unperturbierten und vom Manipulator ungestörten Teil der Strecke die von Dämpfungsgrad D und Kreisfrequenz ω_0 abhängige Darstellung (8.26) verwendet. Zur Untersuchung der Stabilität ist jedoch die von den Reglerparametern k_p und k_d abhängige, äquivalente Darstellung (8.20a) praktischer.

Zunächst wird aus der Mechanik des einzelnen Gelenks nach (8.20) eine Gesamtsystemdarstellung in Form einer Fehler-Differenzialgleichung erstellt. Die zugehörige Störfunktion darf dabei aber nur von Systemzuständen e, $\dot{e}$ und Zeit t abhängen. Die in Störfunktion d_i von (8.20) enthaltenen Regelfehlerbeschleunigungen $\ddot{e}_i$ müssen daher separiert und auf die linke Seite der Fehler-Differenzialgleichung gebracht werden.

Zur Reduzierung des Schreibaufwands sind Diagonalmatrizen für die Darstellung der Parameter der Regelstrecke hilfreich:

- Getriebewirkungsgrade: $\tilde{\eta}_g = \mathrm{diag}\{[\eta_{g,i}]\}$
- Massenträgheitsmomente und zugehörige relative Schätzfehler der Antriebsachsen: $\tilde{I}_{\mathrm{MG}} = \mathrm{diag}\{[I_{\mathrm{MG},i}]\}$, $\tilde{r}_{I_{\mathrm{MG}}} = \mathrm{diag}\{[r_{I_{\mathrm{MG}},i}]\}$
- Viskose Reibparameter und zugehörige relative Schätzfehler der Antriebsachsen: $\tilde{\mu}_{v_{\mathrm{MG}}} = \mathrm{diag}\{[\mu_{v_{\mathrm{MG}},i}]\}$, $r_{\mu_{v_{\mathrm{MG}}}} = \mathrm{diag}\{[r_{\mu_{v_{\mathrm{MG}},i}}]\}$
- Reglerparameter: $\tilde{k}_p = \mathrm{diag}\{[k_{p,i}]\}$, $\tilde{k}_d = \mathrm{diag}\{[k_{d,i}]\}$
- Viskose Reibparameter der Gelenke: $\tilde{\mu}_v = \mathrm{diag}\{[\mu_{v,i}]\}$

Aus Definition (8.16b) der Regelfehler und unter Berücksichtigung der Getriebeübersetzungen stellen sich die abtriebsseitigen Gelenkwinkel aus abtriebsseitigen Sollwertverläufen und antriebsseitigen Regelfehlern dar gemäß

$$
\begin{aligned}
\boldsymbol{\theta} &= \tilde{N}^{-1}\,\boldsymbol{\theta}_{\mathrm{an}} = \boldsymbol{\theta}^s(t) - \tilde{N}^{-1}\,\boldsymbol{e} \\
\dot{\boldsymbol{\theta}} &= \tilde{N}^{-1}\,\dot{\boldsymbol{\theta}}_{\mathrm{an}} = \dot{\boldsymbol{\theta}}^s(t) - \tilde{N}^{-1}\,\dot{\boldsymbol{e}} \\
\ddot{\boldsymbol{\theta}} &= \tilde{N}^{-1}\,\ddot{\boldsymbol{\theta}}_{\mathrm{an}} = \ddot{\boldsymbol{\theta}}^s(t) - \tilde{N}^{-1}\,\ddot{\boldsymbol{e}}\,.
\end{aligned}
\tag{8.58}
$$

Damit lassen sich die Komponenten der Manipulator-Dynamik in Abhängigkeit von t, e und $\dot{e}$ angeben:

$$\tilde{M}^*(t,e) = \tilde{M}\underbrace{\left(\boldsymbol{\theta}^s(t) - \tilde{N}^{-1}\,\boldsymbol{e}\right)}_{\theta}$$

$$\tilde{C}^*(t,e,\dot{e}) = \tilde{C}\underbrace{\left(\boldsymbol{\theta}^s(t) - \tilde{N}^{-1}\,\boldsymbol{e}\right)}_{\theta}, \underbrace{\left(\dot{\boldsymbol{\theta}}^s(t) - \tilde{N}^{-1}\,\dot{\boldsymbol{e}}\right)}_{\dot{\theta}}$$

$$\boldsymbol{g}^*(t,e) = \boldsymbol{g}\underbrace{\left(\boldsymbol{\theta}^s(t) - \tilde{N}^{-1}\,\boldsymbol{e}\right)}_{\theta}$$

$$\boldsymbol{F}_r^*(t,\dot{e}) = \boldsymbol{F}_r\underbrace{\left(\dot{\boldsymbol{\theta}}^s(t) - \tilde{N}^{-1}\,\dot{\boldsymbol{e}}\right)}_{\dot{\theta}} = \tilde{\mu}_v\underbrace{\left(\dot{\boldsymbol{\theta}}^s(t) - \tilde{N}^{-1}\,\dot{\boldsymbol{e}}\right)}_{\dot{\theta}}$$

Wie bereits in Kap. 5 vereinbart, wird dabei nur ein viskoser Reibungsanteil berücksichtigt. Mit vektorieller Form

$$\boldsymbol{\tau}_{\text{an}}^{\text{st}} = \left(\tilde{\eta}_g\,\tilde{N}\right)^{-1}\boldsymbol{\tau}$$

von (8.10) folgt aus (5.44) und (8.19) die vektorielle Form von $\tau_{\text{an},i}^{\text{st}*}$ zu

$$\begin{aligned}
\boldsymbol{\tau}_{\text{an}}^{\text{st}*}(t,e,\dot{e},\ddot{e}) = \left(\tilde{\eta}_g\,\tilde{N}\right)^{-1}&\left(\tilde{M}^*(t,e)\,\left(\ddot{\boldsymbol{\theta}}^s(t) - \tilde{N}^{-1}\,\ddot{\boldsymbol{e}}\right)\right.\\
&\left.+\,\tilde{C}^*(t,e,\dot{e})\,\left(\dot{\boldsymbol{\theta}}^s(t) - \tilde{N}^{-1}\,\dot{\boldsymbol{e}}\right) + \boldsymbol{g}^*(t,e) + \tilde{\mu}_v\left(\dot{\boldsymbol{\theta}}^s(t) - \tilde{N}^{-1}\,\dot{\boldsymbol{e}}\right)\right).
\end{aligned} \tag{8.59}$$

Darin lassen sich Terme abspalten, in denen $\dot{e}$ oder $\ddot{e}$ als Faktor auftreten:

$$\begin{aligned}
\boldsymbol{\tau}_{\text{an}}^{\text{st}*}(t,e,\dot{e},\ddot{e}) =&\\
=&-\left(\tilde{\eta}_g\,\tilde{N}\right)^{-1}\left(\tilde{M}^*(t,e)\,\tilde{N}^{-1}\,\ddot{\boldsymbol{e}} + \left(\tilde{C}^*(t,e,\dot{e}) + \tilde{\mu}_v\right)\tilde{N}^{-1}\,\dot{\boldsymbol{e}}\right)\\
&+\left(\tilde{\eta}_g\,\tilde{N}\right)^{-1}\left(\tilde{M}^*(t,e)\,\ddot{\boldsymbol{\theta}}^s(t) + \left(\tilde{C}^*(t,e,\dot{e}) + \tilde{\mu}_v\right)\dot{\boldsymbol{\theta}}^s(t) + \boldsymbol{g}^*(t,e)\right)
\end{aligned} \tag{8.60}$$

In Störterm d_i nach (8.20b) eingesetzt ergibt in vektorieller Form

$$\boldsymbol{d}(t,e,\dot{e},\ddot{e}) = -\tilde{r}_{I_{\text{MG}}}\,\tilde{N}\,\ddot{\boldsymbol{\theta}}^s(t) - \tilde{\mu}_{v_{\text{MG}}}\,\tilde{r}_{\mu_{v_{\text{MG}}}}\,\tilde{I}_{\text{MG}}^{-1}\,\tilde{N}\,\dot{\boldsymbol{\theta}}^s(t) + \tilde{I}_{\text{MG}}^{-1}\,\boldsymbol{\tau}_{\text{an}}^{\text{st}*}(t,e,\dot{e},\ddot{e}). \tag{8.61}$$

Setzt man darin (8.60) ein, so folgt

$$\begin{aligned}
\boldsymbol{d}(t,e,\dot{e},\ddot{e}) =& -\left(\tilde{\eta}_g\,\tilde{N}\,\tilde{I}_{\text{MG}}\right)^{-1}\left(\tilde{M}^*(t,e)\,\tilde{N}^{-1}\,\ddot{\boldsymbol{e}} + \left(\tilde{C}^*(t,e,\dot{e}) + \tilde{\mu}_v\right)\tilde{N}^{-1}\,\dot{\boldsymbol{e}}\right)\\
&-\tilde{r}_{I_{\text{MG}}}\,\tilde{N}\,\ddot{\boldsymbol{\theta}}^s(t) - \tilde{\mu}_{v_{\text{MG}}}\,\tilde{r}_{\mu_{v_{\text{MG}}}}\,\tilde{I}_{\text{MG}}^{-1}\,\tilde{N}\,\dot{\boldsymbol{\theta}}^s(t)\\
&+\left(\tilde{\eta}_g\,\tilde{N}\,\tilde{I}_{\text{MG}}\right)^{-1}\left(\tilde{M}^*(t,e)\,\ddot{\boldsymbol{\theta}}^s(t) + \left(\tilde{C}^*(t,e,\dot{e}) + \tilde{\mu}_v\right)\dot{\boldsymbol{\theta}}^s(t) + \boldsymbol{g}^*(t,e)\right)
\end{aligned}$$

und weiter zusammengefasst

$$d(t, e, \dot{e}, \ddot{e}) = \left(\tilde{\eta}_g \, \tilde{N} \, \tilde{I}_{\mathrm{MG}}\right)^{-1} \left(-\tilde{M}^*(t, e) \, \tilde{N}^{-1} \, \ddot{e}\right.$$
$$\left. - \left(\tilde{C}^*(t, e, \dot{e}) + \tilde{\mu}_v\right) \tilde{N}^{-1} \, \dot{e} + p(t, e, \dot{e})\right)$$

mit

$$p(t, e, \dot{e}) = -\tilde{\eta}_g \, \tilde{N}^2 \, \tilde{I}_{\mathrm{MG}} \left(\tilde{r}_{I_{\mathrm{MG}}} \, \ddot{\theta}^s(t) + \tilde{\mu}_{v_{\mathrm{MG}}} \, \tilde{r}_{\mu_{v_{\mathrm{MG}}}} \, \tilde{I}_{\mathrm{MG}}^{-1} \, \dot{\theta}^s(t)\right)$$
$$+ \tilde{M}^*(t, e) \, \ddot{\theta}^s(t) + \left(\tilde{C}^*(t, e, \dot{e}) + \tilde{\mu}_v\right) \dot{\theta}^s(t) + g^*(t, e). \tag{8.62}$$

Für (8.20a) ergibt sich die vektorielle Form zu

$$\tilde{E} \, \ddot{e} + \tilde{I}_{\mathrm{MG}}^{-1} \left(\tilde{k}_d + \tilde{\mu}_{v_{\mathrm{MG}}}\right) \dot{e} + \tilde{I}_{\mathrm{MG}}^{-1} \, \tilde{k}_p \, e = d(t, e, \dot{e}, \ddot{e}). \tag{8.63}$$

Setzt man darin d ein und multipliziert die Gleichung mit $\tilde{\eta}_g \, \tilde{I}_{\mathrm{MG}}$ von links durch, so folgt

$$\tilde{\eta}_g \, \tilde{I}_{\mathrm{MG}} \, \ddot{e} + \tilde{\eta}_g \left(\tilde{k}_d + \tilde{\mu}_{v_{\mathrm{MG}}}\right) \dot{e} + \tilde{\eta}_g \, \tilde{k}_p \, e$$
$$= -\tilde{N}^{-1} \, \tilde{M}^*(t, e) \, \tilde{N}^{-1} \, \ddot{e} - \tilde{N}^{-1} \left(\tilde{C}^*(t, e, \dot{e}) + \tilde{\mu}_v\right) \tilde{N}^{-1} \, \dot{e} + \tilde{N}^{-1} \, p(t, e, \dot{e})$$
$$\Longleftrightarrow \quad \left(\tilde{\eta}_g \, \tilde{I}_{\mathrm{MG}} + \tilde{N}^{-1} \, \tilde{M}^*(t, e) \, \tilde{N}^{-1}\right) \ddot{e}$$
$$+ \left(\tilde{\eta}_g \left(\tilde{k}_d + \tilde{\mu}_{v_{\mathrm{MG}}}\right) + \tilde{N}^{-1} \left(\tilde{C}^*(t, e, \dot{e}) + \tilde{\mu}_v\right) \tilde{N}^{-1}\right) \dot{e} + \tilde{\eta}_g \, \tilde{k}_p \, e$$
$$= \tilde{N}^{-1} \, p(t, e, \dot{e}).$$

Um zu einer übersichtlicheren Form zu gelangen, werden Hilfsmatrizen eingeführt:

$$\tilde{A}(t, e) = \tilde{\eta}_g \, \tilde{I}_{\mathrm{MG}} + \tilde{N}^{-1} \, \tilde{M}^*(t, e) \, \tilde{N}^{-1}$$
$$\tilde{B}(t, e, \dot{e}) = \tilde{\eta}_g \left(\tilde{k}_d + \tilde{\mu}_{v_{\mathrm{MG}}}\right) + \tilde{N}^{-1} \left(\tilde{C}^*(t, e, \dot{e}) + \tilde{\mu}_v\right) \tilde{N}^{-1} \tag{8.64}$$
$$\tilde{D} = \tilde{\eta}_g \, \tilde{k}_p.$$

Anmerkung 8.8. Systemmatrizen $\tilde{A}$ und $\tilde{D}$ sind symmetrisch und für $\tilde{k}_p > 0$ positiv definit. $\qquad\square$

Durch Einsetzen von $\tilde{A}$, $\tilde{B}$ und $\tilde{D}$ erhält man schließlich die gesuchte Fehler-Differenzialgleichung des PD-geregelten Manipulators zu

$$\tilde{A}(t, e) \, \ddot{e} + \tilde{B}(t, e, \dot{e}) \, \dot{e} + \tilde{D} \, e = \tilde{N}^{-1} \, p(t, e, \dot{e}). \tag{8.65a}$$

Es handelt sich dabei um eine nichtlineare und, wegen der Zeitabhängigkeit, *nichtautonome* Fehler-Differenzialgleichung. Wegen $\tilde{A} > 0$ existiert stets $\tilde{A}^{-1}$ und man erhält die nach $\ddot{e}$ aufgelöste Form

$$\ddot{e} = \tilde{A}(t, e)^{-1} \left(\tilde{N}^{-1} \, p(t, e, \dot{e}) - B(t, e, \dot{e}) \, \dot{e} - \tilde{D} \, e\right). \tag{8.65b}$$

Damit taucht – wie eingangs gefordert – die höchste zeitliche Ableitung $\ddot{e}$ nur noch isoliert auf. Die rechte Seite des Differenzialgleichungssystems ist nur von Systemzuständen (und eben nicht mehr von $\ddot{e}$) abhängig. Diese nach der höchsten zeitlichen Ableitung $\ddot{e}$ aufgelöste Darstellung des Differenzialgleichungssystems nennt man *explizite Form*. Sie bietet gegenüber der *impliziten Form* (8.20) viele Vorteile bei der numerischen Berechnung bzw. Simulationen von Lösungen sowie bei analytisch durchgeführten Stabilitätsanalysen.

Beispiel 8.11. Fortsetzung von Beispiel 8.4: Im Fall des Manipulators mit nur einem Gelenk reduzieren sich die Komponenten der Manipulator-Bewegungsgleichung auf Skalare: Die Massenmatrix besteht nur aus einem Trägheitsmoment: $\tilde{M} = I$. Kreiselkräftematrix $\tilde{C}$ entfällt ganz. Der Gravitationsvektor ist durch $\boldsymbol{g} = G \cos(\theta)$ gegeben und für die Reibung gilt $\tilde{F}_r = \mu_v \dot{\theta}$. Damit folgt p nach (8.62) zu

$$p(t, e, \dot{e}) = -\eta_g N^2 I_{\mathrm{MG}} \left(r_{I_{\mathrm{MG}}} \ddot{\theta}^s(t) + \frac{\mu_{v_{\mathrm{MG}}} r_{\mu_{v_{\mathrm{MG}}}}}{I_{\mathrm{MG}}} \dot{\theta}^s(t) \right)$$
$$+ I \ddot{\theta}^s(t) + G \cos(\theta^s(t) - e/N) + \mu_v \dot{\theta}^s(t).$$

Die Hilfsmatrizen ergeben sich damit zu

$$\tilde{A} = \eta_g I_{\mathrm{MG}} + \frac{I}{N^2}$$
$$\tilde{B} = \eta_g (k_d + \mu_{v_{\mathrm{MG}}}) + \frac{\mu_v}{N^2}$$
$$\tilde{D} = \eta_g k_p.$$

Teilt man durch η_g, so erhält man die Bewegungsgleichung in der gesuchten Form:

$$\left(I_{\mathrm{MG}} + \frac{I}{\eta_g N^2} \right) \ddot{e} + \left(k_d + \mu_{v_{\mathrm{MG}}} + \frac{\mu_v}{\eta_g N^2} \right) \dot{e} + k_p e$$
$$\overset{!}{=} -I_{\mathrm{MG}} \left(r_{I_{\mathrm{MG}}} N \ddot{\theta}^s(t) + \frac{\mu_{v_{\mathrm{MG}}} r_{\mu_{v_{\mathrm{MG}}}} N}{I_{\mathrm{MG}}} \dot{\theta}^s(t) \right) + \frac{I}{\eta_g N} \ddot{\theta}^s(t)$$
$$+ \frac{G}{\eta_g N} \cos(\theta^s(t) - e/N) + \frac{\mu_v}{\eta_g N} \dot{\theta}^s(t) \tag{8.66}$$
$$= \left(-I_{\mathrm{MG}} r_{I_{\mathrm{MG}}} N + \frac{I}{\eta_g N} \right) \ddot{\theta}^s(t)$$
$$+ \left(-\mu_{v_{\mathrm{MG}}} r_{\mu_{v_{\mathrm{MG}}}} N + \frac{\mu_v}{\eta_g N} \right) \dot{\theta}^s(t) + \frac{G}{\eta_g N} \cos(\theta^s(t) - e/N).$$

Für das vorliegende System wurde bereits in Beispiel 8.4 mit 8.24 eine Bewegungsgleichung aufgestellt. Der Unterschied zur obigen Bewegungsgleichung 8.66 besteht lediglich in der Form: Bei 8.66 ist die rechte Seite der Differenzialgleichung nicht mehr von $\ddot{e}$ abhängig. Damit kann sie einfach in Zustandsform überführt werden.

Um die Störeinflüsse durch die Manipulator-Dynamik bewerten zu können, wird die Fehler-Differenzialgleichung im unperturbierten Fall und ohne Manipulator-Rückwirkung aufgestellt:

$$I_{\mathrm{MG}}\,\ddot{e} + (k_d + \mu_{\mathrm{vMG}})\,\dot{e} + k_p\,e = 0$$

Ein Vergleich dieses Idealfalls mit dem realen Fall (perturbiert und mit Rückwirkungen durch den Manipulator) hinsichtlich des Einflusses der Manipulator-Dynamik ergibt:

- Die Massenträgheit erhöht sich gegenüber dem Idealfall um $I/_{\eta_g\,N^2}$.
- Der Dämpfungsparameter bzw. der Reibungsparameter erhöht sich um $\mu_v/_{\eta_g\,N^2}$.
- Der Gravitationsanteil ergibt auf der rechten Seite der Fehler-Differenzialgleichung einen Störterm $\frac{G}{\eta_g\,N}\cos(\theta^s(t) - e/N)$.

Der Einfluss auf Massenträgheit und Reibung skaliert sich also mit Faktor $1/_{\eta_g\,N^2}$ herunter. Beim Gravitationsanteil beträgt dieser Faktor nur $1/_{\eta_g\,N}$. Dies bestätigt die Erkenntnis aus Abschn. 8.4.1, dass der Störeinfluss der Manipulator-Dynamik vom Gravitationsanteil dominiert wird.

Um den Störeinfluss des Gravitationsanteils weiter zu untersuchen, wird die darin enthaltene cos-Funktion als Taylor-Reihe an der Stelle $e = 0$ entwickelt:

$$\cos(\theta^s - e/N) = \cos\theta^s + \frac{e}{N}\sin\theta^s - \frac{e^2}{2\,N^2}\cos\theta^s - \frac{e^3}{3!\,N^3}\sin\theta^s + \cdots$$
$$= \cos\theta^s + e\left(\frac{\sin\theta^s}{N} - \frac{e\cos\theta^s}{2\,N^2} - \frac{e^2\sin\theta^s}{3!\,N^3} + \cdots\right)$$

Bringt man den von e abhängigen Teil der Fehler-Differenzialgleichung nach links, so folgt weiter

$$\left(I_{\mathrm{MG}} + \frac{I}{\eta_g\,N^2}\right)\ddot{e} + \left(k_d + \mu_{\mathrm{vMG}} + \frac{\mu_v}{\eta_g\,N^2}\right)\dot{e}$$
$$+ \left(k_p - \frac{G\sin\theta^s}{\eta_g\,N^2} + \frac{e\,G\cos\theta^s}{2\,\eta_g\,N^3} + \cdots\right)e$$
$$= \left(-I_{\mathrm{MG}}\,r_{I_{\mathrm{MG}}}\,N + \frac{I}{\eta_g\,N}\right)\ddot{\theta}^s + \left(-\mu_{\mathrm{vMG}}\,r_{\mu_{\mathrm{vMG}}}\,N + \frac{\mu_v}{\eta_g\,N}\right)\dot{\theta}^s + \frac{G}{\eta_g\,N}\cos\theta^s .$$

$$(8.67)$$

Für kleine $|e|$ ergibt sich daraus als „wirksame" Proportionalverstärkung näherungsweise

$$k_{p,\mathrm{wirksam}} = k_p - \frac{G\sin\theta^s}{N^2\,\eta_g} .$$

Der Gravitationsanteil der Manipulatordynamik führt damit je nach Vorzeichen von $G\sin\theta^s$ zu einer Erhöhung oder Reduzierung der wirksamen Proportionalverstärkung $k_{p,\mathrm{wirksam}}$. ◁

8.4.5.2 Stabilität

Für die Mechanik der geregelten, unperturbierten Strecke ohne Einfluss durch den Manipulator wurde in Abschn. 8.4.3 mit Satz 8.1 global asymptotische Stabilität gezeigt. Die dabei zugrundeliegende idealisierte Strecke wurde im darauffolgenden Abschn. 8.4.4 um Perturbationen erweitert. Während im unperturbierten Fall die Fehler-Differenzialgleichung autonom ist und einen Gleichgewichtspunkt im Ursprung besitzt, führen Perturbationen der Antriebsachse im Allgemeinen zu einer nichtautonomen Fehler-Differenzialgleichung ohne Gleichgewichtspunkt. In diesem Fall kann mit der betrachteten Regelungsstrategie nur gewährleistet werden, dass von jedem Anfangszustand aus, der Systemzustand nach endlicher Zeit in ein bestimmtes Gebiet $\mathcal{G}$ eindringt und dieses nicht mehr verlässt. Innerhalb von $\mathcal{G}$ treten dann Restregelbewegungen auf. Diese Stabilitätseigenschaft der globalen letztendlichen Begrenztheit wurde im Beweis zu Satz 8.2 mit der Methoden von Ljapunov nachgewiesen.

Im vorliegenden Abschnitt wurde die betrachtete Strecke um den Störeinfluss des Manipulators auf ein noch realitätsgetreueres Modell erweitert. Hierfür musste die Strecke in Darstellung (8.65a) überführt werden, bei der die Zustandsgrößen e und $\dot{e}$ von der Nicht-Zustandsgröße $\ddot{e}$ separiert sind. Analog zum vorangegangenen Fall ist die Fehler-Differenzialgleichung im Allgemeinen nichtautonom und es existieren keine Gleichgewichtspunkte. Hinzu kommt, dass die Fehler-Differenzialgleichungen der einzelnen Achsen nun nicht mehr unabhängig voneinander sind. Vielmehr liegt ein verkoppeltes Differenzialgleichungssystem vor, so dass eine getrennte Betrachtung der einzelnen Achsen nicht mehr möglich ist. Dies führt zu einer drastischen Erhöhung der Komplexität von Stabilitätsuntersuchungen.

Ein solcher Beweis ist für die hier betrachtete System-Konfiguration (bahngeregelte, perturbierte Antriebsachsen mit abtriebsseitig gegebener Soll-Bahn sowie Störeinfluss des Manipulators) in der Literatur derzeit noch nicht verfügbar, siehe auch Abschnitt **Literaturhinweise** weiter unten.

Zur Dimensionierung der Reglerparameter und Getriebeübersetzungen liegen aus der industriellen Praxis aber folgende Erfahrungswerte vor:

Praxis-Regel 1: Höhere Rückführverstärkungen führen tendenziell zu stabilerem Verhalten. Dabei müssen jedoch $k_{p,i}$ und $k_{d,i}$ gleichermaßen erhöht[26] werden.

Falls das System letztendlich begrenzt ist, reduzieren sich die Amplituden der Restregelbewegungen tendenziell mit zunehmender Größe der Rückführverstärkungen, siehe auch Praxis-Regel 3 für den eingeschwungenen Fall.

---

[26] Ausgehend von einer Anfangswahl $\mathbf{k}_{p0}$, $\mathbf{k}_{d0}$ mit strikt positiven Werten $\mathbf{k}_{p0,i} > 0$, $\mathbf{k}_{d0,i} > 0$ erhält man die Rückführverstärkungen durch Hochskalieren mit einem Faktor $\sigma > 0$: $\mathbf{k}_p = \mathbf{k}_{p0}\, \sigma$, $\mathbf{k}_d = \mathbf{k}_{d0}\, \sigma$. Mit einer ausreichend großen unteren Schranke σ erzielt man mit $\sigma \geq \underline{\sigma}$ letztendliche Begrenztheit.

Dies lässt sich anschaulich damit erklären, dass bei ausreichend hohen Ver-
stärkungen die Energie der Stellgrößen diejenige der Stördynamik dominiert.
Im Extremfall führt dies zu sogenannten *Schaltreglern*, die nur noch zwischen
Stellgrößenbeschränkungen schalten. Diese Regelungsstrategie ist nachweisbar
optimal robust gegenüber Stördynamiken, siehe [29]. Das Prinzip, Stabilität durch
ausreichend hohe Rückführverstärkungen zu erzielen, ist unter dem Namen *High-
Gain-Control* in der Regelungstechnik bekannt.

Praxis-Regel 2: Falls das System letztendlich begrenzt ist, existieren (endliche) optimale
Getriebeübersetzungen N_i^*, für die das Gebiet $\mathcal{G}$ der Restregelbewegungen eine
minimale Ausdehnung aufweist. Für $N_i > N_i^*$ ist eine Verschlechterung der Stabilitätseigenschaften zu verzeichnen.

Die Werte der optimalen Getriebeübersetzungen N_i^* werden umso größer, je geringer die Absolutwerte der Schätzfehler $r_{I_{MG,i}}$ und $r_{\mu_{v_{MG,i}}}$ und desto geringer die
maximale Amplitude von Geschwindigkeit und Beschleunigung der Sollwertver-
läufe sind.

Im Grenzfall unperturbierter Antriebsachsen gilt $N_i^* \to \infty$. Das Gebiet $\mathcal{G}$ der
Restregelbewegungen zieht sich in diesem Fall auf den Ursprung zusammen.

Praxis-Regel 3: Im eingeschwungen Zustand sind die Amplituden der Restregelbewegungen umso kleiner, je größer die Werte der Proportionalverstärkungen sind. Vergleiche hierzu auch den Sonderfall einer Lageregelung gemäß Satz 8.3.

Literaturhinweise: In der frühen Veröffentlichung [10] bleibt die Mechanik der Antriebsachsen
unberücksichtigt. Zur Bahnregelung werden dezentrale PD-Regler ohne Sollwertaufschaltung betrachtet. Es wird gezeigt, dass man durch ausreichend große differenzielle Rückführverstärkungen
$k_{d,i}$ den Bereich der Restregelbewegung begrenzen kann. Die ebenfalls in dieser Veröffentlichung
getroffene Aussage, man könne das Gebiet der Restregelbewegungen nur durch Erhöhung der
$k_{d,i}$ beliebig klein halten, wird hier durch ein relativ einfaches Gegenbeispiel widerlegt, siehe
Abb. 8.25.

In [12] wird dasselbe Regelungskonzept wie im vorliegenden Abschnitt betrachtet. Dabei werden jedoch keine Perturbationen der Antriebsachsen berücksichtigt. Aus diesem Grund geht der
Sollwertverlauf nicht in die Fehler-Differenzialgleichung ein. Folglich führen hohe Getriebeübersetzungen auch zur näherungsweisen Entkopplung der Dynamiken der einzelnen Gelenke. Eine
weitere Aussage in dieser Veröffentlichung stützt sich auf die Linearisierung der Fehler-Differenzialgleichung im Ursprung. Hierfür wird mit der Methode von Ljapunov letztendliche Begrenztheit
gezeigt. Die dafür notwendigen Bedingungen führen auf „high-gain-control".

Im aktuellen, theoretisch ausgeprägten Standardwerk der Robotik [19] bleibt in Proposition 4.10
die Mechanik der Antriebsachsen unberücksichtigt. Außerdem sind die getroffenen Stabilitätsaussagen, wie auch bei [12], nur *lokal* in einer ausreichend kleinen Umgebung des Ursprungs gültig.

Tab. 8.3 Parameterwerte für Beispiel 8.12

Armsegment 1	m_1	l_1	$\mu_{v,1}$		
	5 kg	1 m	100 mNm/rad		
Armsegment 2	m_2	l_2	$\mu_{v,2}$		
	3 kg	1 m	20 mNm/rad		
Antriebsachse 1	$\mu_{v_{MG},1}$	$I_{MG,1}$	$\eta_{g,1}$	$r_{\mu_{v_{MG}},1}$	$r_{I_{MG,1}}$
	3 mNm/rad/s	20 kg cm²	90 %	100 %	−80 %
Antriebsachse 2	$\mu_{v_{MG},2}$	$I_{MG,2}$	$\eta_{g,2}$	$r_{\mu_{v_{MG}},2}$	$r_{I_{MG,2}}$
	3 mNm/rad/s	20 kg cm²	90 %	−100 %	200 %
Anfangswerte	$e_{01,\text{abtrieb}}$	$\dot{e}_{01,\text{abtrieb}}$	$e_{02,\text{abtrieb}}$	$\dot{e}_{02,\text{abtrieb}}$	
	5.73 °	95.5 U/min	−5.73 °	95.5 U/min	
Kreisbahn	Radius	Drehgeschw.	x_M	y_M	
	0.4 m	60 U/min	0.9 m	0.9 m	

Beispiel 8.12. Mit der Kinematik und Mechanik des 2-DoF Ellenbogen-Manipulators aus Beispiel 5.8 soll im Arbeitsraum eine Kreisbahn abgefahren werden. Die Parameter dieser Soll-Bahn sowie die Parameter der Manipulatorsegmente und Antriebsachsen sind in Tab. 8.3 zusammengestellt. Dabei gilt immer $N_1 = N_2$, $k_{d,1} = k_{d,2}$ und $k_{p,1} = k_{p,2}$.

Abb. 8.22–8.25 zeigen die Ergebnisse einer kleinen Simulationsstudie, bei der immer nur ein Parameter variiert wird:

Simulationsreihe 1 aus Abb. 8.22: Dämpfungsgrad ist konstant mit $D = 1$, Getriebeübersetzungen sind konstant mit $N_1 = N_2 = 10$, Reglerparameter erhöhen sich vom oberen zum unteren Teilbild.

Simulationsreihe 2 aus Abb. 8.23: Dämpfungsgrad ist variabel, Getriebeübersetzungen wie bei Abb. 8.22, Reglerparameter $k_{p,i}$ erhöht sich vom oberen zum unteren Teilbild wie in Abb. 8.22, $k_{d,i}$ erhöht sich dabei im festen Verhältnis $k_{p,i}/k_{d,i} = 32$.

Simulationsreihe 3 aus Abb. 8.24: Reglerparameter sind konstant wie im oberen Teilbild von Abb. 8.22, Getriebeübersetzungen erhöhen sich vom oberen zum unteren Teilbild.

Simulationsreihe 4 aus Abb. 8.25: Getriebeübersetzungen sind konstant mit $N_1 = N_2 = 10$, Reglerparameter $k_{d,i}$ erhöht sich vom oberen zum unteren Teilbild, wobei $k_{p,i}$ konstant bleibt.

Jede Zeile von Abb. 8.22–8.25 zeigt eine Simulation. In der jeweils linken Spalte ist im Arbeitsraum der Weg des Endeffektors als durchgezogene Linie dargestellt. Der Startpunkt ist durch einen fetten Punkt gekennzeichnet. Die Soll-Bahn ist grau, gestrichelt eingetragen. In der jeweils rechten Spalte ist Norm $\|e_{\text{ab}}\| = \sqrt{e_{1,\text{ab}}{}^2 + e_{2,\text{ab}}{}^2}$ des abtriebsseitigen Regelfehlers im Gelenkraum dargestellt. Die graue, fette, gestrichelte Linie kennzeichnet den maximalen Wert r von $\|e_{\text{ab}}\|$ im eingeschwungenen Zustand. In der eingefügten Legende sind die zugehörigen Werte von $k_{d,i}$, $k_{p,i}$, N_i und D eingetragen.

Im Folgenden wird für *letztendliche Begrenztheit* kurz *Stabilität* verwendet, da dabei keine Verwechslungsgefahr mit *Stabilität im Sinne von Ljapunov* besteht.

Der Bereich der Restregelbewegungen umfasst mit

$$\{e_{1,\text{ab}}(t), e_{2,\text{ab}}(t), \dot{e}_{1,\text{ab}}(t), \dot{e}_{2,\text{ab}}(t)\}$$

eigentlich vier Dimensionen. Im Folgenden werden davon jedoch nur die beiden Dimensionen $\{e_{1,\text{ab}}(t), e_{2,\text{ab}}(t)\}$ betrachtet; der zugehörige Bereich wird kurz als Bereich der Restregelbewegungen bezeichnet. Die Amplitude dieser Restregelbewegung ist mit r ebenfalls in der Legende aufgeführt.

Simulationsreihe 1: Die Ergebnisse der ersten Simulationsreihe zeigt Abb. 8.22. Bei allen darin enthaltenen Simulationen sind die Reglerparameter immer so gewählt, dass sich als Dämpfungsrad gerade $D = 1$ ergibt. Der variierende Parameter ist dabei $k_{d,i}$. Man erkennt an den oberen beiden Teilplots, dass der Bereich der Restregelbewegungen mit zunehmender Größe der Reglerparameter schrumpft, siehe Praxis-Regel 1.

Für $k_{d,i} = 2.5583$ Nm·s/rad ist das System jedoch instabil, wie der untere Teilplot zeigt. Auch für höhere Werte von $k_{d,i}$ ist das System instabil. Dies liegt daran, dass die Geschwindigkeitsverstärkungen, verglichen mit den Proportionalverstärkungen, nur sehr gering ansteigen. Das in Praxis-Regel 1 geforderte *gleichmäßige* Ansteigen beider Reglerparameter ist hier nicht erfüllt.

Wegen den verhältnismäßig geringen Geschwindigkeitsverstärkungen treten betragsmäßig hohe Werte für die Regelfehler-Geschwindigkeiten $\dot{e}$ auf. Die Geschwindigkeiten gehen über Kreiselkräfte und -momente nichtlinear in die Fehler-Differenzialgleichung ein und können so schnell zur Destabilisierung führen. Siehe auch Simulationsreihe 4 aus Abb. 8.25, bei der $k_{p,i}$ konstant bleibt und $k_{d,i}$ erhöht wird.

Simulationsreihe 2: In der zweiten Simulationsreihe aus Abb. 8.23 werden die Reglerparameter im gleichen Verhältnis $k_{p,i}/k_{d,i} = 32$ erhöht. Dabei wurden dieselben Werte für $k_{p,i}$ wie bei der ersten Simulationsreihe aus Abb. 8.22 verwendet. Man erkennt, dass die Stabilitätseigenschaften mit zunehmenden Werten der Reglerparameter besser werden (siehe Praxis-Regel 1). Im Vergleich zur ersten Simulationsreihe fällt auf, dass im stabilen Fall die Amplituden r der Restregelbewegungen nahezu identisch sind. Dies bestätigt obige Praxis-Regel 3.

Simulationsreihe 3: Die dritte Simulationsreihe aus Abb. 8.24 untersucht den Einfluss der Getriebeübersetzungen bei konstanten Reglerparametern. Dabei wurden die Reglerparameter aus dem oberen Teilplot der ersten Simulationsreihe aus Abb. 8.22 verwendet. Man erkennt, dass sich Amplitude r der Restregelbewegungen bei Erhöhung der Getriebeübersetzungen von $N_i = 10$ im oberen Teilplot auf $N_i = 115$ mit mittleren Teilplot deutlich verbessert. Jede weitere Erhöhung der Getriebeübersetzungen führt jedoch zu einer geringfügigen Erhöhung der Amplitude der Restregelbewegungen. Einen solchen Fall zeigt der unterste Teilplot mit $N = 2000$. Dies bestätigt obige Praxis-Regel 2.

Simulationsreihe 4: In der vierten Simulationsreihe aus Abb. 8.25 wird der Fall betrachtet, dass $k_{d,i}$ variiert und $k_{p,i}$ konstant bleibt. Man erkennt, dass sich in allen Fällen ein instabiles Verhalten einstellt. Dies bestätigt Praxis-Regel 1, wonach beide Reglerparameter $k_{p,i}$ und $k_{d,i}$ gleichermaßen erhöht werden müssen, um die Stabilitätseigenschaften des Systems zu verbessern.   ◁

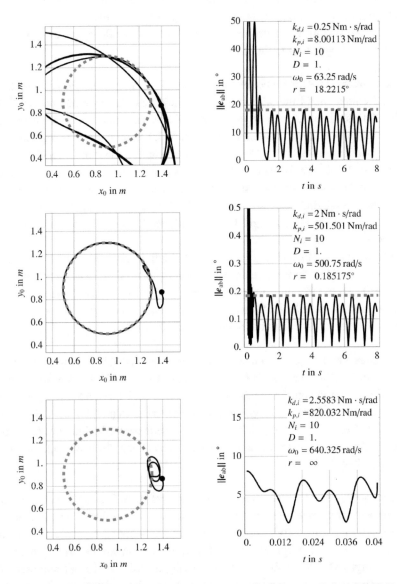

Abb. 8.22 Simulationsreihe 1 zur Regelung des 2-DoF Manipulators aus Beispiel 8.12 für $N_1 = N_2 = 10$ und konstante Dämpfung $D = 1$. Variiert wird $k_{d,i}$. Der unterste Fall ist instabil

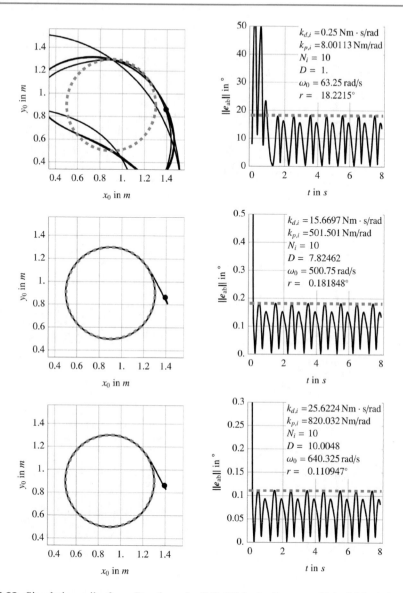

Abb. 8.23 Simulationsreihe 2 zur Regelung des 2-DoF Manipulators aus Beispiel 8.12 für $N_1 = N_2 = 10$ und konstantem Verhältnis $k_{p,1}/k_{d,1} = k_{p,2}/k_{d,2} = 32$. Es werden die Werte für $k_{p,i}$ aus Abb. 8.22 verwendet

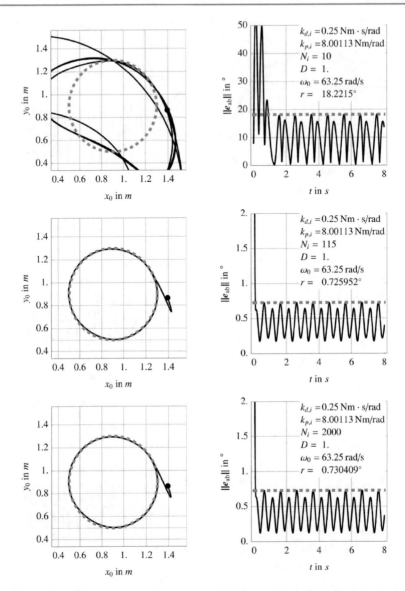

Abb. 8.24 Simulationsreihe 3 zur Regelung des 2-DoF Manipulators aus Beispiel 8.12 mit konstanten Reglerparametern und variierten Getriebeübersetzungen

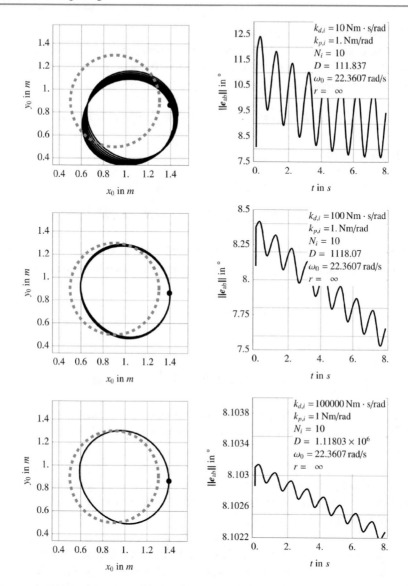

Abb. 8.25 Simulationsreihe 4 zur Regelung des 2-DoF Manipulators aus Beispiel 8.12 für $N_1 = N_2 = 10$ bei variierenden $k_{d,i}$ und konstantem $k_{p,i}$. Alle dargestellten Simulationen sind instabil

8.4.5.3 Sonderfall Lageregelung

Falls anstelle einer Soll-Bahn nur ein konstanter Sollwert vorliegt, reduziert sich die Bahn-regelung auf eine Lageregelung. Wegen $\dot{\theta}^s = \ddot{\theta}^s = 0 \iff \theta^s = \text{const}$ reduziert sich Fehler-Differenzialgleichung (8.65a) zu

$$\tilde{A}(\theta^s, e)\,\ddot{e} + \tilde{B}(\theta^s, e, \dot{e})\,\dot{e} + \tilde{D}\,e = \tilde{N}^{-1}\,g\big(\theta^s - \tilde{N}^{-1}\,e\big) \tag{8.68}$$

mit $\tilde{A}$ und $\tilde{B}$ aus (8.64) gemäß

$$\tilde{A}(\theta^s, e) = \tilde{\eta}_g\,\tilde{I}_{\mathrm{MG}} + \tilde{N}^{-1}\,\tilde{M}\big(\theta^s - \tilde{N}^{-1}\,e\big)\,\tilde{N}^{-1}$$

$$\tilde{B}(\theta^s, e, \dot{e}) = \tilde{\eta}_g\Big(\tilde{k}_d + \tilde{\mu}_{v\mathrm{MG}}\Big) + \tilde{N}^{-1}\Big(\tilde{C}\big(\theta^s - \tilde{N}^{-1}\,e\,,\,\tilde{N}^{-1}\,\dot{e}\big) + \tilde{\mu}_v\Big)\,\tilde{N}^{-1}.$$

Zur Analyse potenzieller Gleichgewichtslagen wird darin $e = e^\infty$, $\dot{e} = \dot{e}^\infty = 0$, $\ddot{e} = \ddot{e}^\infty = 0$ gesetzt. Aufgelöst folgt eine bezüglich dem bleibenden Regelfehler e^∞ implizite Gleichung

$$e^\infty = \tilde{D}^{-1}\,\tilde{N}^{-1}\,g\big(\theta^s - \tilde{N}^{-1}\,e^\infty\big).$$

Mit $\tilde{D}$ aus (8.64) ergibt sich weiter

$$e^\infty = \Big(\tilde{\eta}_g\,\tilde{k}_p\,\tilde{N}\Big)^{-1}\,g\big(\theta^s - \tilde{N}^{-1}\,e^\infty\big) = \text{const}. \tag{8.69}$$

Diese implizite Gleichung lässt sich im Allgemeinen nicht explizit nach e^∞ auflösen, da e^∞ in g als Funktion trigonometrischer Funktionen eingeht. Man kann aber folgende Sachverhalte zeigen:

Satz 8.3. *Das lagegeregelte System (8.68) besitzt stets eine Gleichgewichtslage.*

Dabei führen steigende Werte von $k_{p,i}$ und N_i zur Reduzierung des Betragsquadrats $\|e^\infty\|^2$ des bleibenden Regelfehlers.

Die erste Aussage dieses Satzes bedeutet, dass implizite Gleichung (8.69) stets eine Lösung besitzt. Man erhält mit physikalischen Betrachtungen eine verhältnismäßig einfache Begründung dafür: Der PD-lagegeregelte Manipulator entspricht einem Manipulator, bei dem die Gelenkantriebe durch (passive) lineare Feder-Dämpfer-Systeme ausgetauscht sind, siehe Abschn. 8.4.3. Die einzigen externen Kräfte und Momente werden bei dieser Betrachtung also durch Gravitation verursacht. Aufgrund der Dämpfer dissipiert das System bei jeder Bewegung Energie. Dies führt zu einem Einschwingvorgang mit abklingenden Geschwindigkeiten und Konvergenz gegen einen Gleichgewichtspunkt. Darin kompensieren die Federrückholkräfte vollständig die Gravitationskräfte, das heißt es ist der statische Fall erreicht, siehe auch Beispiel **??**. Die Existenz einer Lösung e^∞ in (8.69) ist damit gesichert.

Aus der technischen Mechanik ist bekannt: Je steifer die Federn, desto größer die zugehörigen Rückholkräfte und -momente, und desto kleiner die bleibenden Regelfehler. Die
Steifigkeit der Feder von Gelenk i ist dabei proportional zu $k_{p,i}$. Analog gilt: Je größer
die Getriebeübersetzung N_i, desto größer die abtriebsseitig wirkende Rückholkraft der
zugehörigen Feder, und desto kleiner der bleibende Regelfehler.

Eine mathematische Beweisführung von Satz 8.3 ist verhältnismäßig aufwendig:
Beweis Nach Annahme (zu Beginn des Kapitels) sind nur Drehgelenke vorhanden. Daher treten in
den Komponenten g_i die Komponenten e_i^∞ ausschließlich als Argument von sin- und cos-Funktio-
nen auf. Jede Komponente g_i ist also betragsmäßig beschränkt.

In der letzten Gleichung von (8.69) ist aus mechanischen Gründen die rechte Seite nur von der
letzten Komponente e_n^∞ abhängig. Wegen Beschränktheit von g_n existiert (nach dem Mittelwertsatz)
also stets eine Lösung für e_n^∞.

In der vorletzten Gleichung von (8.69) ist die rechte Seite aus mechanischen Gründen nur von
der eben berechneten Komponente e_n^∞ sowie von e_{n-1}^∞ abhängig. Setzt man in diese Gleichung
den berechneten Wert von e_n^∞ ein, so hängt die Gleichung nur noch von e_{n-1}^∞ ab. Mit dem selben
Argument wie oben zeigt man hierfür ebenfalls die Existenz einer Lösung. Setzt man dieses Lösungsverfahren fort, gelangt man zu einer vollständigen Lösung e^∞. Damit folgt die erste Aussage
von Satz 8.3.

Aus der Beschränktheit der Komponenten g_i folgt Abschätzung

$$\|g(\bullet)\|^2 \le c = \text{const} \quad \text{mit ausreichend großem } c > 0 \,.$$

Wegen

$$\|e^\infty\|^2 = e^{\infty^T} e^\infty = g(\bullet)^T \left(\tilde{\eta}_g \, \tilde{k}_p \, \tilde{N} \right)^{-2} g(\bullet) \le \frac{c}{\left(\min\limits_i (k_{p,i} \, \eta_{g,i} \, N_i) \right)^2}$$

führen steigende Werte von $k_{p,i}$ und N_i zur Reduzierung von $\|e^\infty\|^2$. Damit folgt auch die zweite
Aussage von Satz 8.3. ∎

High-Gain-Control reduziert also nicht nur die Amplituden der Restregelbewegungen
im Falle einer Bahnregelung (siehe Praxis-Regel 1 aus Abschn. 8.4.5.2), sondern auch den
bleibenden Regelfehler im Sonderfall einer Lageregelung.

8.4.5.4 Gewichtsaufschaltung

In den vorangegangenen Ausführungen wurde für die Regelung als Modellwissen lediglich das mechanische Modell der Antriebsachsen benötigt. Damit wurde eine modellbasierte Sollwertaufschaltung nach (8.14) realisiert. Schätzfehler der Modellparameter
schlagen sich auf der rechten Seite von Fehler-Differenzialgleichung (8.65a) in Störgrößen

$$-\tilde{\eta}_g \, \tilde{I}_{\mathrm{MG}} \, \tilde{r}_{I_{\mathrm{MG}}} \, \tilde{N} \, \ddot{\boldsymbol{\theta}}^s(t) - \tilde{\eta}_g \, \tilde{\mu}_{v_{\mathrm{MG}}} \, \tilde{r}_{\mu_{v_{\mathrm{MG}}}} \, \tilde{N} \, \dot{\boldsymbol{\theta}}^s(t) \qquad (8.70)$$

nieder. Man erkennt, dass diese Störgrößen proportional zu den relativen Schätzfehlern
sind. Je besser die Parameteridentifikation, desto betragsmäßig geringer werden also die
relativen Schätzfehler und damit der Störgrößeneinfluss.

Daneben besteht noch ein Störeinfluss durch die Manipulator-Mechanik. Während der Einfluss von Trägheit und Reibung der Antriebsachsen bereits weitgehend durch die Sollwertaufschaltung kompensiert wird, müssen die vom Manipulator verursachten Störmomente- und kräfte voll vom Regler kompensiert werden.

Liegt jedoch Modellwissen der Manipulator-Mechanik vor, so kann der zugehörige Störeinfluss durch eine modellbasierte Aufschaltung ebenfalls reduziert werden. Dies entlastet die PD-Regler.

Eine dafür notwendige Identifikation aller Modellparameter der Manipulator-Mechanik stellt in der industriellen Praxis jedoch oft einen zu großen Aufwand dar. Außerdem steigen dadurch die Rechenkosten der implementierten Regelung stark an. Wie bereits in Abschn. 8.4.1 dargestellt, kann man durch hohe Getriebeübersetzungen N_i den von Trägheits- und Kreiselkräften ausgeübten Störgrößenanteil stark reduzieren. Da in der Regel Reibungskräfte von Haus aus relativ gering ausfallen, verbleiben Gravitationseinflüsse als dominante Störgrößen, vergleiche auch Beispiel 8.11.

Verglichen mit dem vollständigen Mechanikmodell des Manipulators, ist das Modell des Gravitationsvektors g eher einfach. Die benötigten Modellparameter lassen sich im Vergleich zu den Modellparametern von Massenmatrix und Kreiselkräftematrix relativ einfach bestimmen: Kinematische Parameter sowie Massen und Schwerpunkte können aus dem CAD-System der mechanischen Konstruktion ausgelesen werden. Sie stimmen in der Regel sehr gut mit den tatsächlichen Werten überein. Für präzise Regelungen wird daher der Aufwand einer modellbasierten Gewichtsaufschaltung (Synonyme: Gewichtskompensation, Gravitationskompensation) oft in Kauf genommen:

Hierfür wird Stellgröße (8.13) von Gelenk i um den zusätzlichen Summanden

$$\tau_{\mathrm{an},i}^{g} = \frac{\hat{g}_i(\boldsymbol{\theta})}{N_i\,\eta_{g,i}} = \frac{\hat{g}_i(\boldsymbol{\theta}^s(t) - \tilde{N}^{-1}\boldsymbol{e})}{N_i\,\eta_{g,i}} = \frac{\hat{g}_i^*(t,\boldsymbol{e})}{N_i\,\eta_{g,i}} \tag{8.71}$$

erweitert zu

$$\begin{aligned}
\tau_{M,i} &= \tau_{\mathrm{an},i}^{s} + \tau_{\mathrm{an},i}^{r} + \tau_{\mathrm{an},i}^{g} \\
&= \hat{I}_{\mathrm{MG},i}\,N_i\,\ddot{\theta}_i^s + \hat{\mu}_{v\mathrm{MG},i}\,N_i\,\dot{\theta}_i^s + k_{p,i}\,e_i + k_{d,i}\,\dot{e}_i + \frac{\hat{g}_i^*(t,\boldsymbol{e})}{N_i\,\eta_{g,i}} .
\end{aligned} \tag{8.72}$$

Dieser zusätzliche Summand ist in Signalflussplan 8.6 schraffiert unterlegt gekennzeichnet.

Analog zur Definition der Perturbationen von $I_{\mathrm{MG},i}$ und $\mu_{v\mathrm{MG},i}$ nach (8.15) soll die geschätzte Komponente $\hat{g}_i$ des Gravitationsvektors $\hat{g}$ mit der exakten (aber unbekannten) Komponente g_i über relative Schätzfehler zusammenhängen. Dabei ist zu beachten, dass g_i von kinematischen Parametern, Massen und Schwerpunktpositionen abhängt, so dass mehr als nur ein relativer Schätzfehler notwendig wäre. Eine entsprechende Detaillierung ist an dieser Stelle jedoch nicht notwendig. Vielmehr genügt es, alle enthaltenen Perturbationen im Form einer absoluten Abweichung

$$\Delta g_i^*(t, e) = \hat{g}_i^*(t, e) - g_i^*(t, e)$$

zusammenzufassen. Damit modifiziert sich Störterm p aus (8.62) zu

$$
\begin{aligned}
p(t, e, \dot{e}) &= -\tilde{\eta}_g \, \tilde{N}^2 \, \tilde{I}_{\text{MG}} \left(\tilde{r}_{I_{\text{MG}}} \, \ddot{\theta}^s(t) + \tilde{\mu}_{v_{\text{MG}}} \, \tilde{r}_{\mu_{v_{\text{MG}}}} \, \tilde{I}_{\text{MG}}^{-1} \, \dot{\theta}^s(t) \right) \\
&\quad + \tilde{M}^*(t, e) \, \ddot{\theta}^s(t) + \left(\tilde{C}^*(t, e, \dot{e}) + \tilde{\mu}_v \right) \dot{\theta}^s(t) + \underbrace{g^*(t, e) - \hat{g}^*(t, e)}_{-\Delta g^*(t, e)} \, . \qquad (8.73)
\end{aligned}
$$

Der gravitationsbedingte Störeinfluss des Manipulators wirkt also nur noch mit Δg^* in die Dynamik des Regelfehlers ein. Dies reduziert bei einer Bahnregelung die Ausdehnung der Amplituden der Restregelbewegungen und bei Lageregelung den Betrag des bleibenden Regelfehlers.

Letzterer Effekt kann einfach analysiert werden: Analog zu (8.69) erfordert ein Gleichgewichtspunkt bei Lageregelung $\ddot{e}^\infty = \dot{e}^\infty = \ddot{\theta}^s = \dot{\theta}^s = 0$. Damit folgt aus Fehler-Differenzialgleichung (8.65a)

$$e^\infty = - \left(\tilde{k}_p \, \tilde{\eta}_g \, \tilde{N} \right)^{-1} \Delta g \left(\theta^s - \tilde{N}^{-1} e^\infty \right) . \qquad (8.74)$$

Im Unterschied zu (8.69) wird der *bleibende Regelfehler* nur noch von $\Delta g(\bullet)$ bestimmt. Da $g(\bullet)$ beschränkt und stetig ist, gilt dies bei einem Manipulator mit ausschließlich Rotationsgelenken auch für $\Delta g(\bullet)$. Damit können die Aussagen von Satz 8.3 zu (8.69) auf (8.74) übertragen werden, das heißt

- es existiert stets eine Lösung e^∞ und
- steigende Werte von $k_{p,i}$ und N_i reduzieren das Betragsquadrat $\|e^\infty\|$ des Restregelfehlers.

Der eigentliche Zweck einer Gewichtsaufschaltung liegt aber in folgender zusätzlicher Eigenschaft:

- Je kleiner Modellabweichung Δg des Gravitationsvektors, desto kleiner das Betragsquadrat $\|e^\infty\|$ des Regelfehlers.

Gegenüber dem Fall ohne Gewichtsaufschaltung kann also das Betragsquadrat des bleibenden Regelfehlers auch ohne Vergrößerung von Proportionalverstärkungen $k_{p,i}$ und Getriebeübersetzungen N_i reduziert werden. Dies stellt einen erheblichen Vorteil dar, da zum einen hohe Getriebeübersetzungen den Einfluss der Störterme der Antriebsachsen (8.70) erhöhen und mit hohen Getriebeverlusten einhergehen. Zum anderen führen hohe Proportionalverstärkungen zur Anregung mechanischer Eigenfrequenzen, siehe Abschn. 8.4.6.2.

Anmerkung 8.9. Gewichtsaufschaltung (8.71) verwendet bei $\hat{g}_i$ als Argument die abtriebsseitigen Ist-Winkel $\boldsymbol{\theta}$, nicht die Soll-Winkel $\boldsymbol{\theta}^s$. Die Gewichtsaufschaltung ist daher auch keine Vorsteuerung. Vielmehr erweitert sie den PD-Regler um einen nichtlinearen Anteil.

Würde man alternativ zu (8.71) eine Gewichts-Sollwertaufschaltung gemäß

$$\tau_{\text{an},i}^g = \frac{\hat{g}_i\left(\theta_i^s(t)\right)}{N_i\,\eta_{g,i}}$$

verwenden, so ginge anstelle von

$$\hat{\boldsymbol{g}}(\boldsymbol{\theta}) - \boldsymbol{g}(\boldsymbol{\theta}) = \Delta\boldsymbol{g}(\boldsymbol{\theta}) \quad \text{(bei Gewichtsaufschaltung)}$$

Differenz

$$\hat{\boldsymbol{g}}(\boldsymbol{\theta}^s) - \boldsymbol{g}(\boldsymbol{\theta}) \quad \text{(bei Gewichts-Sollwertaufschaltung)}$$

in die Fehler-Differenzialgleichung ein. Insbesondere für große Regelfehler ist $\|\hat{\boldsymbol{g}}(\boldsymbol{\theta}^s) - \boldsymbol{g}(\boldsymbol{\theta})\|$ deutlich größer als $\|\Delta\boldsymbol{g}(\boldsymbol{\theta})\|$. Damit wird die Regelfehler-Dynamik bei einer Gewichtsaufschaltung weniger beeinflusst als bei einer Gewichts-Sollwertaufschaltung.

Außerdem sollte im Idealfall, das heißt bei verschwindenden Perturbationen, die Regelfehler-Dynamik nicht mehr von Gravitation beeinflusst werden. Dies trifft nur für die Gewichtsaufschaltung zu.   □

Beispiel 8.13. Fortsetzung von Beispiel 8.11: Beim Manipulator mit nur einem Drehgelenk wird eine Gewichtsaufschaltung eingeführt. Gemäß (8.72) erweitert sich damit Stellgröße (8.23) zu

$$\tau_M = \tau_{\text{an}}^s + \tau_{\text{an}}^r + \tau_{\text{an}}^g$$

$$= \underbrace{N\left(\hat{I}_{\text{MG}}\,\ddot{\theta}^s + \hat{\mu}_{\text{v}_{\text{MG}}}\,\dot{\theta}^s\right)}_{\text{Sollwertaufschaltung}} + \underbrace{k_p\,e + k_d\,\dot{e}}_{\text{PD-Regler}} + \underbrace{\frac{\hat{G}}{N\,\eta_g}\,\cos\left(\theta^s(t) - e/N\right)}_{\text{Gewichtsaufschaltung}}.$$

Man erhält die zugehörige Fehler-Differenzialgleichung, indem man in (8.67) Parameter G durch $-\Delta G = \hat{G} - G$ ersetzt.

Mit den Parametern aus Tab. 8.1, einer Getriebeübersetzung $N = 10$ und einem absoluten Schätzfehler $\Delta G = 0.1\,\text{Nm}$ ergeben sich im perturbierten Fall die in Abb. 8.26 dargestellten Verläufe. Zum Vergleich sind auch die Verläufe ohne Gewichtsaufschaltung aus Abb. 8.8 eingetragen. Aus dem unteren rechten Teilbild erkennt man, dass das Störmoment des Manipulators vom Gewichtsanteil dominiert und somit durch die Gewichtsaufschaltung fast vollständig kompensiert wird.   ◁

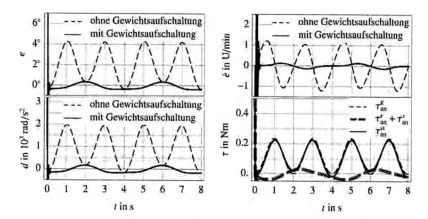

Abb. 8.26 Regelkreis des einachsigen Manipulators aus Beispiel 8.4 mit Getriebeübersetzung $N = 10$ und Gewichtsaufschaltung. Zum Vergleich ist auch das Einschwingverhalten ohne Gewichtsaufschaltung eingetragen. Siehe auch Bildunterschrift zu Abb. 8.7

8.4.6 Wichtige technologische Einschränkungen der Regelgüte

Im vorliegenden Abschn. 8.4 der dezentralen Regelung von Gelenkachsen wurden bislang stillschweigend folgende idealisierende Annahmen getroffen:

- Es bestehen keine Beschränkungen der Stellgrößen (im vorliegenden Fall durch Motormomente $\tau_{M,i}$ gegeben).
- Die Mechanik von Manipulator und Antriebsachsen besteht aus starren, das heißt nicht schwingungsfähigen Körpern.
- Position und Geschwindigkeit der Gelenke können fehlerfrei gemessen werden.

In realen Systemen können diese Annahmen nicht aufrecht erhalten werden, da die damit verbundenen Effekte einen dominanten Einfluss ausüben können. Dies soll im Folgenden erläutert werden.

8.4.6.1 Stellgrößenbeschränkungen
Nach Praxis-Regel 1 aus Abschn. 8.4.5.2 kann letztendliche Begrenztheit im Falle einer Bahnregelung hohe Werte für die Rückführverstärkungen bzw. Reglerparameter erfordern. Ein solches High-Gain-Control führt außerdem zur Reduzierung der Ausdehnung des Gebiets der Restregelbewegungen. Analog reduziert, nach Satz 8.3 im Fall einer Lageregelung, High-Gain-Control den Betrag des bleibenden Regelfehlers.

Die zulässige Größe der Reglerparameter wird dabei jedoch durch ein stets beschränktes Motormoment der Gelenkantriebe eingeschränkt: Über PD-Regelgesetz (8.17) gehen die Reglerparameter $k_{p,i}$ und $k_{d,i}$ linear in das zugehörige Motormoment $\tau_{M,i}$ ein. Daraus wird klar, dass große $k_{p,i}$ und $k_{d,i}$ bei gleichzeitig großen Regelfehlern e_i, $\dot{e}_i$ zu großen Motormomenten führen. Jeder Motor unterliegt aber einer Drehmomentbegrenzung

$$|\tau_{M,i}| \leq \overline{\tau}_{M,i} \;.$$

Gerät der Regler in diese Drehmomentbegrenzung, das heißt gilt $|\tau_{M,i}| > \overline{\tau}_{M,i}$, so verliert das Gelenk im besten Fall sein durch Regelung eingestelltes, gewünschtes Einschwingverhalten. Im schlimmsten Fall kann dies sogar zur Destabilisierung des Gesamtsystems führen.

8.4.6.2 Resonanzen

Die Gelenkregler können mit der Mechanik der Antriebsachsen, der Mechanik des Manipulators und dem Soll-Bahnverlauf in Resonanz treten. Dieser dynamische Effekt verursacht unerwünschte Schwingungen mit verhältnismäßig hohen Frequenzen und Amplituden. Die Schwingungen finden in der Regel im vom Menschen hörbaren Frequenzbereich statt und führen durch Wechselbiegebelastungen zu mechanischer Ermüdung bis hin zur Zerstörungen (Bruch).

Um Resonanz zu erklären, wird zunächst der Fall der geregelten, perturbierten Strecke ohne Störeinfluss durch den Manipulator betrachtet. Die Dynamik eines Gelenks wird dann durch Fehler-Differenzialgleichung (8.42) bestimmt, die hier nochmals wiedergegeben wird. Zur Vereinfachung wird dabei Gelenkindex i weggelassen:

$$\ddot{e} + 2\,D\,\omega_0\,\dot{e} + \omega_0{}^2\,e = d(t)$$

In der Physik wird dies als *erzwungene Schwingung* bezeichnet, da im stabilen Fall nach Abklingen des Einschwingverhaltens eine von der Störfunktion $d(t)$ erzwungene Lösung verbleibt. In der Mathematik bezeichnet man diese Lösung als partikuläre Lösung. Störfunktion $d(t)$ lässt sich als Summe harmonischer Schwingungen durch eine Fourier-Reihe oder durch ein Fourier-Integral darstellen: Für periodisches $d(t)$ ergibt sich ein diskretes Spektrum, für aperiodisches $d(t)$ ein kontinuierliches Spektrum. Nach dem Superpositionsprinzip kann die partikuläre Lösung einzeln für jede in $d(t)$ enthaltene harmonische Schwingung ermittelt werden. Die Summe aller dieser partikulären Einzellösungen liefert dann die resultierende partikuläre Gesamtlösung.

Sei eine der in $d(t)$ enthaltenen harmonischen Schwingungen durch $\hat{d}\,\cos(\omega_E\,t)$ mit Amplitude $\hat{d}$ und Kreisfrequenz ω_E gegeben. Amplitude $\hat{e}$ der resultierenden partikulären Lösung kann dann zu

$$\hat{e} = \frac{\hat{d}}{\sqrt{\left(\omega_0{}^2 - \omega_E{}^2\right)^2 + \left(2\,D\,\omega_E\right)^2}}$$

berechnet werden, siehe zum Beispiel [8, Abschn. 5.1.3.3, Gl. (5-107)]. Im ungedämpften Fall $D = 0$ strebt damit $\hat{e}$ gegen unendlich für $\omega_0 \to \omega_E$. Dies bezeichnet man als *Resonanz ohne Dämpfung*.

Für Dämpfungsgrade $D > 0$ ergeben sich maximale *Amplitudenüberhöhungen* $\hat{e}/\hat{a}$ bei Kreisfrequenz

$$\omega_{\text{Res}} = \omega_0 \sqrt{1 - 2\,D^2}\,, \qquad (8.75)$$

die man als *Resonanzkreisfrequenz* bzw. kurz als *Resonanzfrequenz* bezeichnet. Den Fall $\omega_E = \omega_{\text{Res}}$ bezeichnet man als *Resonanz mit Dämpfung*. Da ω_{Res} reell sein muss, tritt dieser Fall nur für Dämpfungsgrade unterhalb der sogenannten *kritischen Dämpfung*

$$D_{\text{krit}} = \frac{1}{\sqrt{2}}$$

auf. Dämpfungen $D > D_{\text{krit}}$ bezeichnet man als *überkritische Dämpfung*. Falls also durch die Wahl der Reglerparameter $D > 1/\sqrt{2}$ eingestellt wird, gibt es keine Amplitudenüberhöhung und folglich auch keine Resonanz (verursacht durch den Regler).

Für geringe Dämpfungsgrade $D < 1$ liegt die Resonanzfrequenz nahe der Eigenfrequenz ω_d, die sich nach (8.32) zu

$$\omega_d = \omega_0 \sqrt{1 - D^2}$$

ergibt. Da die gefährlichen Amplitudenüberhöhungen nur bei niedrigen Dämpfungsgraden auftauchen, beschränkt man sich in der Praxis mit der Betrachtung der Eigenfrequenzen.

Die oben analysierte Resonanz rührt von der PD-geregelten Antriebsachse mit Störfunktion $d(t)$ her, die sich aus dem Soll-Bahnverlauf ergibt. Weitere Resonanzen können durch die Mechanik der Antriebsachsen sowie die Mechanik des Manipulators auftreten: Werden diese nicht wie bisher idealisiert als Starrkörper modelliert, sondern als System elastischer bzw. verformbarer Körper, so ergeben sich viele kleine Massenschwinger, bei denen analog zum oben behandelten Fall Resonanzen auftreten können. Jeder Massenschwinger besitzt materialbedingt eine innere Dämpfung sowie eine Federsteifigkeit, so dass ihm eine Resonanz- bzw. Eigenfrequenz zugeordnet werden kann. Falls das Beschleunigungssignal in Form der Störfunktion diese Resonanzfrequenz beinhaltet, kann es zur Amplitudenüberhöhung kommen. Diese ist bei hoher innerer Dämpfung vernachlässigbar. Insbesondere bei Leichtbau-Manipulatoren fällt die innere Dämpfung jedoch gering aus, da hier dünnwandige Querschnitte mit wenig Material verwendet werden. Daher sind Leichtbau-Manipulatoren besonders anfällig auf Resonanz. In der industriellen Praxis wird die Eigenfrequenz eines Körpers mit FEM-Berechnungen im Konstruktions-CAD-System numerisch ermittelt.

Industrielle Manipulator-Mechaniken besitzen Eigenfrequenzen typischerweise im Bereich $f_d = 5\,\text{Hz}$ bis $f_d = 25\,\text{Hz}$. Bei Manipulatoren aus Forschung und Entwicklung werden bis zu $f_d = 100\,\text{Hz}$ erzielt.

Weitere Resonanzen können sich aus der Eigenfrequenz des Getriebes ergeben. Im Leichtbau und bei Master-Slave-Systemen werden häufig sogenannte *Harmonic-Drive*-Getriebe verwendet, da diese spielfrei und sehr platzsparend aufgebaut sind. Der Nachteil besteht in einer relativ niedrigen Eigenfrequenz.

Um Resonanzen zu vermeiden, ist es gängige Ingenieurpraxis, die Kreisfrequenz ω_0 des PD-geregelten Systems durch einen ausreichend niedrigen Wert für $k_{p,i}$ auf die Hälfte der kleinsten vorkommenden Eigenfrequenz $\omega_{d,\min}$ zu beschränken:

$$\omega_0 \overset{(8.27c)}{=} \sqrt{\frac{k_{p,i}}{I_{\mathrm{MG},i}}} \overset{!}{<} \frac{\omega_{d,\min}}{2} \quad \Longleftrightarrow \quad k_{p,i} \overset{!}{<} \left(\frac{\omega_{d,\min}}{2}\right)^2 I_{\mathrm{MG},i} \tag{8.76}$$

Analog zur Stellgrößenbeschränkung kann die damit verbundene Obergrenze für $k_{p,i}$ dazu führen, dass das Gesamtsystem nicht mit dem hier dargestellten Prinzip einer antriebsseitigen, dezentralen PD-Regelung stabilisierbar ist. Siehe hierzu Praxis-Regel 1 aus Abschn. 8.4.5.2.

Quantisierungsrauschen (siehe auch nachfolgenden Abschnitt) führt zu Signalsprüngen im Messsignal. Diese Signalsprünge werden mit den Reglerparametern skaliert und auf das Stellsignal rückgeführt. So regen die Signalsprünge die Mechanik zum Schwingen an. Da in Signalsprüngen alle Frequenzen enthalten sind, werden zwangsläufig auch Resonanzfrequenzen angeregt. Bei zu hohen Reglerparametern treten damit – trotz Einhaltung von (8.76) – ebenfalls pontenziell zerstörerische Resonanzen auf.

8.4.6.3   Quantisierungsrauschen bei inkrementellen Messgebern

Im Folgenden werden wieder nur Manipulatoren mit Drehgelenken betrachtet. Zur Messung der Ist-Position der Gelenke werden in der Regel inkrementelle Winkelgeber verwendet. Die Ist-Drehgeschwindigkeiten können mit Tachogeneratoren ermittelt werden. Für beide Messarten wurden bislang ideale Messgeber angenommen. In Realität besitzen jedoch viele Messgeber eine endliche *Messauflösung*[27]. Dies führt zu Sprüngen im gemessenen Ist-Signal. Die sprungbehafteten Signale werden im Regler mit Rückführverstärkungen skaliert und dann über die Stellgröße wieder in das System eingespeist, so dass auch in den Stellgrößen Signalsprünge auftreten. Aus der Theorie der Fourier-Reihenentwicklung ist bekannt, dass Sprünge im Signal zu einem starken Oberwellenanteil führen. Dessen Amplitudenspektrum fällt nur mit dem Kehrwert der Frequenzordnung ab. Damit liegen auch bei verhältnismäßig hohen Frequenzen noch große Amplituden vor, die leicht Resonanzen anregen können. Ein Glätten durch Tiefpassfilter höherer Ordnung im Messzweig kommt in der Regel nicht in Frage, da damit zu große Phasenverzüge eingeprägt werden, die zur Destabilisierung beitragen.

---

[27] Mit *Auflösung* ist die kleinste darstellbare Messwert-Differenz gemeint.

Um trotzdem nicht auf hohe Rückführverstärkungen verzichten zu müssen, werden sogenannte *Beobachtermodelle* wie zum Beispiel *Luenberger-Beobachter* oder *Kalman-Filter* zum Glätten der Messsignale eingesetzt, siehe zum Beispiel [6].

Beispiel 8.14. Inkrementeller Winkelgeber: Wie in Abb. 8.27 dargestellt, wird eine Scheibe mit strahlenförmig nach außen verlaufenden dünnen Strichen strukturiert. Die Scheibe dreht sich mit dem drehenden Teil des Gelenks. Auf dem feststehenden Teil des Gelenks befinden sich Sensoren, mit denen die Striche optisch oder magnetisch detektiert werden. Hierzu befinden sich auf einer Seite der Scheibe eine Lichtquelle oder ein Magnet, auf der anderen Seite zwei lichtempfindliche Sensoren oder zwei MR-Sensoren (MR: magnetresistiv).

Abb. 8.27 Prinzipskizze inkrementeller Winkelgeber

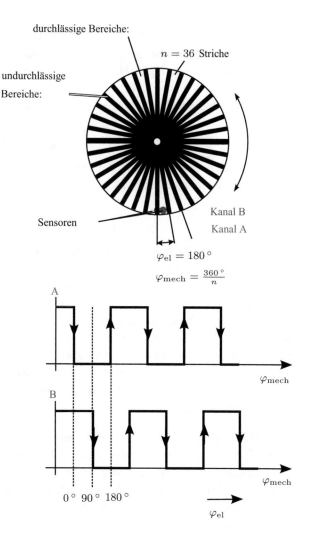

Die Sensoren liefern zwei um $\varphi_{el} = 90°$ elektrisch phasenversetzte Signale, in Abb. 8.27 sind sie mit A- und B-Kanal bezeichnet. Dabei unterscheidet man – wie bei der permanenterregten Synchronmaschine – zwischen elektrischem und mechanischem Winkel φ_{el}, φ_{mech}.

Bestimmung der Drehrichtung: Die Signale im unteren Teil von Abb. 8.27 gelten für eine Drehung im Uhrzeigersinn. Signal A eilt dabei Signal B voraus. Im umgekehrten Drehsinn eilt hingegen Signal B voraus.

Werden die Flanken (Richtungsinformation: an- oder absteigend) zusätzlich ausgewertet, so erhält man bei $n = 512$ Striche/mechanische Umdrehung eine Auflösung von

$$\Delta\varphi = \frac{1}{4}\frac{360°}{n} = \frac{1}{4}\frac{360°}{512} = 0.175°.$$

Diese Winkelwerte werden durch ein Sample&Hold-Glied abgetastet und dann bis zur nächsten Abtastung zwischengespeichert. Die Abtastung erfolgt dabei in gleichmäßigen Zeitabständen ΔT. Dies ergibt Abtastfrequenz (Abtastrate) $f_{ab} = \frac{1}{\Delta T}$.

Aus den Messdaten des Drehwinkels kann mittels

$$\omega_k = \frac{\varphi_{mech,k} - \varphi_{mech,k-1}}{\Delta T}$$

zu Zeitpunkten $t_k = k\,\Delta T$ die Drehgeschwindigkeit geschätzt werden. Damit erzielt man eine Drehgeschwindigkeitsauflösung von

$$\Delta\omega = \frac{\Delta\varphi}{\Delta T}.$$

Mit $\Delta T = 1$ ms ergibt sich so $\Delta\omega = 0.175°/\text{ms} = 175°/\text{s}$.   ◁

Anmerkung 8.10. zur Reduzierung des Quantisierungsrauschens im Stellsignal:

Im vorangegangenen Beispiel wurde die Drehgeschwindigkeit aus dem Quotient von zurückgelegtem Winkel $\Delta\varphi$ und Abtastzeit ΔT geschätzt. Damit vergrößert sich die Sprunghöhe des Quantisierungsrauschens der Drehgeschwindigkeit gegenüber der des Drehwinkels um einen Faktor $1/\Delta T$. Das vom PD-Regler in Form des Stellsignals zurückgespeiste Quantisierungsrauschen wird daher typischerweise vom differentiellen Anteil dominiert. Daraus ergeben sich zwei Möglichkeiten zur Reduzierung des Quantisierungsrauschens im Stellsignal:

1. Reduzierung des Reglerparameters k_d sowie des Dämpfungsgrads D: Über k_d wird der Einfluss der Drehgeschwindigkeit im Stellsignal und folglich auch der Einfluss des Quantisierungsrauschens herabskaliert.

   Nach (8.27c) besteht ein linearer Zusammenhang zwischen k_d und Dämpfungsgrad D, so dass das Quantisierungsrauschen im Stellsignal mit geringerem Dämpfungsgrad abnimmt.

2. Erhöhung der Abtastzeit ΔT. Diese Maßnahme wird nach oben durch das Abtasttheorem begrenzt. Außerdem kann eine zu hohe Abtastzeit die Bedingung für eine quasi-kontinuierliche Regelung verletzen, siehe Abschn. 8.2.3.   □

8.4.7   Regler-Auslegungsprozess

Bei der Auslegung der Gelenkregler eines Manipulators müssen viele Aspekte berücksichtigt werden. Dies erfordert in der Regel ein iteratives Vorgehen. Dabei wird in den einzelnen Iterationen das Regelungsverhalten zunächst in Simulation und danach im Experiment getestet. Regler-Auslegungsprozess 8.1 fasst das typische Vorgehen zur Auslegung in sechs Schritten zusammen. Tab. 8.4 stellt hierfür einen Katalog an Maßnahmen zusammen, die zu einer Verbesserung des Regelungsverhaltens führen.

Schritt 1 Für $1 \leq i \leq n$: Festlegung der gewünschten Dämpfungsgrade D_i.

Schritt 2 Bestimmung der kleinsten mechanischen Eigenfrequenz $\omega_{\min}$ im System: hierzu von den mechanischen Komponenten per FEM-Rechnung die Eigenfrequenzen bestimmen. Zusätzlich die Getriebe-Eigenfrequenzen recherchieren. Die zu realisierende Kreisfrequenz berechnet sich damit zu $\omega_0 = \frac{\omega_{\min}}{2}$.

Schritt 3 Für $1 \leq i \leq n$: resonanzbedingte Obergrenze $\overline{k}_{p,i} = I_{\mathrm{MG},i}\,\omega_0{}^2$. Setze $k_{p,i} = \overline{k}_{p,i}$.

Schritt 4 $k_{d,i} = 2\,D_i\,\sqrt{I_{\mathrm{MG},i}\,k_{p,i}} - \mu_{v_{\mathrm{MG},i}}$

Schritt 5 Bewerte die Regelung anhand von Simulationen und Experimenten des geregelten Gesamtsystems mit allen geforderten Soll-Bahnen. Negativ-Bewertungskriterien sind dabei:
  – Verhalten instabil?
  – Stellgrößenbegrenzungen aktiv?
  – Stellgrößensignale vom Quantisierungsrauschen der Messungen dominiert?
  – Einschwingverhalten: Überschwinger zu groß? Periodischer Fall? Einschwingen zu langsam?
  – Nur im Experiment möglich: Werden Resonanzen angeregt?
  – Regelfehler zu groß?

	Bewertung positiv ?	
ja		nein
∅	**Schritt 6** Wähle eine oder mehrere Verbesserungsmaßnahme aus Tabelle 8.4.	

Wiederhole bis Bewertung positiv.

Algorithmus 8.1 Prozess Regler-Auslegung

Tab. 8.4 Katalog von Verbesserungsmaßnahmen für Regler-Auslegungsprozess 8.1. In der *linken Spalte* versteht sich der dargestellte Aufwand als typischer Realisierungsaufwand. Maßnahmen, die konstruktive Tätigkeiten nach sich ziehen, führen dabei zumeist zu einem hohen Aufwand. Die Maßnahmen aus Zeile 2 und 7 hängen von der zu verbessernden Regelungssituation ab. Eine vollständige Darstellung ist hierfür in vorliegender Tabelle aus Platzgründen nicht möglich; siehe hierzu die verwiesenen Abschnitte

Nr.	Aufwand	Verbesserungsmaßnahmen der Regelung	Verweise
1	gering	Bei Gravitationseinfluss: Gewichtsaufschaltung	Abschn. 8.4.5.4
2	gering	Anpassung von $k_{p,i}$, $k_{d,i}$	Abschn. 8.4.5.2: Praxis-Regel 1, 3
3	mittel bis hoch	Erhöhung der Getriebeübersetzungen N_i bis maximal zum jeweils optimalen Wert N_i^*.	Abschn. 8.4.5.2: Praxis-Regel 2
4	mittel	Reduzierung der Perturbationen durch genauere Identifikation der Modelle der Antriebsachsen sowie – bei vorliegender Gewichtsaufschaltung – des Gravitationsmodells des Manipulators	Abschn. 8.3.2, 5.2.1, 5.2.2
5	hoch	Erhöhung der Auflösung der Messsysteme	Abschn. 8.4.6.3
6	hoch	Reduzierung der Stellgrößenbeschränkungen durch stärkere Antriebe	Abschn. 8.4.6.1
7	gering bis hoch	Anpassung der Abtastzeit ΔT (Aufwand: gering bei Erhöhung von ΔT, hoch bei Reduzierung von ΔT)	Abschn. 8.2.3, Abschn. 8.4.6.3: Anmerkung 8.10
8	hoch	Erhöhen mechanischer Eigenfrequenzen durch größere Biege- bzw. Torsionssteifigkeiten von Manipulatorsegmenten (typische Konstruktionsmaßnahmen umfassen: steifere Querschnitte, steifere Materialien, aussteifende Stege). Verwendung von Getrieben mit größerer Steifigkeit.	Abschn. 8.4.6.2
9	mittel bis hoch	Anwendung erweiterter Regelungsstrategien, wie z. B. Erweiterung des PD-Regelgesetzes um einen integralen Anteil zu einem PID-Regler	Abschn. 8.5

8.5 Ausblick auf erweiterte Regelungsstrategien

Dem Konzept der antriebsseitigen dezentralen PD-Regelung liegen restriktive Forderungen zugrunde, wie zum Beispiel

- hohe Getriebeübersetzungen,
- niedrige Gelenkwinkelgeschwindigkeiten und
- hohe Steifigkeit der mechanischen Komponenten.

Bei modernen Manipulatoren mit Schwerpunkt Leichtbau und Energieeffizienz können diese Forderungen oft nicht erfüllt werden. Aus diesem Grund existieren aufwendigere und leistungsfähigere Regelungsstrategien wie:

- Erweiterung des PD-Regelgesetzes um einen integralen Anteil zu einem *PID-Regler*, [23, 28]. Dieser sogenannte I-Anteil wird verwendet, um den bleibenden Regelfehler nahezu vollständig zu kompensieren. Damit kann das geregelte System aber auch instabil werden, so dass bei der Auslegung der Reglerparameter weitere Stabilitätskriterien sorgfältig eingehalten werden müssen.
- *Zustandsregler*: Hier werden im Gelenk Position und Geschwindigkeit auf An- und Abtriebsseite geregelt. Damit können Getriebe mit geringer Steifigkeit berücksichtigt werden.
- Nichtlineare Regelungen, die durch *inverse Systemtechnik* mit detailliertem Modellwissen die Nichtlinearitäten der Manipulator-Mechanik kompensieren (sogenanntes *computed-torque-control*). Die Gewichtsaufschaltung aus Abschn. 8.4.5.4 stellt für den gravitationsbedingten Anteil der Mechanik eine solche inverse Systemtechnik dar. Es entstehen damit näherungsweise entkoppelte Doppelintegrator-Systeme, die dann wieder PD-geregelt werden,[20, 23, 27, 28].
- Nichtlineare *passivitätsbasierte Regelung* (Erweiterung der inversen Systemtechnik), [28].
- *Kraft-Regelung*: Regelung der Kräfte und Momente, die der Endeffektor mit der Umgebung ausübt, [23, 28].

Aufgaben

Musterlösungen finden sich unter www.springer.com auf der Seite des vorliegenden Werks.

8.1 Regelstrecke Manipulator mit Antriebsachsen

a) Skizzieren Sie den vollständigen Signalflussplan der Regelstrecke eines 2-DoF-Manipulators, bestehend aus der Mechanik von Manipulator und Antriebsachsen. Berücksichtigen Sie dabei die folgenden Punkte:
   - Eingangsgrößen sind die Motormomente τ_M.
   - Ausgangsgrößen sind die antriebsseitigen Gelenkwinkel θ_{an}.
   - Anfangswerte sind gegeben durch $\theta_{an,0}$, $\dot{\theta}_{an,0}$.
   - Im Reibungsmodell ist nur der viskose Anteil zu berücksichtigen.
   - Alle notwendigen Mechanik-Parameter sollen im Modell als Konstanten enthalten sein.
   - Der Signalflussplan soll so dargestellt sein, dass die vom Manipulator rückwirkenden Momente als Störgrößen für die Antriebsachsen eingehen.

b) Welche dynamischen Effekte der Antriebsachsen werden bei der Darstellung in Teilaufgabe 8.1 vernachlässigt?

8.2 Lageregelung

Der 2-DoF-Manipulator aus Aufgabe 8.1 soll mit einem antriebsseitigen, dezentralen PD-
Regler auf eine vorgegebene konstante Winkelposition θ_1^s, θ_2^s lagegeregelt werden.

a) Betrachten Sie das erste Gelenk:
   Geben Sie die Stellgröße, Regelgröße und den Regelfehler an.
   Geben Sie in Abhängigkeit von Regelgröße und Sollwert den Regelfehler an.
   Geben Sie in Abhängigkeit der Regelgrößen die Störgröße an.
b) Bestimmen Sie das Regelgesetz für das erste Gelenk.
c) Stellen Sie die Fehler-Differenzialgleichung für das erste Gelenk auf.

Folgende Resonanzfrequenzen sind bekannt:

- Getriebe: 100 Hz
- Manipulatorsegment 1: 0.5 kHz
- Manipulatorsegment 2: 1 kHz

Die Summe der Trägheitsmomente von Rotor und Getriebe betrage $I_{MG} = 2000\,\mathrm{g\,cm^2}$.
Reibungseffekte können vernachlässigt werden. Die Getriebeübersetzung sei $N_1 = 9$. Das
Gelenk soll aus dem Stillstand heraus um $\Delta\theta_1 = 10°$ weiter bewegt werden.

d) Legen Sie die Reglerparameter für Gelenk 1 so aus, dass der Regelfehler mit $D_1 = 1$
   abklingt. Ein untergeordnetes Optimierungskriterium soll dabei bestmögliche Störgrößenunterdrückung sein. Wenden Sie zur Auslegung Schritt 1 bis 4 von Regler-
   Auslegungsprozess 8.1 an.
e) Geben Sie für den unperturbierten Fall und ohne Manipulator-Rückwirkung (Modell-
   stufe 1) die zeitliche Funktion des Regelfehlers, dessen Geschwindigkeit sowie des
   Motormoments an. Skizzieren Sie das Einschwingverhalten in Position, Geschwindigkeit und Motormoment.
   Welcher maximale Betrag der Drehgeschwindigkeit in $^\mathrm{U}/\mathrm{min}$ tritt auf?
   Welcher maximale Betrag des Motormoments tritt auf?

Das betragsmäßig maximale Motormoment sei nun auf $|\tau_{M,1}| \leq 1\,\mathrm{Nm}$ beschränkt.

f) Passen Sie die Reglerparameter so an, dass obige Forderung nach Dämpfungsgrad und
   Störgrößenunterdrückung erhalten bleibt.
g) Berechnen Sie die neue Kreisfrequenz und wiederholen Sie Teilaufgabe e).
h) Um wie viel erhöht sich die Einschwingzeit gegenüber dem Fall aus obiger Teilaufgabe e) ?
i) Welche allgemeinen Maßnahmen und Umstände führen neben einem großen $k_{p,1}$ zu
   einer Reduktion des Störgrößeneinflusses?

8.3 Simulationsmodell

Das Regelungsverhalten des 2-DoF-Manipulators aus Aufgabe 8.2 soll mit der antriebssei-tigen, dezentralen PD-Lageregelung aus Aufgabe 8.1 simuliert werden. Zusätzlich sollen folgende Effekte im Simulationsmodell berücksichtigt werden:

- Gewichtsaufschaltung
- Quantisierungsrauschen der Winkelsensorik: Inkrementelle Geber mit

$$1024\ ^{\text{Striche}}/_{\text{Umdrehung}}$$

und einer Sensorabtastzeit von ΔT
- Zeitdiskrete Implementierung des Reglers; Reglerzykluszeit wie Sensorabtastzeit
- Schätzfehler der Modellparameter

Skizzieren Sie dafür den vollständigen Signalflussplan.

Literatur

1. Ackermann, J., Bartlett, A., Kaesbauer, D., Sienel, W., Steinhauser, R.: Robuste Regelung. Ana-lyse und Entwurf von linearen Regelungssystemen mit unsicheren physikalischen Parametern. Springer, Berlin (1993)
2. Brockett, R.W.: Asymptotic stability and feedback stabilization. In: Differential geometric con-trol theory, S. 181–191. Birkhäuser, Boston (1983)
3. Drenick, R.F.: Die Optimierung linearer Regelsysteme, 1. Aufl. Oldenbourg Verlag, München, Wien (1967)
4. Föllinger, O.: Nichtlineare Regelungen I, 7. Aufl. R. Oldenburg Verlag, München (1993)
5. Föllinger, O.: Regelungstechnik, 8. Aufl. Hüthig Buch Verlag, Heidelberg (1994)
6. Föllinger, O.: Regelungstechnik – Einführung in die Methoden und ihre Anwendung, 12. Aufl. Hüthig, Heidelberg (2008)
7. Hauger, W., Schnell, W., Gross, D.: Kinetik, 7. Aufl. Technische Mechanik, Bd. 3. Springer, Berlin, Heidelberg, New York (2002)
8. Hering, E., Martin, R., Stohrer, M.: Physik für Ingenieure, 8. Aufl. Springer, Berlin, Heidelberg, New York, Barcelona, Hongkong, London, Mailand, Paris, Tokio (2002)
9. Isidori, A.: Nonlinear Control Systems, 3. Aufl. Springer, Berlin (1995)
10. Kawamura, S., Miyazaki, F., Arimotor, S.: Is a local linear pd feedback control law effective for trajectory tracking of robot motion? In: Proceedings of the 1988 IEEE International Conference on Robotics & Automation, Bd. 3, S. 1335–1340. (1988)
11. Khalil, H.K.: Nonlinear Systems, 2. Aufl. MacMillan, New York (1992)
12. Liu, M., Guo, L.: Manipulator Joint Independent Control and Its Structural Stability. In: Procee-dings of IEEE Systems Man and Cybernetics Conference – SMC, Bd. 3, S. 292–297. (1993)
13. Lunze, J.: Regelungstechnik 2 – Mehrgrößensysteme, Digitale Regelung. Springer, Berlin Hei-delberg New York (2016)
14. Lyapunov, A.M.: The General Problem of Stability of Motion, 1. Aufl. Taylor & Francis, Lon-don, Washington DC (1992)

15. Mareczek, J.: Invarianzregelung einer Klasse unteraktuierter Systeme. Ph.D. thesis, Technische Universität München, Lehrstuhl für Steuerungs- und Regelungstechnik, München (2002). https://opac.ub.tum.de/search?bvnr=BV015738338
16. Meyberg, K., Vachenauer, P.: Höhere Mathematik 2, 4. Aufl. Springer, Berlin, Heidelberg, New York (2006)
17. Meyberg, K., Vachenauer, P.: Höhere Mathematik 1, 6. Aufl. Springer, Berlin (2003)
18. Moler, C.: Floating Points (1996). http://www.mathworks.com/company/newsletters/news_notes/pdf/Fall96Cleve.pd, zugegriffen: 4. Okt. 2018. Matlab News and Notes
19. Murray, R.M., Li, Z., Sastry, S.S.: A Mathematical Introduction to Robotic manipulation. CRC Press, Boca Raton (1994)
20. Nijmeijer, H., Schaft, A.: Nonlinear Dynamical Control Systems. Springer, Berlin (1990)
21. Papageorgiou, M.: Optimierung, 2. Aufl. Oldenbourg-Verlag, München (1996)
22. Papula, L.: Mathematik für Ingenieure und Naturwissenschaftler – Band 2: Ein Lehr- und Arbeitsbuch für das Grundstudium, 13. Aufl. Springer-Vieweg Verlag, Berlin Heidelberg New York (2012)
23. Schilling, R.J.: Fundamentals of Robotics – Analysis & Control. Prentice Hall, Upper Saddle River, New Jersey (1990)
24. Schmidt, G.: Grundlagen der Regelungstechnik: Analyse und Entwurf linearer und einfacher nichtlinearer Regelungen sowie diskreter Steuerungen, 2. Aufl. Springer, Berlin, Heidelberg (1991)
25. Schröder, D.: Elektrische Antriebe – Grundlagen, 2. Aufl. Springer, Berlin, Heidelberg, New York (2000)
26. Schröder, D.: Elektrische Antriebe – Regelung von Antriebssystemen, 2. Aufl. Springer, Berlin, Heidelberg, New York (2001)
27. Slotine, J.J.E.: Applied Nonlinear Control, 1. Aufl. Prentice-Hall, Inc, Englewood Cliffs, N.J (1991)
28. Spong, M.W., Hutchinson, S., Vidyasager, M.: Robot Modeling and Control. John Wiley & Sons, Inc, Hoboken (2006)
29. Utkin, V.I.: Sliding Modes in Control and Optimization, 1. Aufl. Springer, Berlin Heidelberg (1992)

Stichwortverzeichnis

A

Abklingkoeffizient, 158
absolute Abweichung, 147
Abtastung, 129
Abtriebsseite, 96
AD-Wandler, 130
Amplitude
, komplexe, 54
Amplitudenspektrum, 20
Amplitudenüberhöhung, 207
Ankerstellbereich, 48
Antriebs
-achse, 138
-leistung, 40
, Abschätzung, 40
, maximale, 42
-moment, 44
-seite, 96
-strang, 105
-Auslegung, 105
-Auslegung, energieoptimal, 120
-Auslegung, Prozess, 115
Anzeitdauer, 68
aperiodischer Grenzfall, 161, 167, *siehe*
aperiodisches Einschwingen
Arbeitsraum, 3
, Orientierungs-, 3
, Positions-, 3
Aufgabenstellung
, Bahnplanung, 17
, Pfadplanung, 5
, zur Bestimmung der Phasenströme, 46
Auflösung, *siehe* Messauflösung
Ausgangsgröße, *siehe* Regelgröße
Auslegungs-Reserven, 111
Außenläufer, 43

autonom, 175
nicht-, 135

B

Bahn, 3, 17
, PtP-, 16
, Synchron-PtP-, 16
, zeitoptimale, 29
-Existenzbedingungen, 26
-geschwindigkeit, 18, 98
-geschwindigkeitsvektor, 18
-gleichungen, 31
-richtung, 18
Bahnplanung
, Algorithmus, 30
, Aufgabenstellung, 17
, Grenzfälle, 29
mit Interpolationspolynom, 18
mit Spline-Interpolation, 18
mit trapezförmigem
Geschwindigkeitsverlauf, 24
Basisraumzeiger, 79
Baum, 12
Beobachtermodelle, 209
Bereich der Restregelbewegung, 136, 184, 195
Beschleunigungsdauer, 24
BFS, *siehe* Breitensuche
binäres Zahlenformat, 130
Blechschnitt, 88
Blindleistungskompensation, 78
Block-Kommutierung, 80
Bogenlänge, 17
breads-first search, *siehe* Breitensuche
Breitensuche, 12
Bürsten, 40

© Springer-Verlag GmbH Deutschland, ein Teil von Springer Nature 2020
J. Mareczek, *Grundlagen der Roboter-Manipulatoren – Band 2*,
https://doi.org/10.1007/978-3-662-59561-9

Printed in the United States
By Bookmasters